Bildwörterbuch

Bau Farbe Holz

Deutsch – Französisch – Polnisch – Russisch

Verlag Handwerk und Technik
Hamburg

PONS GmbH
Stuttgart

Verlag Handwerk und Technik, PONS
Bildwörterbuch Bau Farbe Holz Deutsch - Französisch - Polnisch - Russisch

Bearbeitet von: Bearbeiter für Französisch — NSGROUP, Nathalie Karanfilovic; Bearbeiter für Polnisch — Aleksandra Zbaraszewska, Monika Krzywoszyńska; Bearbeiter für Russisch — Paweł Maryański, Ирина Аристова, Марина Буренкова, Владимир Желенговский

Fachberatung: Balder Batran, Volker Frey, Prof. Klaus Friesch, Johannes Kübler-Sontheimer, Lutz Röder, Dr. Rolf Schneider

Die Normblattangaben werden wiedergegeben mit Erlaubnis des DIN Deutsches Institut für Normung e.V. Maßgebend für das Anwenden der Norm ist deren Fassung mit dem neuesten Ausgabedatum, die bei der Beuth Verlag GmbH, Burggrafenstraße 6, 10787 Berlin, erhältlich ist.

1. Auflage 2020 (1,01 - 2020)

Lademannbogen 135, 22339 Hamburg; Postfach 63 05 00, 22331 Hamburg
E-Mail: info@handwerk-technik.de - Internet: www.handwerk-technik.de

www.pons.de

Projektleitung: Ute Kühner, Robert Kuc
Umschlaggestaltung: Anne Pixaras, Stuttgart
Satz und Layout: LEXICODE Mariusz Idzikowski, Poznań
Umschlagmotive: vorne: Shutterstock Images LLC, New York, USA (1©Andrey_Kuzmin); P. F. FREUND & CIE. GmbH, Wuppertal (2); stock.adobe.com (3©PASQ); Wilhelm Kaufmann, Norderstedt (4); hinten: Michael Schwab, Hamburg (1); Wilh. Schmitt & Comp. GmbH & Co. KG, Remscheid www.kirschen.de (2)
Logoentwurf: Erwin Poell, Heidelberg
Logoüberarbeitung: Sabine Redlin, Ludwigsburg
Druck und Bindung: Poligrafia Janusz Nowak Sp. z o.o.

ISBN: 978-3-582-09041-6

VORWORT

Ob auf der Baustelle, in der Werkstatt oder im Unterricht, die Verwendung von Fachbegriffen spielt in der Berufsvorbereitung und beim Einstieg in den Beruf eine zentrale Rolle

Mit dem Bildwörterbuch Bau Farbe Holz können die Fachbegriffe in deutscher Sprache schnell gelernt und verstanden werden anhand zahlreicher Fotos. Darüber hinaus kann durch detailreiche Grafiken und deren Beschriftung auf die Funktionsweise und auf die Verwendung geschlossen werden. Das Bildwörterbuch Bau Farbe Holz ist ein hilfreicher Begleiter beim Lernen und Erklären von Fachwissen.

Wir wünschen viel Erfolg beim Einstieg in den Beruf.

Ihre

Redaktion

AVANT-PROPOS

Que ce soit sur le chantier, dans l'atelier ou bien en salle de cours, l'utilisation de termes spécialisés joue un rôle-clé dans la préparation à la vie professionnelle et à l'embauche.

Le dictionnaire visuel Bau Farbe Holz (Construction Peinture Menuiserie) permet d'acquérir et de comprendre rapidement la langue allemande de spécialité grâce à de nombreuses photos. Par ailleurs, des schémas détaillés et commentés permettent de déduire le fonctionnement et l'emploi des termes respectifs. Le dictionnaire visuel Bau Farbe Holz est une aide précieuse pour vous accompagner dans l'apprentissage et l'explication d'un savoir spécialisé.

Nous vous souhaitons beaucoup de succès dans vos premiers pas professionnels.

La rédaction

PRZEDMOWA

Obrazkowy słownik specjalistyczny

Stosowanie właściwej terminologii fachowej jest istotne podczas przygotowywania się do wykonywania zawodu, a także w miejscu pracy.

Specjalistyczny słownik obrazkowy „Budownictwo" dzięki licznym zdjęciom pomoże Ci szybko zrozumieć i opanować obcojęzyczną terminologię fachową. Ponadto znajdziesz w nim szczegółowe grafiki wraz z opisami funkcjonowania i zastosowania narzędzi oraz maszyn.

Życzymy sukcesów w nauce i pracy.

Redakcja

ПРЕДИСЛОВИЕ

Иллюстрированный специализированный словарь с использованием соответствующей профессиональной терминологии играет важную роль в процессе подготовки к профессии, а также на рабочем месте. Благодаря большому количеству фотографий специализированный словарь «Строительство» поможет Вам быстро освоить и понять иностранную профессиональную терминологию.

Словарь содержит подробные иллюстрации вместе с описанием работы и применения инструментов и машин.

Специализированный словарь графических изображений является ценным подспорьем в обучении и объяснении технических знаний.

Желаем успехов в профессиональной работе.

Ваша редакция

SO ARBEITEN SIE EFFIZIENT MIT DEM WÖRTERBUCH
VOILÀ COMMENT TRAVAILLER EFFICACEMENT À L'AIDE DE CE DICTIONNAIRE
JAK KORZYSTAĆ ZE SŁOWNIKA
КАК ПОЛЬЗОВАТЬСЯ СЛОВАРЁМ

① die **Heißluftpistole**
le pistolet à air chaud
pistolet na gorące powietrze *m*
пистолет горячего воздуха *m*

② der **Dreikantschaber**
le grattoir triangle
skrobak trójkątny *m*
треугольный скребок *m*

Entschichten
le décapage
usuwanie powłoki *n*
удаление покрытия *n*

Ganz gleich, ob auf der Baustelle, im Unterricht oder beim Lernen: Dieses Wörterbuch ist Ihr idealer Begleiter. Gegliedert in sechs Kapitel, decken die über 1.800 Fachbegriffe den wichtigsten Wortschatz für die Berufsfelder Bau-, Farb- und Holztechnik ab. Die Kombination von Wort und Bild ermöglicht es Ihnen Wörter schnell nachzuschlagen, zu übersetzen und sich einzuprägen.

Que ce soit sur le chantier, en salle de cours ou pour apprendre à la maison, ce dictionnaire sera idéal pour vous accompagner. Répartis en six chapitres, plus de 1 800 termes spécialisés recouvrent le vocabulaire essentiel dans les branches professionnelles de la construction, de la peinture et de la menuiserie. L'association du mot et de l'image vous permet de vérifier rapidement les termes, de les traduire et de les assimiler.

Bez względu na to, czy używasz tego słownika w miejscu pracy, w szkole, czy też podczas nauki indywidualnej, będzie on dla Ciebie nieocenioną pomocą. Składa się z 6 rozdziałów, w których zamieszczono ponad 1800 najważniejszych terminów fachowych z dziedziny budownictwa, techniki malowania i technologii drewna. Połączenie wyrazów i obrazków pomoże Ci szybko odnaleźć, przetłumaczyć i zapamiętać interesujące Cię wyrażenia.

Где бы вы ни находились, этот словарь - ваш идеальный помощник на стройке, в обучении и преподавании. Словарь состоит из 6 глав, охватывающих более 1800 наиболее важных профессиональных терминов в области строительства, техники покраски и деревообработки. Сочетание слов и изображений поможет вам быстро найти, перевести и запомнить слова и фразы, которые вас интересуют.

das **Schwammbrett**
la taloche éponge à jointer
paca gąbkowa *f*
тёрка с губкой *f*

das **Säubern**
le nettoyage
czyszczenie *n*
очистка *f*

Wörter im Zusammenhang lernen
Wörter werden schneller gemerkt, wenn man sie im Kontext lernt. Die fachsystematische Gliederung und Bündelung von Begriffen erleichtert die Suche und zeigt gleichzeitig die Struktur des Berufsfeldes auf, die sich so auch in Lehrwerken wiederfindet.

L'apprentissage des mots par association
On retient plus vite les mots lorsqu'on les apprend dans leur contexte. La répartition et le regroupement des termes selon les spécialités facilitent leur recherche et révèle en même temps la structure du champ professionnel concerné telle qu'on la retrouve aussi dans les ouvrages d'apprentissage.

Nauka słówek w kontekście
Słowa zapamiętujemy o wiele szybciej, gdy uczymy się ich w kontekście. W tym słowniku wyrazy zostały pogrupowane według łatwych do zidentyfikowania obszarów tematycznych, których struktura nawiązuje do podręczników z zakresu nauki zawodu.

Изучение словарного запаса в контексте
Мы запоминаем слова намного быстрее, когда изучаем их в контексте.
Термины сгруппированы в соответствии с легкодоступной лексикой тематической области, к которым относится структура для профессиональных учебников.

Schnell übersetzen

Wenn es einfach schnell gehen muss, schlagen Sie im Anhang im Stichwortverzeichnis nach. Dort sind alle Stichwörter in den Sprachen Deutsch, Englisch, Arabisch und Persisch in alphabetischer Reihenfolge mit Angabe der Seitenzahl aufgeführt. Da die arabische und persische Schrift von rechts nach links geschrieben werden, laufen die Indizes für diese beiden Sprachen von hinten nach vorne.

Traduction rapide

Quand il faut tout simplement faire vite, il vous suffira de rechercher les termes dans l'index des mots-clés, en appendice. Vous y trouverez tous les mots-clés en allemand, français, polonais et russe par ordre alphabétique avec l'indication du numéro de la page correspondante.

Szybkie tłumaczenie

Jeśli się spieszysz, możesz odszukać potrzebny wyraz w indeksie znajdującym się na końcu słownika. Zamieszczono tam wszystkie hasła w językach: niemieckim, angielskim, polskim i rosyjskim. Zostały one ułożone w porządku alfabetycznym i opatrzone numerami stron.

Быстрый перевод

Если вы торопитесь, вы можете быстро найти слово в содержании в конце словаря, где содержатся все записи на английском, немецком, польском и русском. Они расположены в алфавитном порядке с номерами страниц.

die **Schutzbrücke**
la protection fixe
osłona stała *f*
фиксированная защита *f*

Für den Notfall
Bilder sind eine universelle Sprache, die von allen Kulturen verstanden wird. Sollte die Verständigung mittels Worten doch mal schwierig sein, zeigen Sie einfach auf das entsprechende Bild.

En cas d'urgence
Les images forment un langage universel compris dans toutes les cultures. Si jamais l'intercompréhension s'avère trop difficile au moyen des mots, montrez simplement l'image correspondante.

Na wszelki wypadek
Obrazki to uniwersalny język zrozumiały we wszystkich kulturach. Jeśli zabraknie Ci słów, wskaż odpowiedni obrazek. W ten sposób możesz porozumieć się z ludźmi na całym świecie.

На всякий случай
Картинки - это универсальный язык, понятный во всех культурах.
Если вам не хватает слов, просто выберите правильную картинку. Таким образом вы сможете общаться по всему миру.

Das sollten Sie noch wissen

Die Stichwörter in diesem Wörterbuch stehen immer in der Einzahl, es sei denn sie werden in der Regel nur in der Pluralform verwendet. Mitunter ist es nicht möglich für das deutsche Stichwort ein Äquivalent in der Fremdsprache zu finden. In solchen Fällen wird eine Erklärung in der Fremdsprache gegeben.
Vereinzelt wurde bei deutschen Stichwörtern zusätzlich auch die umgangssprachliche Form aufgenommen (z. B. der pneumatische Bohrhammer - die Hilti, die Fliesenlegerecke - die Fliesenhexe).

Abkürzungen im Buch und ihre Bedeutung:

art	=	*article*
indef art	=	*indefinite article*
umg	=	*umgangssprachlich*
usu	=	*usually*
pl	=	*Plural*
sing	=	*Singular*
▶	=	*Kapitelverweis*

Veuillez noter

Les mots-clés dans ce dictionnaire sont toujours présentés au singulier, à moins qu'ils ne soient généralement utilisés qu'au pluriel. Il arrive qu'il ne soit pas possible de trouver dans la langue étrangère d'équivalent au terme allemand. Dans ce cas, on fournit une explication dans la langue étrangère. Ponctuellement, on a aussi ajouté aux mots-clés allemands la forme utilisée dans l'usage familier (par exemple "die Hilti" pour le marteau pneumatique ou bien "die Fliesenhexe" pour le tendeur de cordeau du carreleur).

Explication des abréviations utilisées dans l'ouvrage:

art	=	*article*
indef art	=	*article indéfini*
umg	=	*familier*
usu	=	*usage commun*
pl	=	*pluriel*
sg	=	*singulier*
f	=	*genre féminin*
m	=	*genre masculin*
▶	=	*renvoi à un chapitre*

Co jeszcze warto wiedzieć

Hasła zamieszczone w tym słowniku zawsze występują w liczbie pojedynczej, chyba że używa się ich przeważnie lub wyłącznie w liczbie mnogiej. Zdarza się, że podanie odpowiednika w którymś języku jest niemożliwe. W takich wypadkach zamieszczono wyjaśnienie w języku docelowym. Przy niektórych wyrazach dodatkowo podano formę potoczną (np. der pneumatische Bohrhammer – die Hilti, die Fliesenlegerecke – die Fliesenhexe) lub formę stosowaną zamiennie (np. гравитационный бетоносмеситель – бетоносмеситель с наклонным барабаном).

Skróty i ich znaczenie:

art	=	*article*
indef art	=	*indefinite article*
umg	=	*potoczne*
usu	=	*usually*
pl	=	*liczba mnoga*
sing	=	*liczba pojedyncza*
m	=	*rodzaj męski*
n	=	*rodzaj żeński*
f	=	*rodzaj żeński*
▸	=	*odnośnik do rozdziału*

Что ещё стоит упомянуть

Термины в этом словаре всегда стоят в единственном числе, за исключением тех, которые встречаются только во множественном числе. Иногда невозможно дать немецкому слову эквивалент на русском языке. В таких случаях объяснение даётся на целевом языке. Для некоторых слов дополнительно предоставляется разговорная форма (например der pneumatische Bohrhammer - die Hilti, die Fliesenlegerecke - die Fliesenhexe), или другая форма, используемая как взаимозаменяемая (например гравитационный бетоносмеситель - бетоносмеситель с наклонным барабаном).

Условные сокращения и их значение:

art	=	*article (род)*
indef art	=	*indefinite article (неопределённый род)*
umg	=	*разговорный стиль*
usu	=	*usually (общепринятый стиль)*
pl	=	*множественное число*
sing	=	*единственное число*
m	=	*мужской род*
f	=	*женский род*
n	=	*средний род*
▸	=	*сноска на главу*

ARBEITSSCHUTZ

SÉCURITÉ AU TRAVAIL

BEZPIECZEŃSTWO I HIGIENA PRACY

БЕЗОПАСНОСТЬ ПО ОХРАНЕ ТРУДА

1.1 PERSÖNLICHE SCHUTZAUSRÜSTUNG - (EPI) ÉQUIPEMENT DE PROTECTION INDIVIDUELLE - ŚRODKI OCHRONY OSOBISTEJ - СРЕДСТВА ИНДИВИДУАЛЬНОЙ ЗАЩИТЫ

der **Schutzhelm**
umg der **Arbeitshelm**
le casque
kask ochronny *m*
защитный шлем *m*

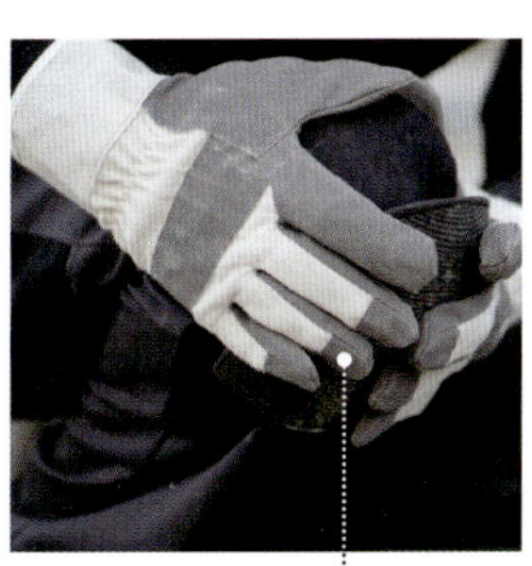

der **Schutzhandschuh**
umg der **Arbeitshandschuh**
le gant de protection
rękawica ochronna *f*
защитная рукавица *f*

der **Sicherheitsschuh**
umg der **Arbeitsschuh**
la chaussure de sécurité
obuwie ochronne *n*
спецобувь предназначенная для защиты ног *f*

der **Knieschützer**
la genouillère
ochraniacz na kolana *m*
коленный протектор *m*, наколенник *m*

der **Schutzanzug**
la combinaison de sécurité
kombinezon ochronny *m*
защитный комбинезон *m*

der **Auffanggurt**
le harnais de sécurité
szelki bezpieczeństwa *pl*
ремни безопасности *pl*

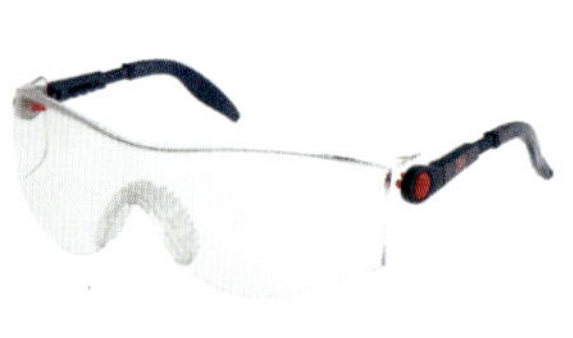

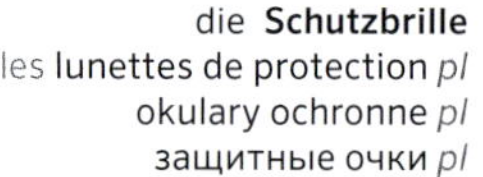

die **Schutzbrille**
les lunettes de protection *pl*
okulary ochronne *pl*
защитные очки *pl*

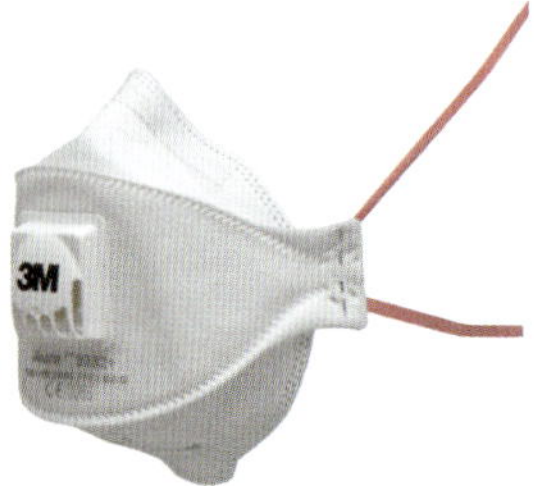

der **Einweg-Atemschutz**
le masque de protection jetable
maska jednorazowa *f*
одноразовая респираторная маска *f*

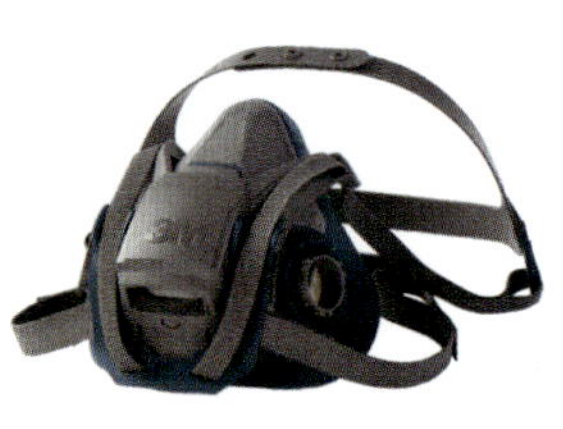

die **Atemschutz-Halbmaske**
le demi-masque de protection respiratoire (réutilisable)
półmaska ochronna *f*
респиратор *m*

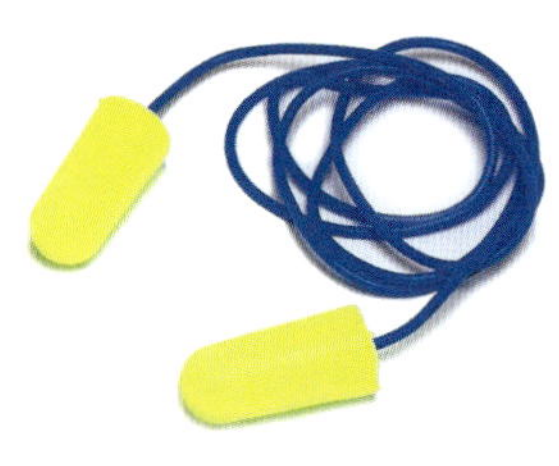

die **Gehörschutzstöpsel**
les protections auditives
zatyczki ochronne do uszu *pl*
вкладыши *pl*

der **Bügelgehörschutz**
l'arceau antibruit
zatyczki ochronne na pałąku *pl*
вкладыши на дужке *pl*

der **Kapselgehörschutz**
le casque antibruit
ochronniki słuchu *pl*
защитные наушники *pl*

1.2 SICHERHEITSKENNZEICHNUNGEN FÜR DIE UNFALLVERHÜTUNG - SYMBOLES DE SÉCURITÉ POUR LA PRÉVENTION DES ACCIDENTS - ZNAKI BEZPIECZEŃSTWA ZAPOBIEGAJĄCE WYPADKOM - ЗНАКИ ПО ОХРАНЕ ТРУДА И ТЕХНИКЕ БЕЗОПАСНОСТИ

1.2.1 Sicherheitsfarben - Couleurs de sécurité - Barwy bezpieczeństwa - Сигнальные цвета

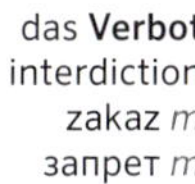

das **Verbot**
interdiction
zakaz *m*
запрет *m*

das **Gebot**
action obligatoire
nakaz *m*
предписание *n*

die **Warnung**
avertissement
ostrzeżenie *n*
предупреждение *n*

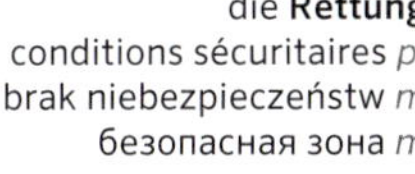

die **Gefahrlosigkeit**
die **Rettung**
conditions sécuritaires *pl*
brak niebezpieczeństw *m*
безопасная зона *m*

der **Brandschutz**
sécurité incendie
ochrona przeciwpożarowa *f*
противопожарная защита *f*

1.2.2 Verbotszeichen - Signaux d'interdiction - Znaki zakazu - Запрещающие знаки

allgemeines Verbotszeichen
interdictions générales *pl*
ogólny znak zakazu
запрещающий знак

Rauchen verboten
Défense de fumer
Palenie tytoniu zabronione
Курить запрещено

offene Flamme
Feuer verboten
Flammes nues interdites *pl*
Zakaz używania otwartego ognia
Запрещается пользоваться открытым огнём и курить

für Fußgänger verboten
Interdit aux piétons
Zakaz przejścia dla pieszych
Движение пешеходов запрещено

kein Trinkwasser
Eau non potable
Woda niezdatna do picia
Запрещается использовать в качестве питьевой воды, Не для питья

1.2.3 Gebotszeichen - Signaux d'obligation - Znaki nakazu - Предписывающие знаки

keine schwere Last
Ne pas surcharger
Zakaz umieszczania ciężkich przedmiotów
Запрещается складывать тяжёлый груз

allgemeines Gebotszeichen
Panneaux d'obligation et d'interdiction *pl*
ogólny znak nakazu
общий предписывающий знак

Hineinfassen verboten
Interdiction de mettre les mains
Nie wkładać rąk do środka
Запрещается вкладывать руки

Gehörschutz benutzen
Protection auditive obligatoire
Stosuj ochronę słuchu
Работать в защитных наушниках

Abstellen verboten
Ne pas déposer ni entreposer
Nie zastawiać
Запрещается загромождать проходы и (или) складировать

Augenschutz benutzen
Protection oculaire obligatoire
Stosuj ochronę oczu
Работать в защитных очках

Betreten der Fläche verboten
Interdiction de marcher dans cette zone
Nie wchodzić i nie stawać
Вход запрещён, Запретная зона

Fußschutz benutzen
Protection des pieds obligatoire
Stosuj ochronę stóp
Работать в защитной обуви

kein Zutritt für Unbefugte
Accès interdit au personnes non autorisées
Nieupoważnionym wstęp wzbroniony
Посторонним вход запрещён

Handschutz benutzen
Protection des mains obligatoire
Stosuj ochronę rąk
Работать в защитных перчатках

1.2.4 Warnzeichen - Signaux d'avertissement - Znaki ostrzegawcze - Предупреждающие знаки

Kopfschutz benutzen
Casque obligatoire
Stosuj ochronę głowy
Работать в защитной каске

allgemeines Warnzeichen
Zone dangereuse
ogólny znak ostrzegawczy
общий предупреждающий знак

Maske benutzen
Protection respiratoire légère obligatoire
Stosuj maskę
Наденьте маску

explosionsgefährliche Stoffe *pl*
Substances explosives
Niebezpieczeństwo wybuchu
Взрывчатые вещества

Atemschutz benutzen
Protection respiratoire obligatoire
Stosuj ochronę dróg oddechowych
Работать в средствах индивидуальной защиты органов дыхания

radioaktiver Stoff
ionisierende Strahlung
Substances radioactives ou rayonnements ionisants
Promieniowanie jonizujące
Ионизирующее излучение

Auffanggurt benutzen
Sangle de sécurité obligatoire
Stosuj szelki bezpieczeństwa
Носить ремни безопасности

Hindernis am Boden
Risque de trébuchement
Stopień ryzyko potknięcia
Препятствия уровня пола

Fußgängerweg benutzen
Fußgängerüberweg benutzen
Passage piétons obligatoire
Przechodź w oznakowanym miejscu
Пешеходный переход

Absturzgefahr
Risque de chute
Ryzyko upadku
Опасность падения

Rutschgefahr
Risque de glissade
Śliska powierzchnia
Скользкая поверхность

Hindernis im Kopfbereich
Obstacle en hauteur
Ryzyko urazu głowy
Риск травмы головы

elektrische Spannung
Tension électrique dangereuse
Urządzenie pod napięciem
Высокое напряжение

feuergefährlicher Stoff
Substances inflammables
Materiały łatwopalne
Легковоспламеняющиеся вещества

Flurförderfahrzeug
Danger chariots élévateurs
Ruch wózków widłowych
Движение промышленных транспортных средств

ätzender Stoff
Substances corrosives
Substancje żrące
Едкие вещества

schwebende Last
Charges suspendues
Wiszące ładunki
Подвесные груза

optische Strahlung
Rayonnement optique
Promieniowanie optyczne
Оптическая радиация

giftiger Stoff
Substances toxiques
Substancje toksyczne
Токсические вещества

brandfördernder Stoff
Substances comburantes
Substancje utleniające się
Окисляющие вещества

1.2.5 Rettungszeichen - Signaux d'urgence - Znaki ewakuacyjne - Эвакуационные знаки

Erste Hilfe
Premiers secours *pl*
Pierwsza pomoc
Первая помощь

der **AED (Automatisierter Externer Defibrillator)**
Défibrillateur automatique externe (DAE)
defibrylator (AED) *m*
Дефибриллятор *m*

das **Notruftelefon**
Téléphone de secours
Telefon alarmowy *m*
Телефон экстренной связи *m*

die **Krankentrage**
Civière
Nosze *pl*
Носилки *pl*

der **Arzt**
umg der **Doktor**
Médecin
Lekarz *m*
Врач *m*

der **Notausstieg**
Sortie d'urgence
Wyjście ewakuacyjne *n*
Аварийный выход *m*

der **Notausgang rechts**
Issue de secours (vers la droite)
Wyjście ewakuacyjne (prawe) *n*
Аварийный выход направо *m*

1.2.6 Brandschutzzeichen - Signaux de sécurité incendie - Znaki ochrony przeciwpożarowej - Знаки пожарной безопасности

der **Feuerlöscher**
Extincteur
Gaśnica *f*
Огнетушитель *m*

Mittel und Gerät zur Brandbekämpfung
Équipement anti-incendie
Sprzęt ochrony przeciwpożarowej *m*
Пожарное оборудование *n*

der **Löschschlauch**
Tuyau incendie
Hydrant wewnętrzny *m*
Пожарный рукав *m*

der **Brandmelder**
umg der **Feuermelder**
Alarme d'incendie
Alarm pożarowy *m*
Пожарная тревога *f*

die **Feuerleiter**
Échelle incendie
Drabina pożarowa *f*
Пожарная лестница *f*

das **Brandmeldetelefon**
Téléphone d'incendie
Telefon alarmowania pożarowego *m*
Телефон связи с пожарной охраной *m*

1.2.7 Zusatzzeichen - Autres signaux - Znaki uzupełniające - Дополнительные знаки

das **Kombinationszeichen**
signe combiné
znak łączony *m*
комбинированный знак *m*

1.2.8 Gefahrstoffe - Substances dangereuses - Substancje niebezpieczne - Опасные вещества

giftig
Matières toxiques
Substancje toksyczne
Токсические вещества

hochentzündlich
Très inflammable
Substancje łatwopalne
Легковоспламеняющиеся вещества

gesundheitsschädigend
Nocif pour la santé
Substancje szkodliwe
Опасные вещества

explosiv
Substance explosive
Substancje wybuchowe
Взрывчатые вещества и изделия

gesundheitsgefährdend
Danger pour la santé
Substancje drażniące
Раздражающие вещества

oxidierende Flüssigkeit
Substance oxydante
Substancja łatwopalna
Легковоспламеняющееся вещество

ätzend
Substance corrosive
Substancje żrące
Коррозионные вещества

Gase unter Druck
Gaz sous pression
Butle z gazem
Газобаллоны

1.2.9 Zusätzliche Schutzeinrichtungen - Équipement de protection supplémentaire - Dodatkowy sprzęt ochronny - Дополнительное защитное оборудование

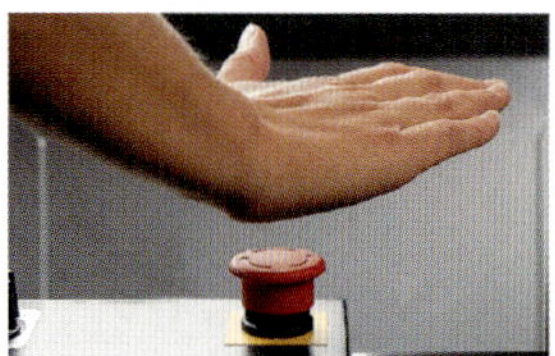

der **Not-Aus-Taster**
l'arrêt d'urgence
przycisk wyłączenia awaryjnego *m*
кнопка аварийной остановки *f*

der **Einschaltschutz**
le dispositif de verrouillage
zabezpieczenie przed włączeniem *n*
защита от включения *f*

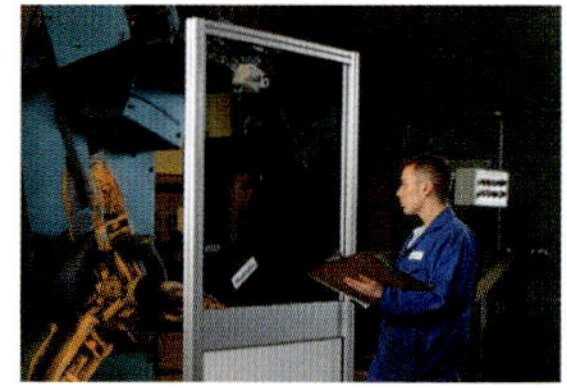

die **trennende Schutzeinrichtung**
l'équipement de protection isolant
osłona *f*
защитный экран *m*

das **Auffangnetz**
le filet de sécurité
siatka ochronna *f*
предохранительная сетка *f*

der **Feuerlöscher**
l'extincteur
gaśnica *f*
огнетушитель *m*

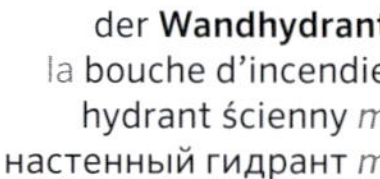

der **Wandhydrant**
la bouche d'incendie
hydrant ścienny *m*
настенный гидрант *m*

1.2.10 Betriebsanweisungen - Instructions d'utilisation - Instrukcje obsługi - Инструкции по обслуживанию

Name/Logo der Betriebsstätte

Betriebsanweisung

Raum

Für das Arbeiten an

Bau- Kreissägen

verantwortlich

Gefahren für Mensch und Umwelt

- Gefahr durch das schnell laufendes Sägeblatt
- Gefahr durch das zu bearbeitende Material (Bruch, Splitter, Oberflächenbeschaffenheit)
- Gefahr Gehörschädigungen durch Lärm.
- Unkontrolliert bewegte Teile
- Gefahr beim Sägen durch Holzstaub

Schutzmaßnahmen und Verhaltensregeln

- Der Abstand des Spaltkeils darf vom Sägeblatt nicht mehr als 8 mm betragen
- Nur Kreissägeblätter verwenden, die mit dem Namen des Herstellers gekennzeichnet sind
- Nur geeignete Sägeblätter verwenden
- Die erforderlichen Hilfseinrichtungen müssen bei Bedarf benutzt werden (Parallelanschlag, Winkelanschlag, Keilschneideeinrichtung, Schiebestock)
- Auf die richtige Einstellung der Schutzhaube achten
- Jugendliche über 15 Jahre dürfen nur unter Aufsicht eines Fachkundigen und zu Ausbildungszwecken an Kreissägen arbeiten
- Auf einen sicheren Stand beim Arbeiten achten
- Splitter und Späne dürfen nicht mit der Hand aus dem Bereich des laufenden Sägeblattes entfernt werden
- Vor dem Verlassen der Kreissäge die Maschine ausschalten
- Auf Ordnung und Sauberkeit achten
- Bei Arbeiten mit der Baukreissäge muss eng anliegende Kleidung, Gehörschutz und den Tätigkeiten entsprechende Sicherheitsschuhe getragen werden. Keine Handschuhe
- Beim Sägen von Laubhölzern muss die Säge an eine Absaugung angeschlossen werden
- Beim Sägen spröder Materialien (z. B. Kunststoffe), Schutzbrille benutzen
- Alle Arbeiten nach TSM/M

Verhalten bei Störungen und im Gefahrenfall

- Bei Störungen oder Schäden an Maschinen oder Schutzausrüstungen Maschine ausschalten und vor unbefugtem Wiederanschalten sichern
- Lehrer informieren
- Schäden nur von Fachpersonal beseitigen lassen

Erste Hilfe

- Maschine abschalten und sichern
- Den Lehrer (Ersthelfer) informieren (siehe Alarmplan).
- Verletzungen sofort versorgen
- Eintragung in das Verbandbuch vornehmen

Notruf: 112 Krankentransport:19222

Instandhaltung

- Instandsetzung nur durch beauftragte und unterwiesene Personen.
- Bei Rüst- Einstellungs-, Wartungs- und Pflegearbeiten Maschine vom Netz trennen bzw. sichern
- Maschine nach Arbeitsende reinigen
- E-Check, je nach Ausführung, jährlich oder alle vier Jahre

Freigabe: Bearbeitung: 2. November 2018

die **Betriebsanweisung (Maschine)**
les instructions d'utilisation (machine)
instrukcja obsługi (maszyny) *f*
инструкция по эксплуатации *f*

1.2.11 Anleitungen zur Ersten Hilfe - Guide des premiers secours - Instrukcja pierwszej pomocy - Инструкция по оказанию первой помощи

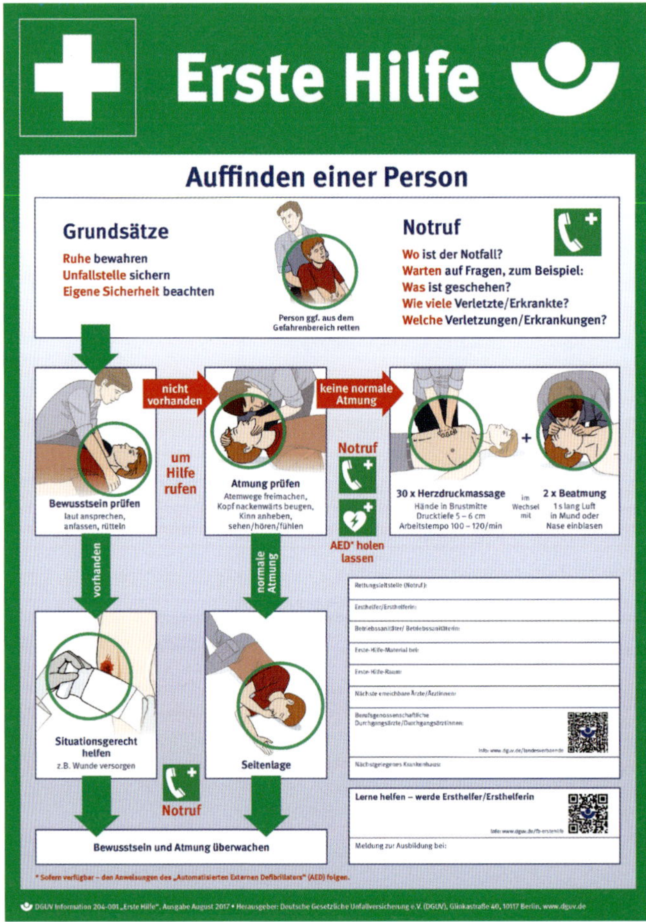

die **Anleitung zur Ersten Hilfe**
le manuel des premiers secours
instrukcja pierwszej pomocy *f*
инструкция по оказанию первой доврачебной помощи *f*

1.2.12 Sicherheitsmarkierungen - Marquages de sécurité - Znaczniki bezpieczeństwa - Знаки безопасности

das **Kennzeichnen von potenziellen Gefahren**
Avertit des dangers potentiels
znacznik potencjalnego niebezpieczeństwa *m*
предупреждение о потенциальных опасностях *n*

das **Kennzeichnen von Zutrittsverboten**
Mets en garde contre les accès non autorisés
znacznik zakazu wstępu *m*
предупреждение о несанкционированном доступе *n*

das **Kennzeichnen von Geboten**
Annonce les obligations
znacznik nakazu *m*
предупреждение об обязательных действиях *n*

das **Kennzeichnen eines gefahrlosen Bereichs**
Utilisé pour les zones de sécurité
znacznik strefy bezpiecznej *m*
маркировка безопасной зоны *f*

1.3 BAUSTELLENSICHERUNG - SÉCURITÉ DU CHANTIER - BEZPIECZEŃSTWO NA PLACU BUDOWY - БЕЗОПАСНОСТЬ НА СТРОИТЕЛЬНОМ УЧАСТКЕ

1.3.1 Verkehrszeichen - Signalisation routière - Znaki drogowe - Дорожные знаки

die **Gefahrenstelle**
Autres dangers *pl*
Inne niebezpieczeństwo
Прочая опасность

die **Arbeitsstelle**
Hommes au travail *pl*
Roboty drogowe
Дорожные работы

die **verengte Fahrbahn**
Chaussée rétrécie
Zwężenie jezdni dwustronne
Сужение дороги с обеих сторон

dem **Gegenverkehr Vorfahrt gewähren**
Cédez le passage à la circulation venant en sens inverse
Ruch dwukierunkowy ustąp pierwszeństwa
Преимущество встречного движения

der **Gegenverkehr**
Circulation à double sens
Ruch dwukierunkowy
Двухстороннее движение

1.3.2 Absperrgeräte - Barrières de protection - Urządzenia odgradzające - Дорожные ограждения

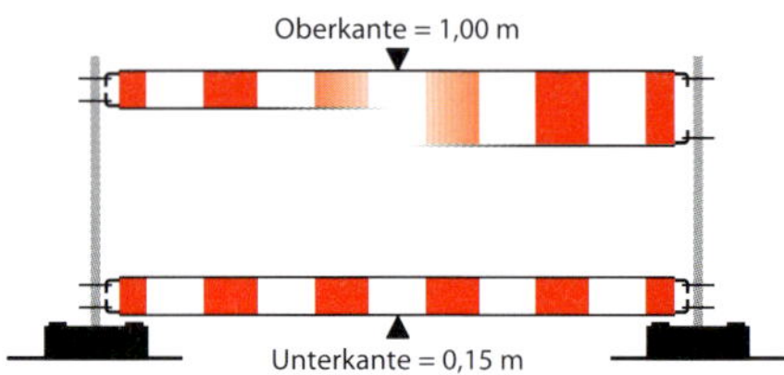

die **Absperrschranke**
la barrière de signalisation
barierka odgradzająca *f*
барьер *m*

das **Warnband**
umg Absperrband
le ruban de signalisation
taśma ostrzegawcza *f*
предупреждающая лента *f*

die **fahrbare Absperrtafel**
la remorque d'avertissement
tablica zamykająca mobilna *f*
мобильная дорожная таблица *f*

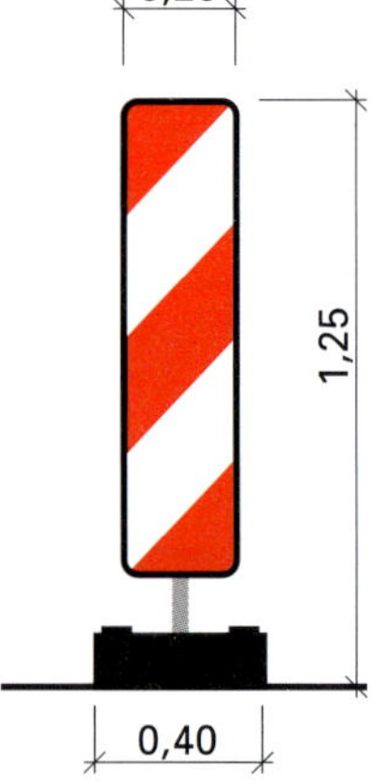

die **Leitbake**
le délinéateur (poteau)
tablica kierująca *f*
препятствие *n*

der **Leitkegel**
le cône (de circulation)
pachołek drogowy *m*
дорожный конус *m*

1.4 GERÜSTE - ÉCHAFAUDAGES - RUSZTOWANIA - СТРОИТЕЛЬНЫЕ ЛЕСА

das **Kleingerüst**
le petit échafaudage
minirusztowanie *n*
небольшие леса *pl*

das **Gerüst**
l'échafaudage
rusztowanie *n*
леса *pl*

der **Geländerholm**
la filière supérieure de garde-corps
żerdź poręczy *f*
верхний поручень *m*

der **Zwischenholm**
la filière intermédiaire de garde-corps
żerdź pośrednia *f*
нижний поручень *m*

das **Bordbrett**
la plinthe de garde-corps
bortnica *m*
бордюр *m*

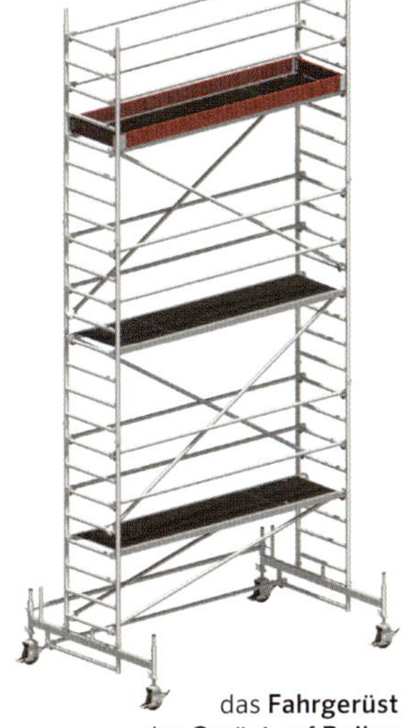

das **Fahrgerüst**
das **Gerüst auf Rollen**
l'échafaudage mobile
pomost jezdny *m*
мобильные строительные леса *pl*

1.4.1 Gerüstbauteile - Éléments d'échafaudage - Elementy rusztowania - Элементы строительных лесов

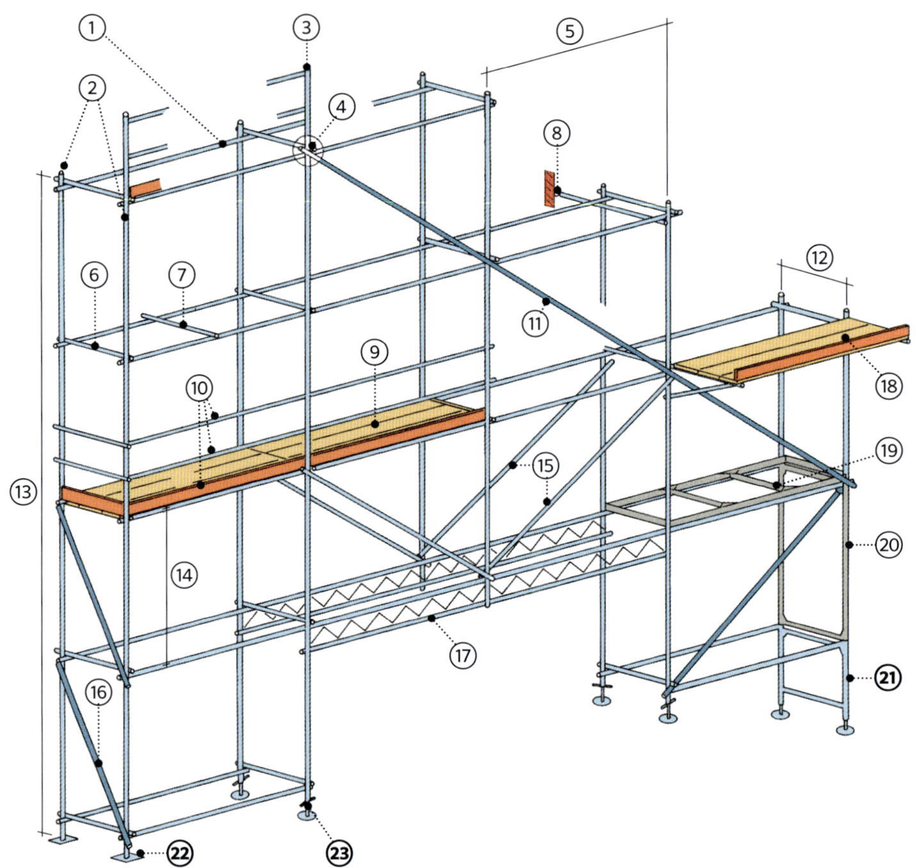

① der **Längsriegel**
la moise
podłużnica *f*
продольная балка *f*

② der **Ständer**
le standard
stojak *m*
рама *m*

③ die **Geländerstütze**
le support de garde-corps
słupek poręczy *m*
опора ограждения *f*

④ der **Knoten**
l'accouplement
łącznik *m*
хомут *m*

⑤ die **Gerüstfeldlänge**
la longueur de segment
długość platformy *f*
длина секции *f*

⑥ der **Querriegel**
l'extrémité de moise transversale
rygiel poprzeczny *m*
поперечина *f*

⑦ der **Zwischenriegel**
la moise transversale de support plancher
rygiel poziomy *m*
горизонтальный ригель *m*

⑧ der **Gerüsthalter mit Anker**
la barre de liaison avec la plaque murale
łącznik kotwiący *m*
кронштейн с анкером *m*

⑨ die **Belagfläche**
la plateforme de travail
platforma robocza *f*
настил *m*

⑩ der **Seitenschutz**
le système garde-corps
zabezpieczenie boczne *n*
ограждение *n*

⑪ die **Längsversteifung**
l'entretoise longitudinale
stężenie podłużne *n*
диагональная стяжка *m*

⑫ die **Gerüstfeldbreite**
la largeur de segment
szerokość pomostu *f*
ширина настила *m*

⑬ die **Gerüsthöhe**
la hauteur de segment
wysokość rusztowania *f*
высота лестницы *m*

⑭ der **Längsriegelabstand**
la hauteur de levage
odstęp między podłużnicami *m*
интервал между продольными балками *m*

⑮ die **Abhängung**
le croisillon
rama krzyżowa *f*
диагональная связь *f*

⑯ die **Querverstrebung**
l'entretoise transversale
podpora poprzeczna *f*
основание под настил *n*

⑰ der **Überbrückungsträger**
la poutre de franchissement
rama podporowa *f*
мостовая балка-ферма *f*

⑱ die **Konsole**
la console
konsola *f*
консоль *f*

⑲ der **Horizontalrahmen**
le cadre horizontal
rama pozioma *f*
горизонтальная рама *f*

⑳ der **Vertikalrahmen**
le cadre vertical
rama pionowa *f*
вертикальная рама *f*

㉑ der **Höhenausgleich**
le réglage en hauteur
stopa regulowana *f*
регулируемое основание *n*

㉒ die **Fußplatte**
la plaque de base
stopa stała *f*
башмак *m*

㉓ die **Fußspindel**
le vérin à vis
podstawa śrubowa *f*
резьбовое основание *n*

FREUND

HOCHBAU

LA CONSTRUCTION ET LE BÂTIMENT

BUDOWNICTWO NAZIEMNE

СТРОИТЕЛЬНЫЕ КОНСТРУКЦИИ

2.1 BERUFE IM HOCHBAU - LES PROFESSIONS DE LA CONSTRUCTION ET DU BÂTIMENT - ZAWODY ZWIĄZANE Z BUDOWNICTWEM NAZIEMNYM - ПРОФЕССИИ В СТРОИТЕЛЬСТВЕ ЗДАНИЙ

der **Maurer**
le maçon
murarz *m*
каменщик *m*

der **Beton- und Stahlbetonbauer**
le coffreur
betoniarz *m*
бетонщик *m*

2.2 WERKZEUGE - LES OUTILS - NARZĘDZIA - ИНСТРУМЕНТЫ

2.2.1 Messen, Anreißen, Abstecken ▸ 3.2.1 - Mesurer, tracer, marquer - Mierzenie, rysowanie, oznaczanie - Измерение, маркировка

die **Teleskop-Wasserwaage**
le niveau à bulle télescopique
poziomica teleskopowa *f*
телескопический уровень *m*

das **Rollbandmaß**
umg das **Maßband**
le mètre à ruban
miarka taśmowa zwijana *f*
рулетка *f*

die **Fluchtschnur**
umg die **Maurerschnur**
le cordon de maçon
sznur murarski *m*
шнур-причалка *m*

das **Senklot**
umg das **Lot**
le fil à plomb
pion *m*
отвес *m*

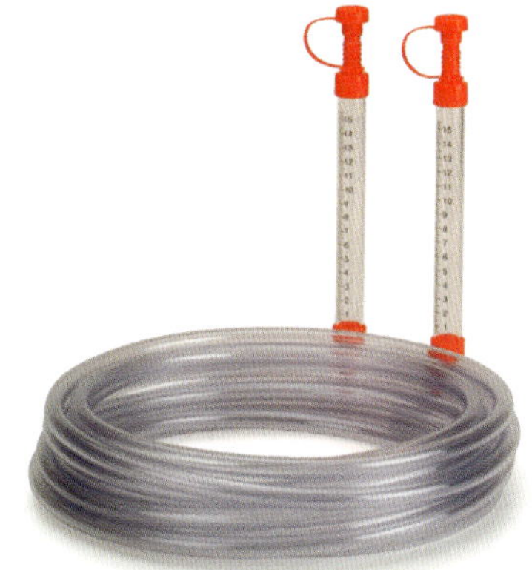

die **Schlauch-Wasserwaage**
le tuyau de niveau
poziomica wężowa *f*
гидроуровень *m*

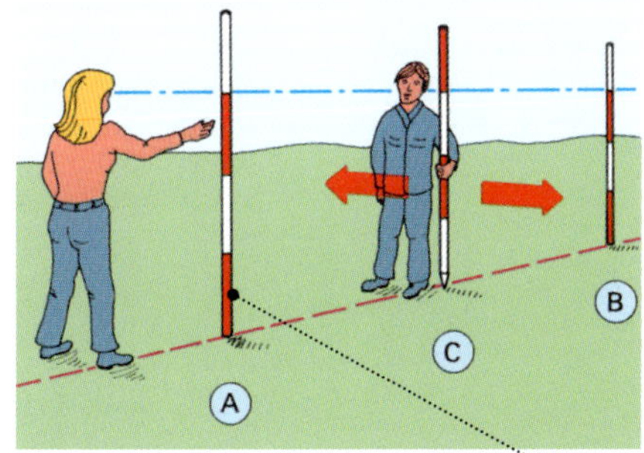

der **Fluchtstab**
le jalon de géomètre
tyczka miernicza *f*
геодезическая веха *f*

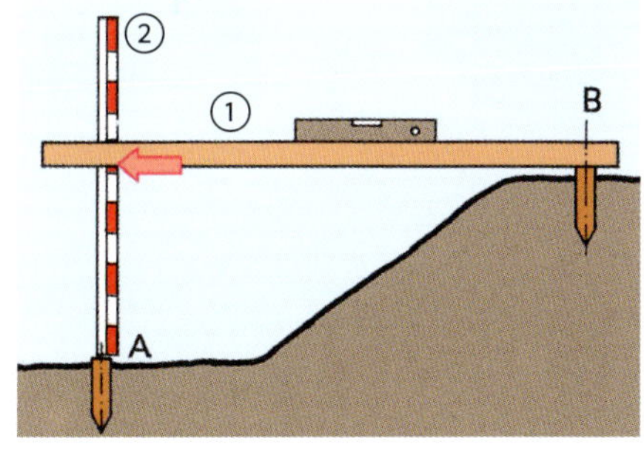

① die **Setzlatte**
la règle
łata murarska *f*
правило *n*

② die **Messlatte**
la tige de nivellement
łata miernicza *f*
нивелирная рейка *f*

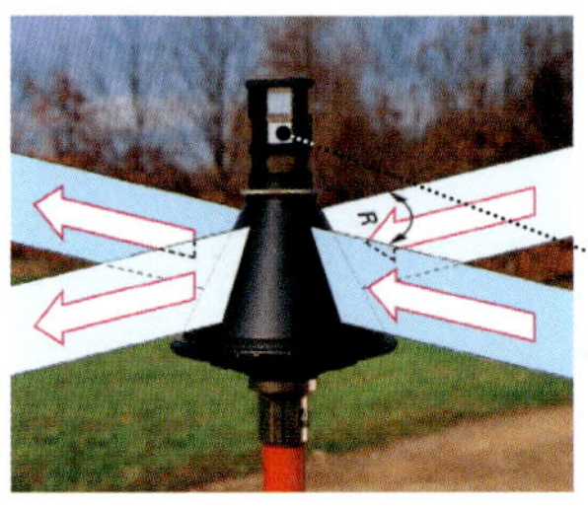

das **Doppelpentagon**
le prisme à double pentagone
pentagon podwójny *m*
двойной пентагональный экер *m*

die **Kreuzscheibe**
la croix d'arpentage
węgielnica krzyżowa *f*
крестообразный экер *m*

das **Winkelprisma**
l'équerre optique
węgielnica pryzmatyczna *f*
призменный экер *m*

das **Nivellierinstrument**
le niveau optique
niwelator *m*
нивелир *m*

der **Rotationslaser**
le niveau laser rotatif
laser obrotowy *m*
ротационный лазерный уровень *m*

der **Laser-Entfernungsmesser**
le télémètre laser
dalmierz laserowy *m*
лазерный дальномер *m*

2.2.2 Mauern ▸ 3.2.2 ▸ 4.2.1 - La maçonnerie - Murowanie - Кладочные работы

Das Maurerwerkzeug - Les outils de maçon - Narzędzia murarskie - Кладочные инструменты

der **Maurerhammer**
le marteau de maçon
młotek murarski *m*
молоток-кирочка *m*

die **Maurerkelle**
la truelle de maçon
kielnia murarska *f*
кельма отделочника *f*

die **Dreieckskelle**
umg die **Berliner Kelle**
la truelle triangulaire
kielnia trójkątna *f*
кельма бетонщика *f*

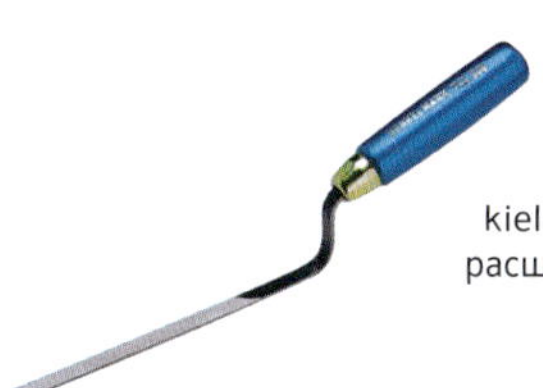

die **Fugkelle**
umg das **Fugeisen**
la truelle à joint
kielnia do fugowania *f*
расшивка каменщика *f*

die **Glättkelle**
la truelle de finition
kielnia do wygładzania *f*
гладилка для штукатурки *f*

die **Greifzange**
la pince à brique
chwytak nożycowy *m*
захват для кирпича *m*

der **Mörtelkübel**
le seau à mortier
wiadro na zaprawę *n*
ведро для раствора *n*

der **Mörtelkasten**
la cuvette à mortier
kastra *f*
ёмкость для строительного раствора *f*

2.2.3 Natursteinbearbeitung - La taille de la pierre - Obróbka kamieni naturalnych - Обработка природного камня

Hämmer - Les marteaux - Młotki - Молотки

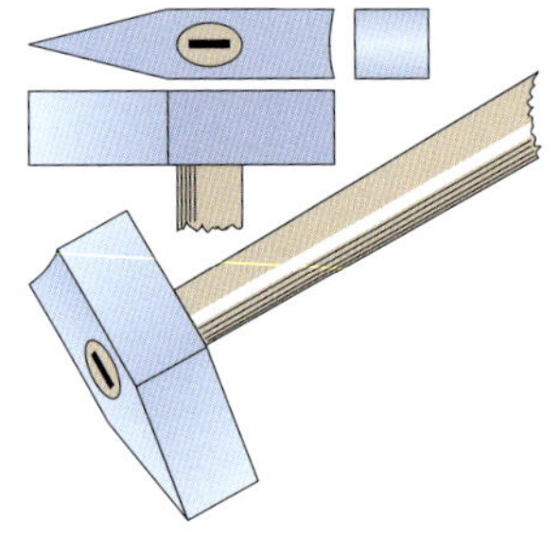

der **Bossierhammer**
le marteau batte plate
odbijak *m*
остроносая кувалда *f*

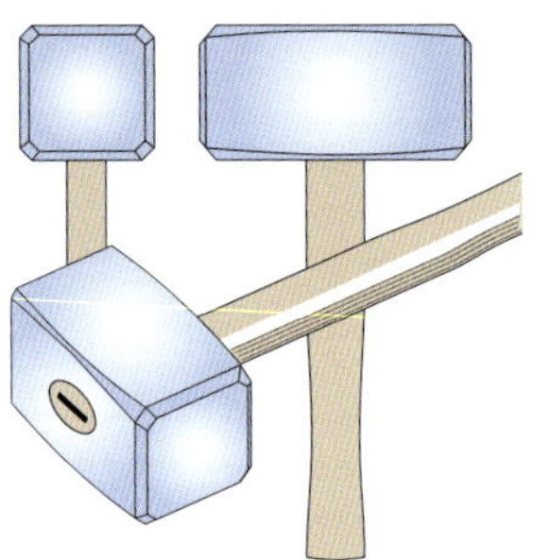

der **Fäustel**
le marteau de club
młotek dwuobuchowy *m*
тупоносая кувалда *f*

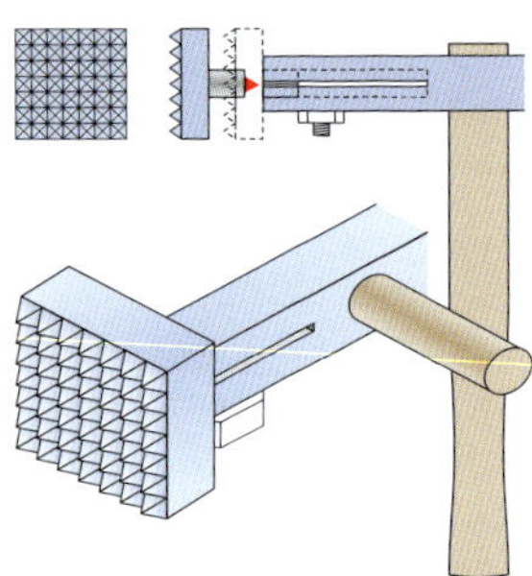

der **Stockhammer**
la boucharde
groszkownik *m*
крестовая бучарда *f*

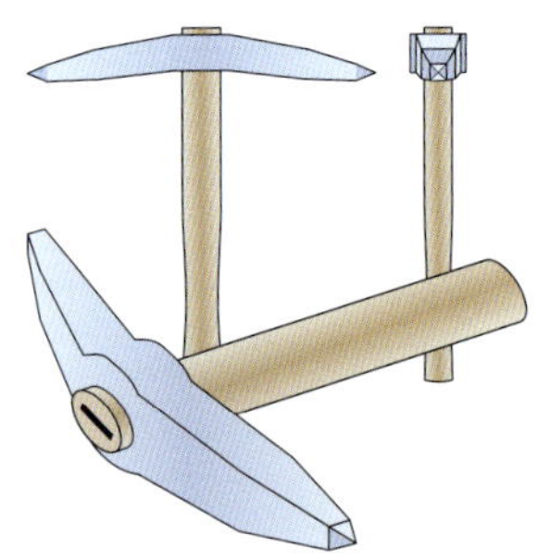

der **Zweispitz**
le marteau à piquer
oskard dwudziobowy *m*
двухстороннее кайло *n*

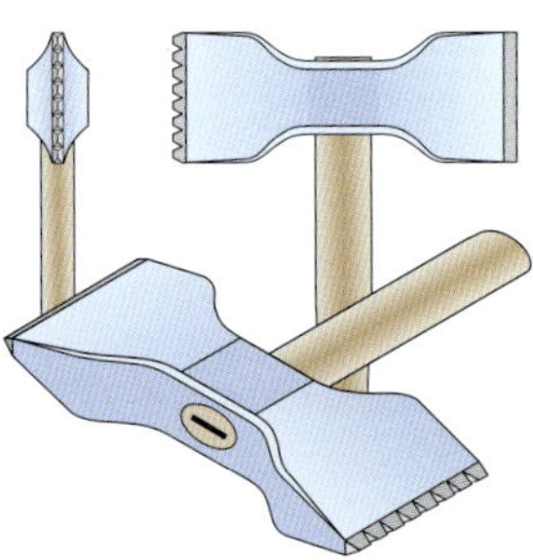

der **Flächenhammer**
le taillant
toporek murarsko-glazurniczy ząbkowany *m*
зубчатый топор *m*

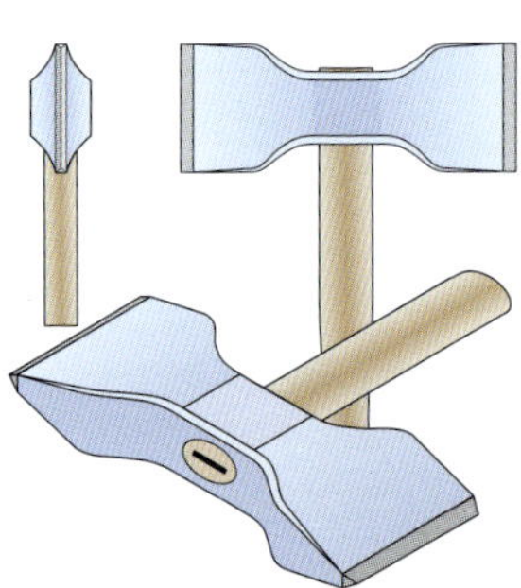

das **Beil**
la hache de maçon
topór *m*
топор *m*

Meißel - Les burins - Przecinaki - Зубила

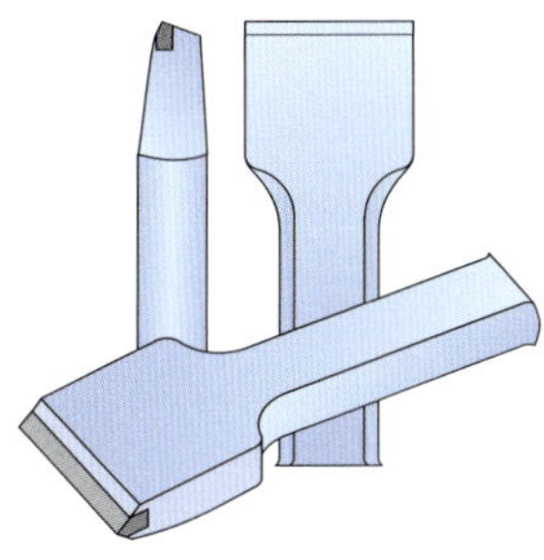

das **Setzeisen**
le burin de maçon
przecinak *m*
зубило *n*

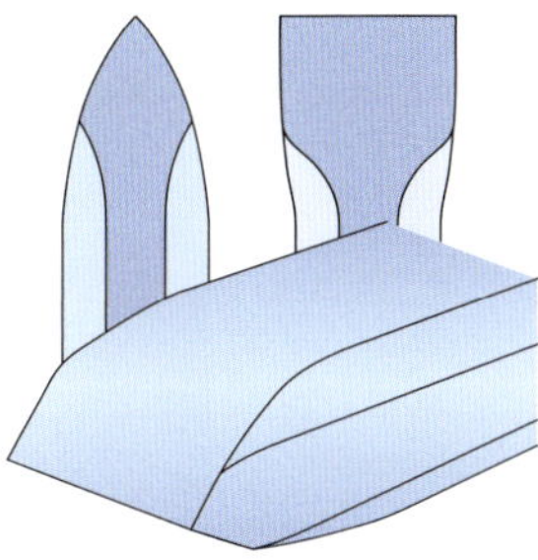

der **Schlagmeißel**
le burin à manche
dłuto udarowe *n*
ударное долото *n*

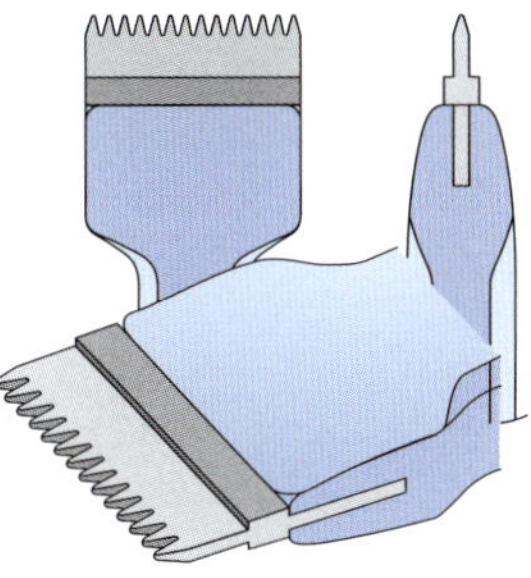

der **Zahnmeißel**
le burin dentelé
dłuto zębate *n*
зубчатое долото *n*

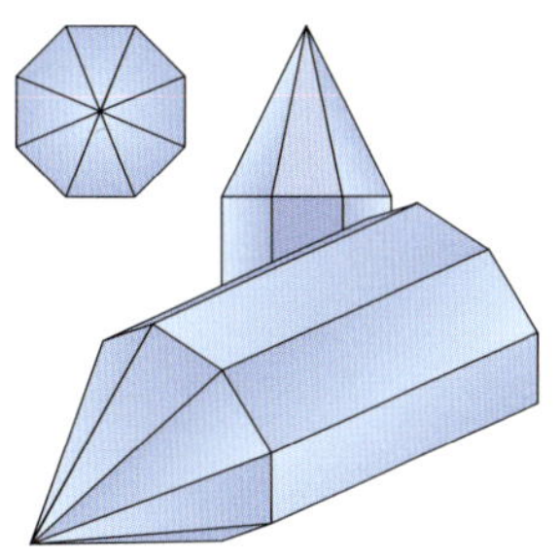

der **Spitzmeißel**
le burin à pointe
dziobak *m*
одногранная остроконечная кайла *f*

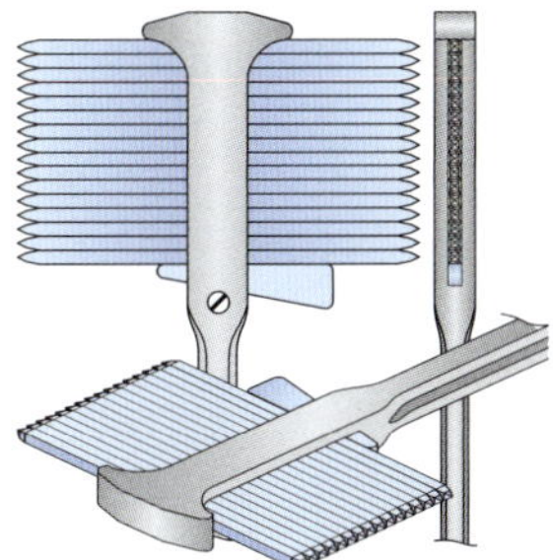

der **Krönel**
le peigne à grès
zębak dziobowy *m*
молот Крендалла *m*

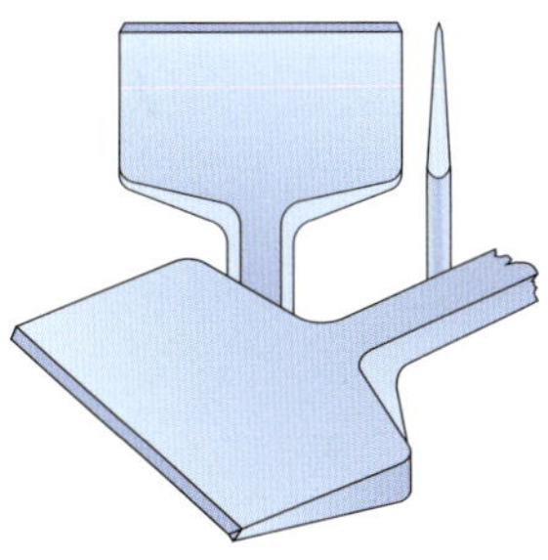

das **Scharriereisen**
le burin bêche
dłuto płaskie *n*
зубило лопаточное по бетону *n*

2.2.4 Bewehren - Le renforcement du béton - Zbrojenie - Армирование

die **Flechterzange**
umg die **Armier- oder Monierzange**
les tenailles coupantes
szczypce tnące czołowe *pl*
клещи режущие торцевые *pl*

das **Drillwerkzeug**
umg der **Driller**
le crochet à torsader
furkadło *n*
спиральная дрель, винтовая дрель *m*

der **Matten- und Bolzenschneider**
les cisailles pour treillis
nożyce do cięcia prętów *pl*
арматурные ножницы *pl*

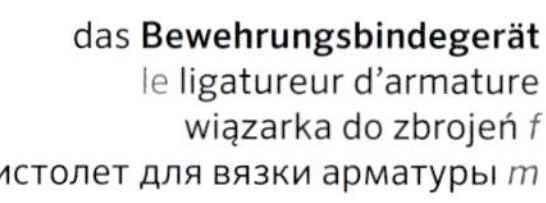

das **Bewehrungsbindegerät**
le ligatureur d'armature
wiązarka do zbrojeń *f*
пистолет для вязки арматуры *m*

das **Drücken**
le pressage
pchanie *n*
толкание *n*

das **Ziehen**
le tirage
ciągnięcie *n*
тяга *f*

2.2.5 Betonverarbeitung ▸ 3.2.2 - Le travail du béton - Obróbka betonu - Обработка бетона

der **Kipp-Japaner**
la brouette basculante
taczka japonka *f*
опрокидывающаяся тачка

die **Schubkarre**
la brouette
taczka *f*
тачка *f*

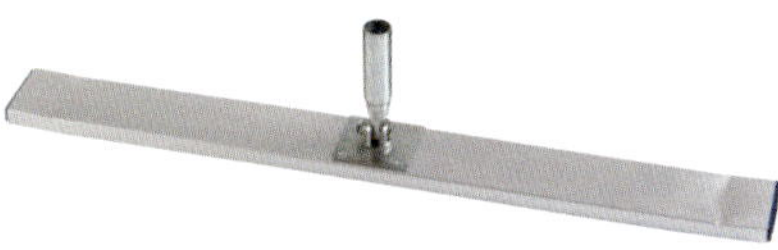

der **Betonverteiler**
l'épandeur à béton
rozściełacz masy betonowej *m*
выравниватель для бетона *m*

der **Betonschieber**
l'épandeur à béton large
łata do betonu *f*
правило для бетона *n*

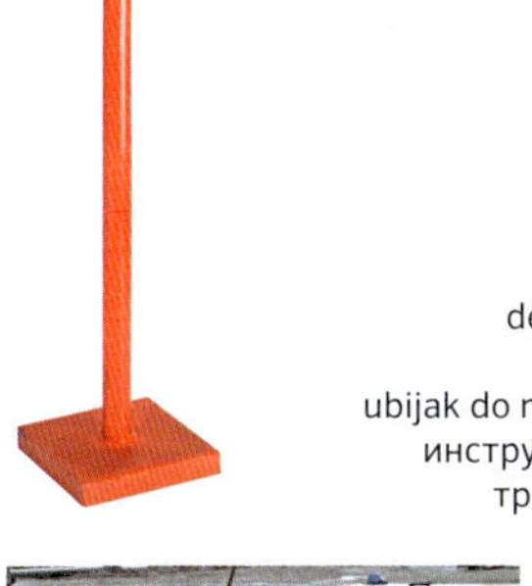

der **Betonstampfer**
la dame à béton
ubijak do masy betonowej *m*
инструмент для ручной трамбовки бетона *f*

der **Betonschaber**
le grattoir à béton
skrobak do betonu *m*
скребок для бетона *m*

die **Betonglättpatsche**
la lisseuse à béton
listwa wygładzająca do betonu *f*
инструмент для выравнивания бетона *m*

2.2.6 Der Baukran ▸ 1.4 - La grue de chantier - Żuraw budowlany - Башенный кран

der **Turmdrehkran mit Katzausleger**
la grue de chantier fixe
żuraw wieżowy obrotowy *m*
поворотный башенный кран *m*

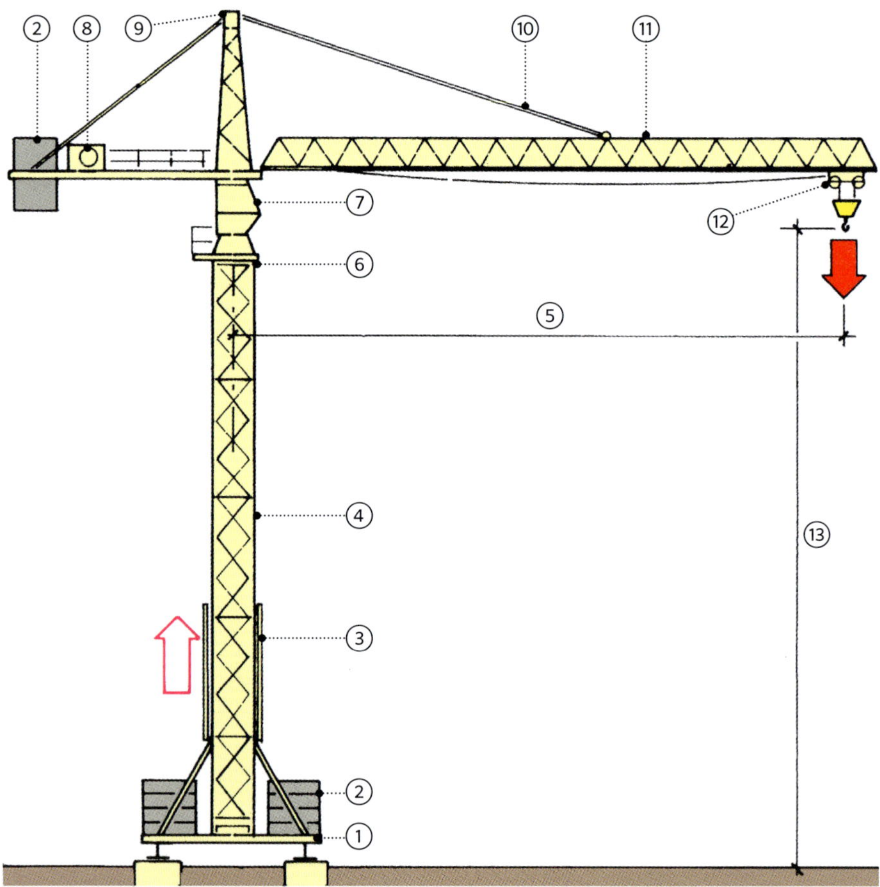

① das **das Fundamentkreuz mit Spindeln**
le châssis croix avec pieds de scellement
podstawa krzyżowa z kotwami *f*
ходовая рама *f*, платформа *f*

② der **Ballast**
les blocs de lest
balast *m*
противовес *m*

③ die **Klettereinrichtung**
le module inférieur télescopique
drabinka *f*
лестница *f*

④ der **Turm**
la tour
wieża *f*
башня *f*

⑤ die **maximale Ausladung**
la longueur de flèche
maksymalny wysięg *m*
максимальный вылет стрелы *m*

⑥ das **Drehwerk**
le montage pivotant
mechanizm obrotu *m*
механизм поворота *m*

⑦ die **Kabine**
la cabine
kabina *f*
кабина *f*

⑧ das **Hubwerk**
le treuil principal et moteurs
dźwignica *f*
главная лебёдка *f*

⑨ die **Turmspitze**
le porte-flèche
szczyt wieży *m*
пик башни *m*

⑩ die **Abspannung**
le tirant avant
odciąg *m*
оттяжка *f*

⑪ der **Ausleger**
la flèche
wysięgnik *m*
стрела *f*

⑫ die **Laufkatze**
le chariot
wózek suwnicowy *m*
крановая тележка *f*

⑬ die **Hakenhöhe**
la hauteur de levage maximale
maksymalna wysokość podnoszenia *f*
высота под крюком *f*

2.3 MASCHINEN UND GERÄTE - LES MACHINES ET LES ÉQUIPEMENTS - MASZYNY I URZĄDZENIA - МАШИНЫ И ОБОРУДОВАНИЕ

2.3.1 Herstellung von Mörtel und Beton - Le mélange du mortier et du béton - Mieszanie zaprawy i betonu - Перемешивание раствора и бетона

das **Mörtelsilo**
le silo à mortier (sec)
silos na zaprawę *m*
силос для строительного раствора *m*

das **Mörtelrührwerk**
umg der **Quirl**
le malaxeur à mortier
mieszadło do zapraw *n*
ручной миксер для раствора *m*, ручной растворосмеситель *m*

der **Kipptrommelmischer**
la bétonnière
betoniarka z bębnem przechylnym *f*
гравитационный бетоносмеситель *m*, бетоносмеситель с наклонным барабаном *m*

der **Tellermischer**
le malaxeur à béton
mieszarka talerzowa *f*
принудительный бетоносмеситель *m*, вертикальный бетоносмеситель *m*

die **Autobetonpumpe**
la pompe à béton montée sur camion
samochodowa pompa do betonu *f*
автобетононасос *m*

der **Fahrzeugmischer**
le camion malaxeur
mieszarka samochodowa *f*
автобетоносмеситель *m*

die **Betonmischanlage**
la centrale à béton
betonownia *f*
бетоносмесительный завод *m*, бетонный завод *m*

der **Krankübel**
la benne à béton
wiadro dźwigowe *n*
ковш для подачи бетона *m*

das **Verdichten**
le compactage
zagęszczanie *n*
уплотнение *n*

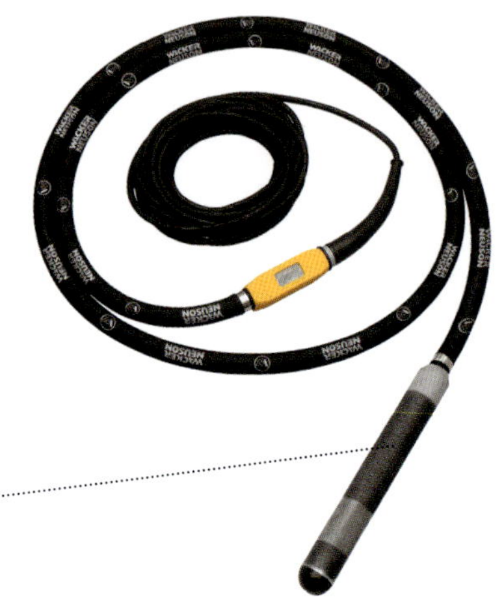

der **Innenrüttler**
umg der **Flaschenrüttler**
le vibrateur à béton interne
wibrator wgłębny *m*
глубинный вибратор для бетона *m*

an der Wandschalung
sur le coffrage mural
na szalunku ściennym
на стеновой опалубке

der **Außenvibrator**
umg der **Schalungsrüttler**
le vibrateur à béton externe
wibrator zewnętrzny *m*
внешняя конкретная вибромашина *f*

2.3.2 Herstellung von Mauerwerk - Pour la maçonnerie - Układanie cegieł - Укладка кирпича

die **Blocksteinsäge**
la scie à blocs de béton
pilarka do kamienia *f*
пила для резки камня и строительных блоков *f*

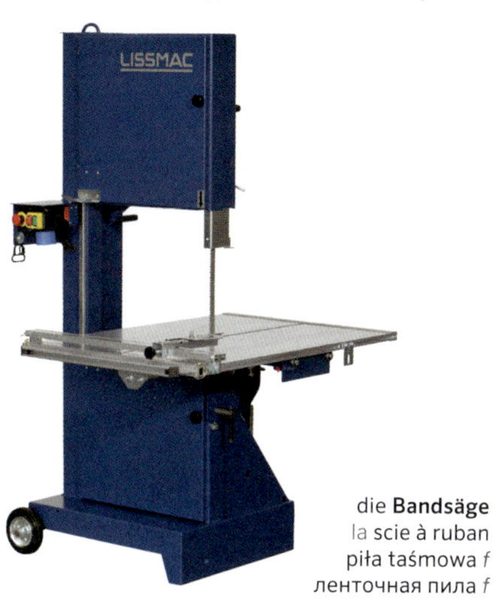

die **Bandsäge**
la scie à ruban
piła taśmowa *f*
ленточная пила *f*

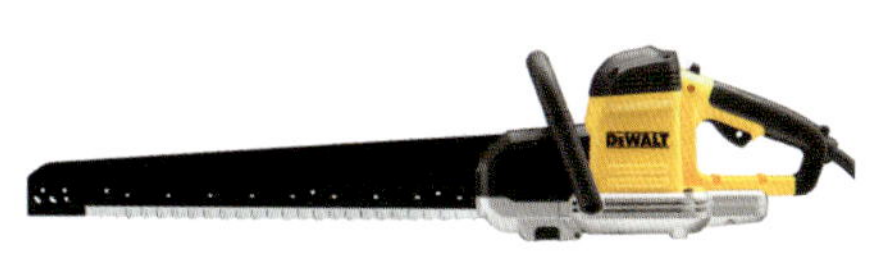

die **elektrische Handkreissäge**
la scie à main électrique
pilarka ręczna *f*
ручная электропила *f*

das **Versetzgerät**
umg der **Kleinkran**
la grue de manutention
podnośnik żurawiowy *m*
подъёмный мини-кран *m*

2.3.3 Herstellung von Betonschalungen ▶ 6.5.2 - Le coffrage de construction - Szalunki betonowe - Строительная опалубка

die **Baukreissäge**
la scie circulaire de chantier
budowlana piła tarczowa *f*
круглая пила *f*

die **Kappsäge**
la scie à onglet
tarczówka poprzeczna *f*
торцовочная пила *f*

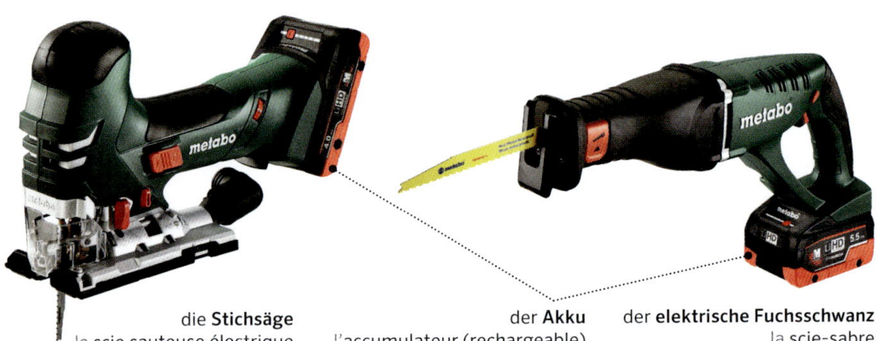

die **Stichsäge**
la scie sauteuse électrique
otwornica *f*
электрический лобзик *m*

der **Akku**
l'accumulateur (rechargeable)
akumulator *m*
аккумулятор *m*

der **elektrische Fuchsschwanz**
la scie-sabre
rozpłatnica elektryczna *f*
электроножовка *f*

2.4 WERKSTOFFE UND BAUSTOFFE - MATÉRIAUX DE CONSTRUCTION - TWORZYWA I MATERIAŁY BUDOWLANE - СТРОИТЕЛЬНЫЕ МАТЕРИАЛЫ

2.4.1 Bindemittel für Beton und Mörtel - Le béton et les liants de mortier - Spoiwa betonowe i zaprawy - Вяжущие вещества

der **Baukalk**
la chaux de construction
wapno budowlane *n*
известь *f*

der **Normalzement**
umg der **Zement**
le ciment (ordinaire)
cement zwykły *m*
цемент *m*

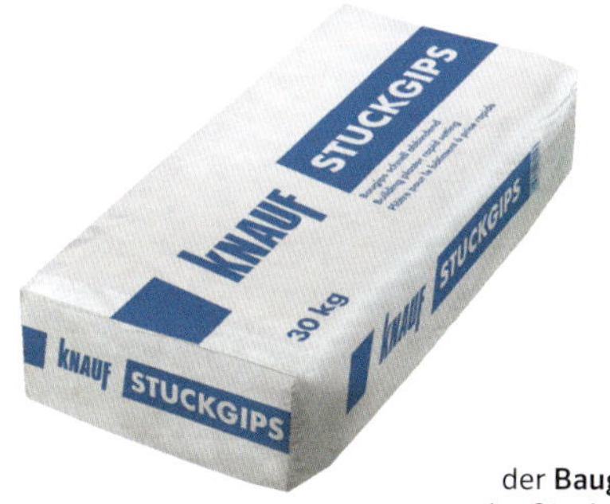

der **Baugips**
umg der **Stuckgips**
le plâtre de construction
gips budowlany *m*
строительный гипс *m*

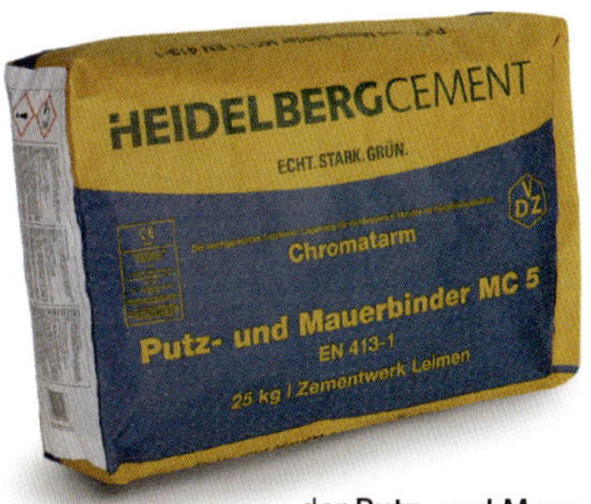

der **Putz- und Mauerbinder**
umg der **PM-Binder**
le ciment à maçonnerie
cement murarski *m*
кладочный цементный раствор *m*

2.4.2 Gesteinskörnung für Beton und Mörtel - Les granulats de béton et de mortier - Kruszywa do betonu i zaprawy - Заполнители для бетона и растворов

Natürliche Gesteinskörnung - Le granulat naturel - Kruszywa naturalne - Природные заполнители

der **Sand**
le sable
piasek *m*
песок *m*

der **Kies**
le gravier
żwir *m*
гравий *m*

Das Gefüge - La microstructure - Mikrostruktura - Микроструктура

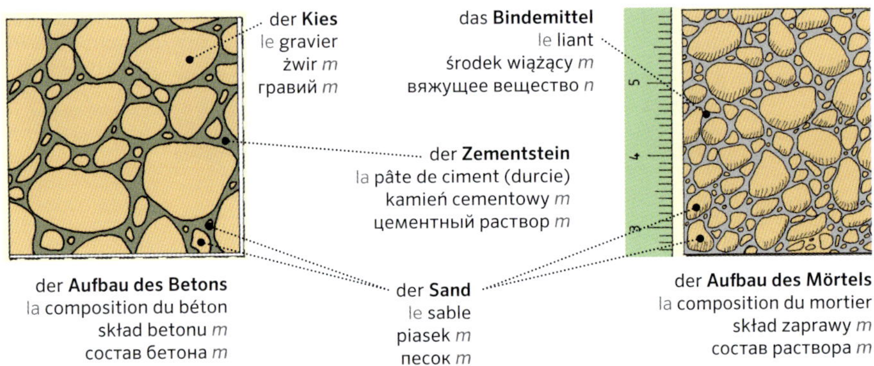

der **Kies**
le gravier
żwir *m*
гравий *m*

das **Bindemittel**
le liant
środek wiążący *m*
вяжущее вещество *n*

der **Zementstein**
la pâte de ciment (durcie)
kamień cementowy *m*
цементный раствор *m*

der **Aufbau des Betons**
la composition du béton
skład betonu *m*
состав бетона *m*

der **Sand**
le sable
piasek *m*
песок *m*

der **Aufbau des Mörtels**
la composition du mortier
skład zaprawy *m*
состав раствора *m*

Gebrochene Gesteinskörnung - Le granulat concassé - Kruszywa łamane - Дробленые заполнители

der **Splitt**
les gravillons *pl*
grys *m*
бутовый камень *m*

der **Schotter**
le gravier
tłuczeń *m*
щебень *m*,
клинец *m*

2.4.3 Mauermörtel - Le mortier de maçonnerie - Zaprawa murarska - Кладочный раствор

Mörtelarten - Les types de mortier - Rodzaje zapraw - Виды раствора

der **Normalmauermörtel**
le mortier de maçonnerie ordinaire
zwykła zaprawa budowlana *f*
обычная кладочная смесь *f*

der **Dünnbettmörtel**
le (mortier) thinset
zaprawa klejowa cienkowarstwowa *f*
тонкослойный раствор *m*, тонкошовный раствор *m*

der **Leichtmauermörtel**
le mortier léger
zaprawa murarska lekka *f*
лёгкий раствор *m*

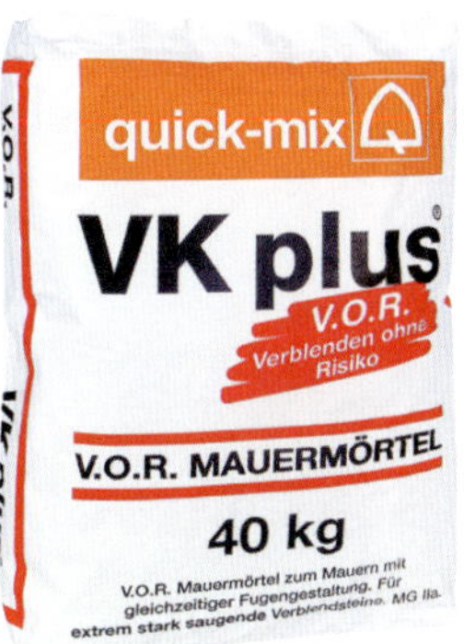

der **Werkmauermörtel**
umg der **Trockenmörtel**
les produits de mortier sec
zaprawa sucha *f*
сухой раствор *m*

2.4.4 Beton - Le béton - Beton - Бетон

Betonarten - Les types de béton - Rodzaje betonu - Виды бетона

das **Gefüge**
la micro-structure
mikrostruktura *f*
микроструктура *f*

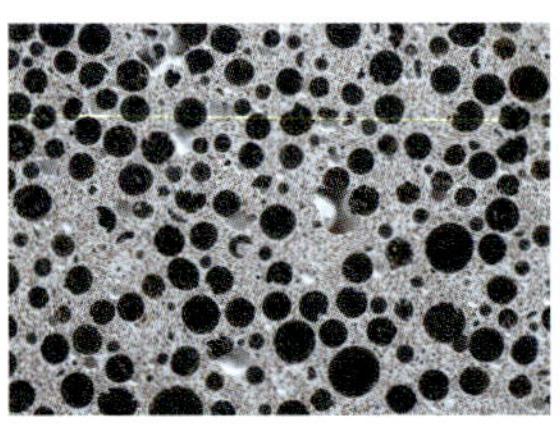

der **Leichtbeton**
le béton léger
beton lekki *m*
лёгкий бетон *m*

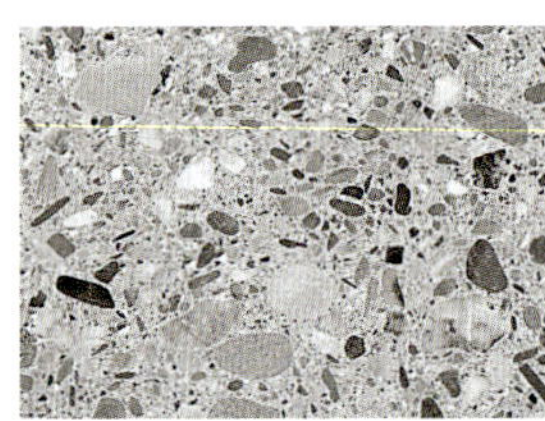

der **Normalbeton**
umg der **Beton**
le béton (de poids) normal
beton zwykły *m*
обычный бетон *m*

der **Schwerbeton**
le béton lourd
beton ciężki *m*
тяжёлый бетон *m*

der **Frischbeton**
le béton frais
beton świeży *m*
свежий бетон *m*

der **Festbeton**
le béton durci
beton stwardniały *m*
затвердевший бетон *m*

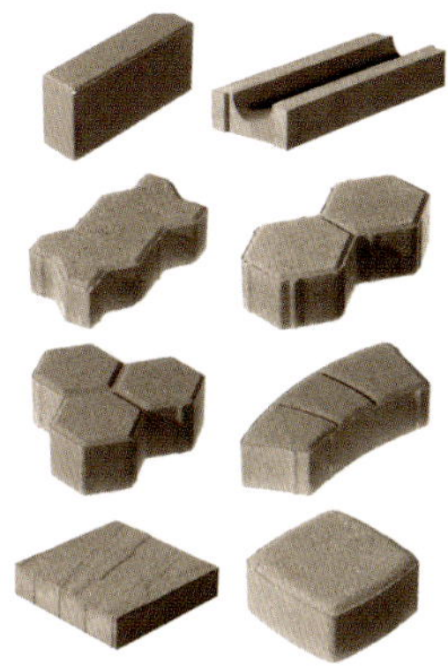

der **unbewehrte Beton**
le béton non armé
beton niezbrojony *m*
неармированный бетон *m*

der **bewehrte Beton**
umg der **Stahlbeton**
le béton armé
beton zbrojony *m*
железобетон *m*

der **Spannbeton**
le béton précontraint
beton sprężony *m*
предварительно напряжён-ный железобетон *m*

der **Sichtbeton**
le béton de parement
beton licowy *m*
лицевой бетон *m*

der **Spritzbeton**
le béton projeté
beton natryskowy *m*
торкрет бетон *m*

der **wasserundurchlässige Beton**
le béton imperméable
beton wodoszczelny *m*
гидротехнический бетон *m*

2.4.5 Betonstahl - Les barres d'armature - Stal zbrojeniowa do betonu - Арматурная сталь

Betonstahlarten - Les types d'armatures - Rodzaje stali zbrojeniowej do betonu - Виды арматурной стали

der **gerippte Betonstabstahl**
la barre d'acier nervurée (renforcement)
żebrowana stal zbrojeniowa *f*
ребристая арматура *f*

der **Betonstahl in Ringen**
l'acier de renforcement en bobines
stal zbrojeniowa w kręgach *f*
стальная арматура в бухтах *f*

die **Betonstahlmatte**
la toile métallique soudée
mata zbrojeniowa *f*
арматурная сетка *f*

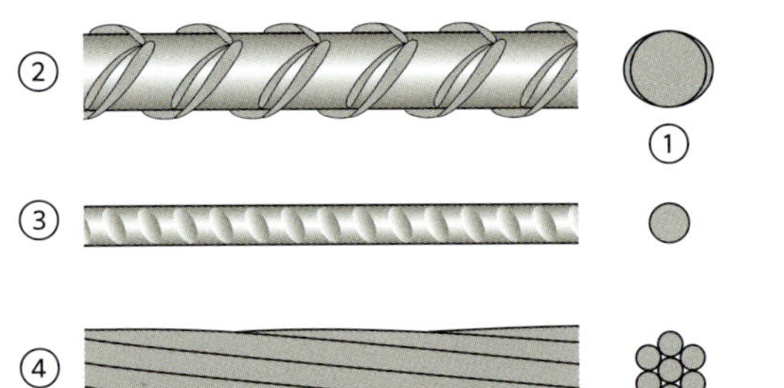

der **Spannstahl**
l'acier de précontrainte
stal sprężająca *f*
сталь для армирования предварительно напряжённого железобетона *f*

① der **runde Querschnitt**
la section circulaire
przekrój okrągły *m*
поперечное сечение *n*

② **gerippt**
crénelée
żebrowana
рифленый

③ **profiliert**
crantée
profilowana
профилированный

④ die **Litze**
le toron
skrętka *f*
канатная арматура, стренд *f*

2.4.6 Schalungsteile und Schalungskonstruktionen - Les composants et structures de coffrage - Elementy szalunku i konstrukcje szalunkowe - Элементы опалубки и опалубочные конструкции

Schalungen - Le coffrage - Szalunki - Опалубки

die **Fundamentschalung**
le coffrage de fondation
deskowanie fundamentu *n*
опалубка для фундамента *f*

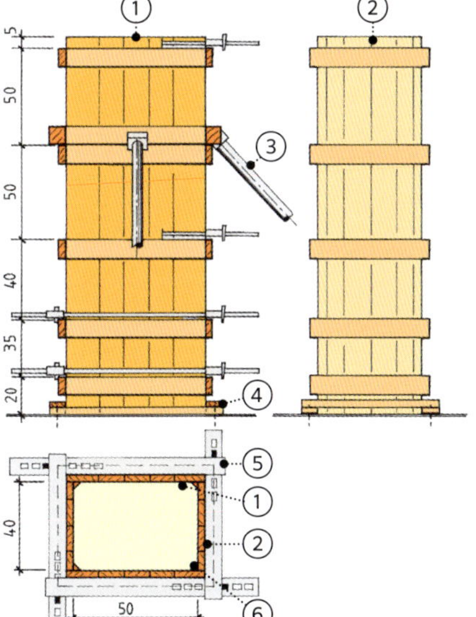

die **Stützenschalung**
le coffrage de colonne
deskowanie słupa *n*
опалубка колонн *f*

① der **Außenschild**
le panneau d'extrémité
deska zewnętrzna *f*
верхний щит *m*

② der **Innenschild**
le panneau latéral
deska wewnętrzna *f*
боковой щит *m*

③ die **Richtstütze**
l'étai tirant-poussant
podpora stabilizująca *f*
подкос *m*, опора стабилизирующая *f*

④ der **Fußkranz**
le pied
jarzmo odeskowania słupa *n*
рамка основания *f*

⑤ die **Säulenzwinge**
la bride de colonne
klamra *f*
зажим колонны *m*

⑥ die **Dreikantleiste**
le profil chanfrein
listwa o przekroju trójkątnym *f*
треугольная рейка *f*

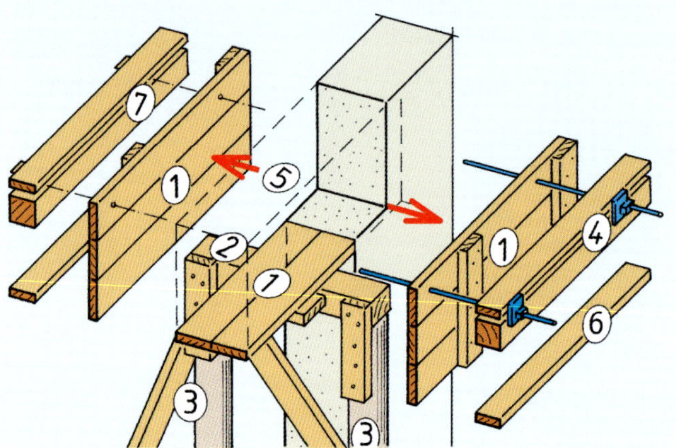

die **Balkenschalung**
le coffrage de poutre
deskowanie belek *n*
опалубка балок *f*

① die **Schalhaut: Bretter und Laschen**
l'enveloppe de coffrage: panneaux et éclisses
szalunek: płyty i łączniki *m*
опалубка: панели и соединяющие ремни *f*

② die **Unterkonstruktion: Kanthölzer**
la structure de soutien: bois équarri
konstrukcja nośna: krawędziaki *f*
несущая конструкция: брусы *f*

③ die **Unterstützung: Pfosten**
le soutien: montant
podpora: słup *f*
стойка *f*

④ die **Verspannung**
l'entretoisement
naciąg *m*
система крепления *f*, стяжка *f*

⑤ der **Betondruck**
la pression du béton
nacisk betonu *m*
давление бетона *n*

⑥ das **Drängbrett**
la planche d'arrêt
deska wciskająca *f*
горизонтальная схватка *f*

⑦ das **Gurtholz**
les traverses
deska pasowa *f*
балочно-ригельная опалубка *f*

die **Wandschalung**
la banche
deskowanie ściany *n*
опалубка стены *f*

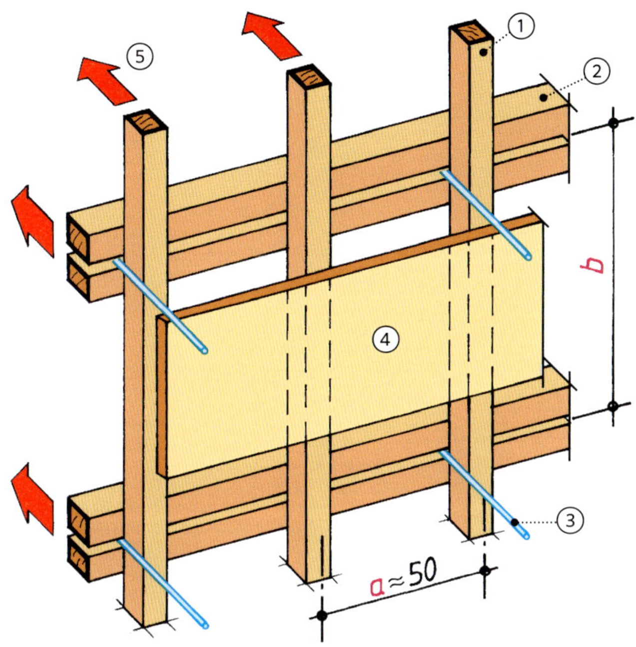

① das **Bogenholz**
le poteau
słup szkieletowy *m*
вертикальное ребро *n*

② das **Gurtholz**
la traverse
deska pasowa *f*
схватка *f*

③ die **Verspannung**
le contreventement
naciąg *m*
система крепления *n*, стяжка *f*

④ die **Schaltafel**
le panneau de coffrage
tarcza deskowania *f*
щит стены *m*

⑤ der **Betondruck**
la pression du béton
nacisk betonu *m*
давление бетона *n*

Deckenschalungen - Le coffrage de sol - Szalunki stropowe - Опалубки перекрытий

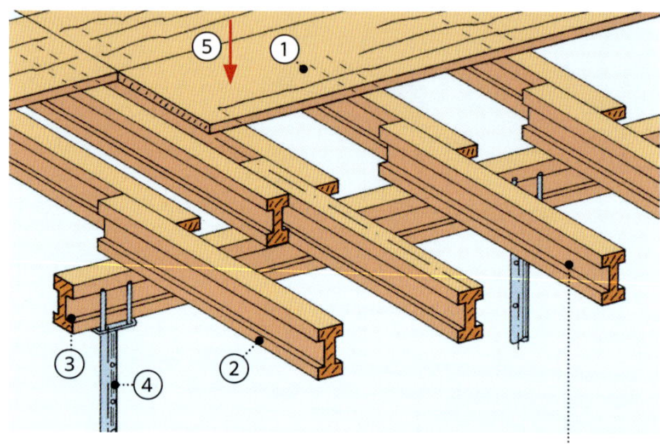

mit Vollwandträgern
avec poutrelles à âme pleine
z dźwigarami pełnościennymi
с балками со сплошной стенкой

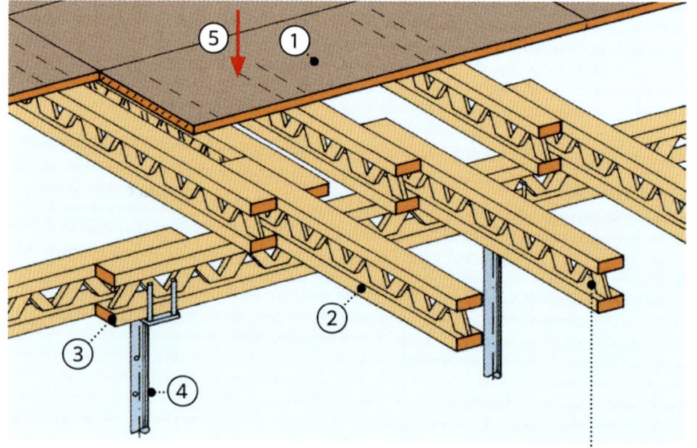

mit Gitterträgern
la poutre à treillis
z dźwigarami kratowymi
с фермой

① die **Schalungsplatte**
le panneau de coffrage
płyta szalunkowa *f*
опалубочная панель *f*

② der **Querträger**
la poutre transversale
dźwigar jarzmowy *m*
поперечная балка *f*

③ der **Jochträger**
la poutre principale
pal jarzmowy *m*
главная балка *f*

④ die **Stahlrohrstütze**
le contreventement en tube d'acier
podpora z rur stalowych *f*
опора из стальных труб *f*

⑤ der **Betondruck**
la pression du béton
nacisk betonu *m*
давление бетона *n*

2.4.7 Profilstähle - Les profilés en acier - Profile stalowe - Стальные профили

Baustahl - L'acier de construction - Stal konstrukcyjna - Конструкционная сталь

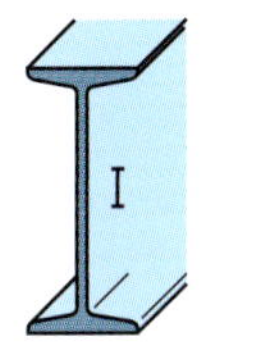

das **I-Profil**
umg der **schmale I-Träger**
le profil I
profil I *m*
I профиль *m*

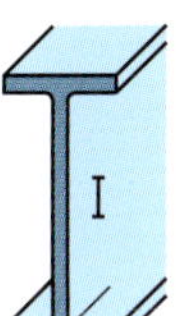

das **IPE-Profil**
umg der **mittelbreite I-Träger**
le profil IPE
profil IPE *m*
IPE профиль *m*

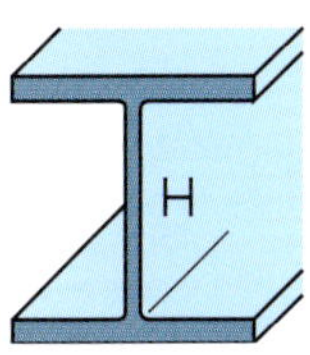

das **IPB-Profil**
umg der **breite I-Träger**
le profil IPB
profil IPB *m*
IPB профиль *m*

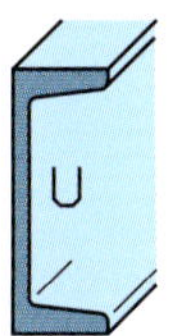

das **rundkantige U-Profil**
le profil en U à bords arrondis
ceownik z zaokrąglonymi krawędziami *m*
швеллерный профиль *m*

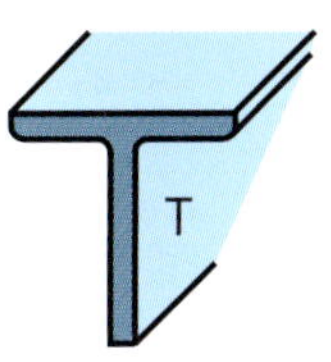

das **gleichschenklige scharfkantige T-Profil**
le profil en T isocèle
teownik równoramienny z ostrymi krawędziami *m*
тавровый профиль *m*

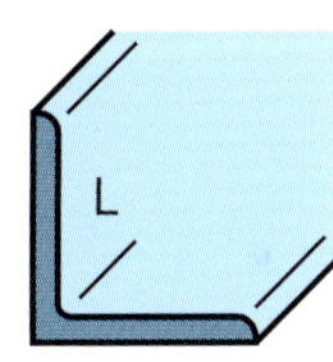

das **gleichschenklige rundkantige L-Profil**
le profil en L à bords arrondis isocèle
kątownik równoramienny z zaokrąglonymi krawędziami *m*
угловой профиль *m*

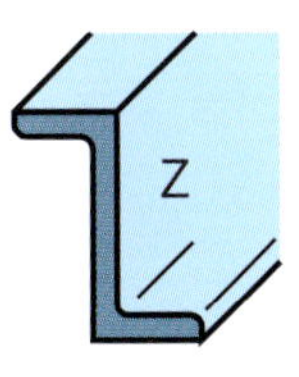

die **rundkantige Z-Profil**
le profil en Z à bords arrondis
zetownik z zaokrąglonymi krawędziami *m*
Z профиль *m*

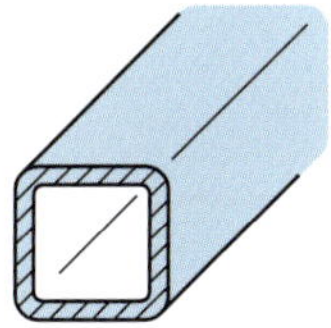

das **quadratische Hohlprofil**
le profil carré creux
profil wydrążony kwadratowy *m*
квадратный профиль *m*

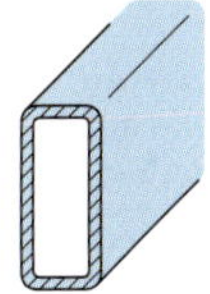

das **rechteckige Hohlprofil**
le profil creux rectangulaire
profil wydrążony prostokątny *m*
прямоугольный профиль *m*

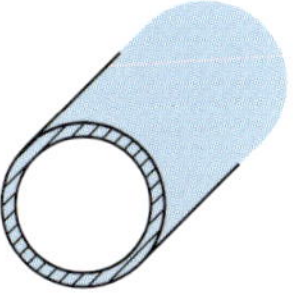

das **Rundhohlprofil**
le profil creux circulaire
profil okrągły *m*
круглый профиль *m*

2.4.8 Künstliche Mauersteine - Les briques artificielles - Cegły i bloczki - Кирпичи и блоки

Mauerziegel - Les briques de construction - Cegły zwykłe - Кирпичи

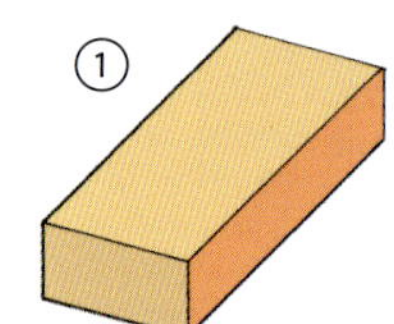

① der **ungelochte Vollziegel im Dünnformat**
la brique mince (de parement) (240 × 115 × 52 mm)
cegła licowa pełna w formacie DF *f*
облицовочный полнотелый кирпич DF *m*

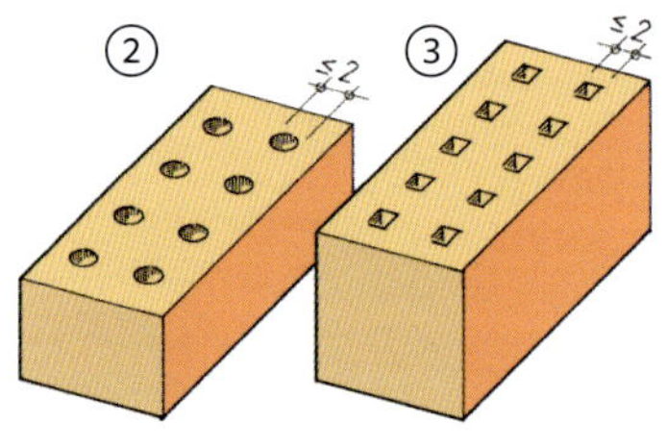

② **im Normalformat**
de taille standard (240 × 115 × 71 mm)
w formacie standardowym
в стандартном формате

der **gelochte Vollziegel**
la brique pleine perforée
cegła licowa perforowana *f*
облицовочный перфорированный кирпич *m*

③ **im 2 x Dünnformat**
de parement 2DF (240 × 115 × 113 mm)
w formacie 2DF
в формате 2 DF

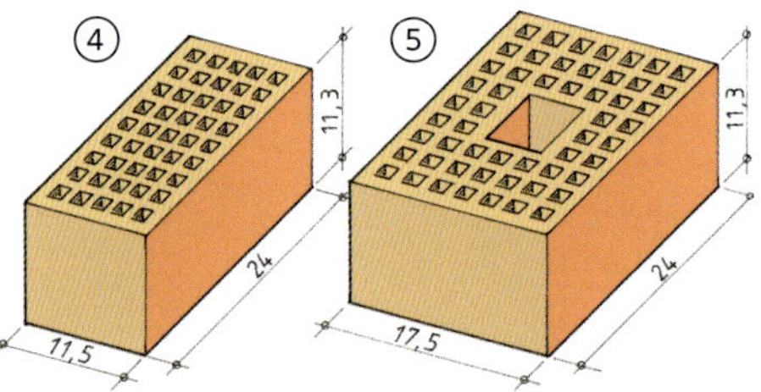

der **Hochlochziegel**
la brique creuse
cegła kratówka *f*
многопустотный кирпич *m*

④ **mit Lochung**
avec perforations
z perforacją
многопустотный кирпич с перфорацией *m*

⑤ **mit Lochung und Griffschlitz**
avec perforations et fente de préhension
z perforacją i szczeliną
многопустотный кирпич с перфорацией и щелью *m*

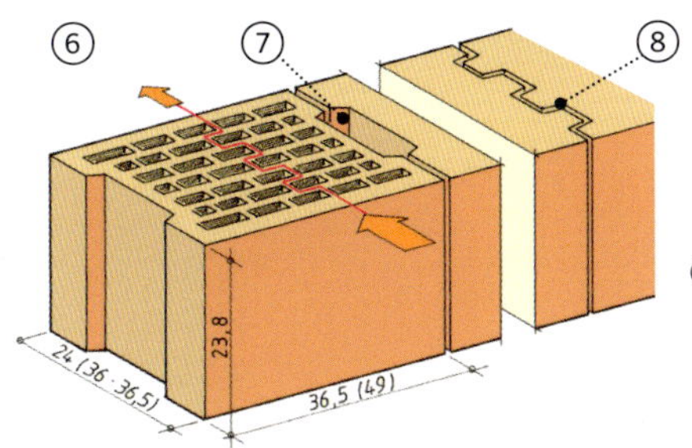

⑥ der **Hochlochblockziegel mit Lochung**
le bloc creux
bloczek komórkowy z perforacją *m*
пустотелый блок с перфорацией *m*

⑦ die **Mörteltasche**
le mortier de jointement
kieszeń *f*
карман *m*

⑧ das **Nut- und Federsystem**
les languettes et rainures
system wpustów i piór *m*
система шпунт-паз *f*

Porotonziegel - brique Poroton - cegła Poroton - поризованный кирпич

⑨ **für die Außenwand**
pour murs extérieurs
do ścian zewnętrznych
для наружных стен

⑩ **für die Kellerwand**
pour murs de sous-sol
do ścian piwnicznych
для стены подвала

der **ungefüllte Hochlochziegel**
la brique creuse non remplie
niewypełniona cegła kratówka *f*
незаполненный многодырчатый кирпич *m*, керамический блок *m*

⑪ **mit Perlite-Füllung**
garnie de perlite
z wypełnieniem z perlitu
заполненная перлитом

⑫ **mit Mineralwolle-Dämmung**
garnie de laine minérale
z izolacją z wełny mineralnej
заполненная минеральной ватой

der **Hochlochziegel**
la brique creuse
cegła kratówka *f*
многодырчатый кирпич *m*,
многопустотный кирпич *m*

Der Kalksandstein - Les briques silico-calcaires - Cegły wapienno-krzemowe - Силикатно-известковые кирпичи

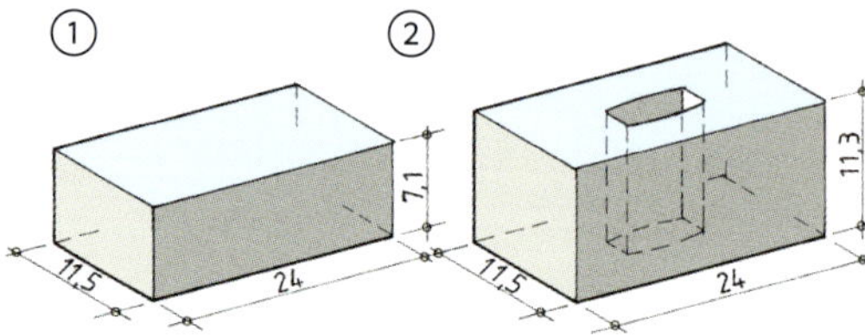

① der **Kalksandvollstein**
la brique silico-calcaire pleines
cegła pełna wapienno-piaskowa *f*
полнотелый силикатный кирпич *m*

② der **mit Lochung**
creux/creuse
z perforacją
перфорированный

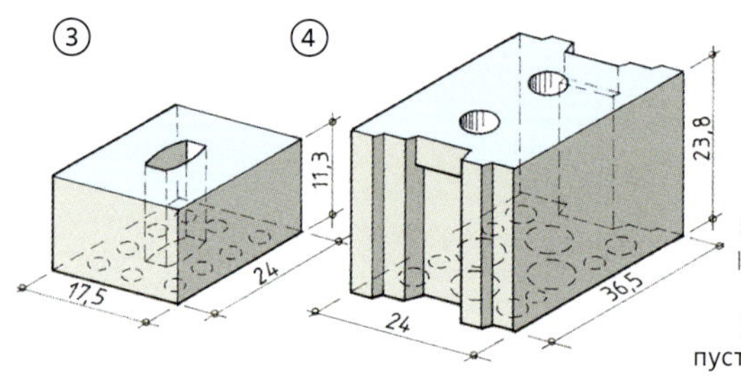

③ der **Kalksandlochstein**
la brique creuse silico-calcaire
pustak wapienno-piaskowy *m*
пустотелый силикатный блок *m*

④ der **Kalksandhohlblockstein mit Tasche**
le bloc creux silico-calcaire avec mortier de jointement
bloczek wapienno-piaskowy z kieszenią *m*
пустотелый силикатный блок с карманом *m*

⑤ die **Kalksandstein-Wandbauplatte**
le panneau de paroi silico-calcaire
płytka ścienna wapienno-piaskowa *f*
стеновая панель из извести *m*,
известково-песчаная плитка для стен *f*

⑥ das **Kalksandstein-Planelement**
l'élément plat silico-calcaire
bloczek wapienno-piaskowy z kieszenią *f*
пустотелый силикатный блок с карманом *m*

Mauersteine aus Beton (Normalbeton) - Les parpaings - Cegły betonowe (beton zwykły) - (Обычные) бетонные кирпичи

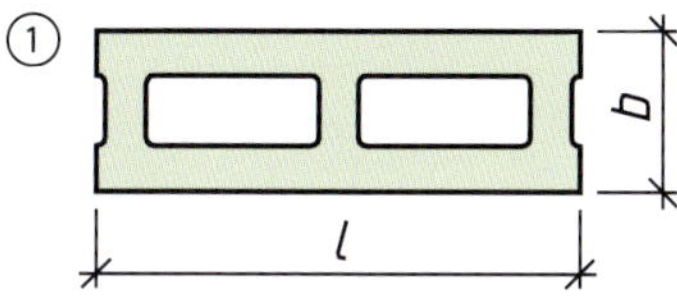

① der **Einkammer-Hohlblock**
le parpaing creux à une alvéole en largeur
pustak jednokomorowy *m*
однокамерный пустотелый блок *m*

② der **Dreikammer-Hohlblock**
le parpaing creux à trois alvéoles en largeur
pustak trzykomorowy *m*
трёхкамерный пустотелый блок *m*

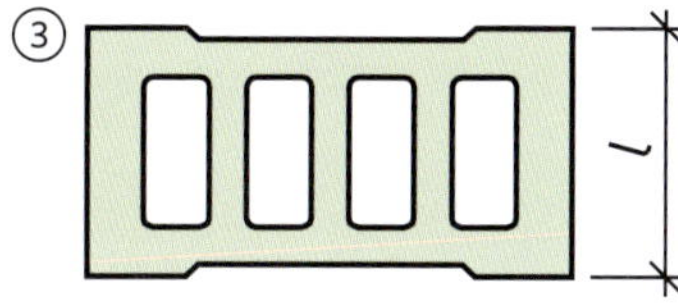

③ der **Vierkammer-Hohlblock**
le parpaing creux à quatre alvéoles en largeur
pustak czterokomorowy *m*
четырёхкамерный пустотелый блок *m*

④ der **Fünfkammer-Hohlblock**
le parpaing creux à cinq alvéoles en largeur
pustak pięciokomorowy *m*
пятикамерный пустотелый блок *m*

Mauersteine aus Leichtbeton - Les blocs de béton manufacturés - Bloczki betonowe (CMU) - Бетонные блоки

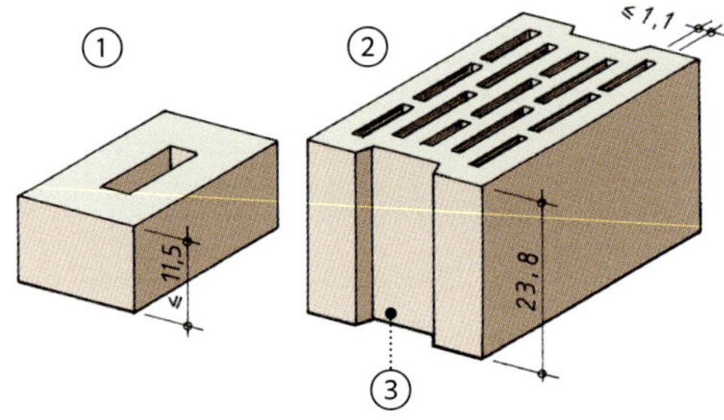

① der **Vollstein mit Griffloch**
le bloc plein avec alvéole de préhension
bloczek pełny z otworem *m*
полнотелый блок с отверстием для захвата *m*

② der **Vollblock**
le bloc creux
pustak *m*
пустотелый блок *m*

③ die **Stirnseitennut**
la cannelure
pióro-wpust *n*
шпунт-паз *m*

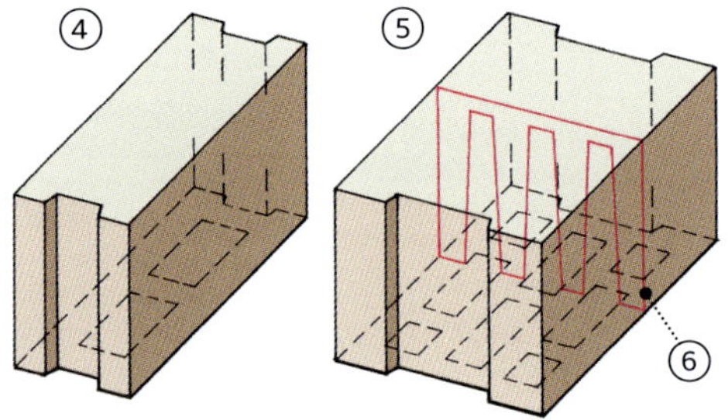

④ der **Einkammer-Hohlblock**
le parpaing creux à une alvéole en largeur
pustak jednokomorowy *m*
однокамерный пустотелый блок *m*

⑤ der **Dreikammer-Hohlblock**
le parpaing creux à trois alvéoles en largeur
pustak trzykomorowy *m*
трёхкамерный пустотелый блок *m*

⑥ der **Schnitt**
la section
przekrój *m*
сечение *n*

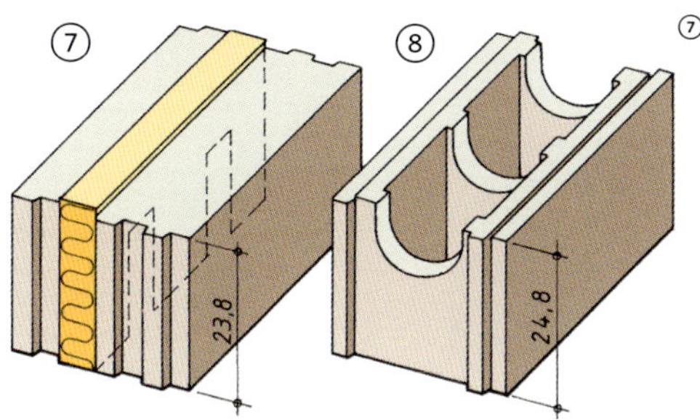

⑦ der **Zweikammer-Hohlblock mit Dämmschicht**
le parpaing creux à deux alvéoles avec couche isolante
pustak dwukomorowy z warstwą izolacyjną *m*
двухкамерный блок с термоизоляцией *m*,
тёплый двухкамерный блок *m*

⑧ der **Schalungsstein**
le bloc de coffrage
pustak szalunkowy *m*
опалубочный блок *m*

Porenbetonsteine - Les briques de béton cellulaire - Bloczki AKB - Блоки из ячеистого бетона автоклавного твердения

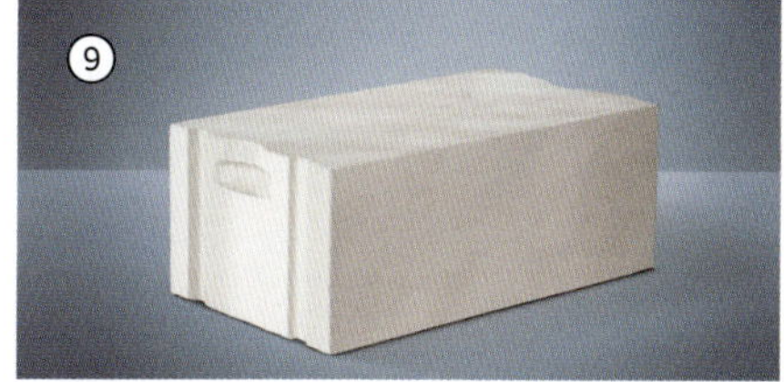

⑨ der **Planblock**
le bloc de béton cellulaire à emboîtement
bloczek z betonu komórkowego *m*
газобетонный блок *m*

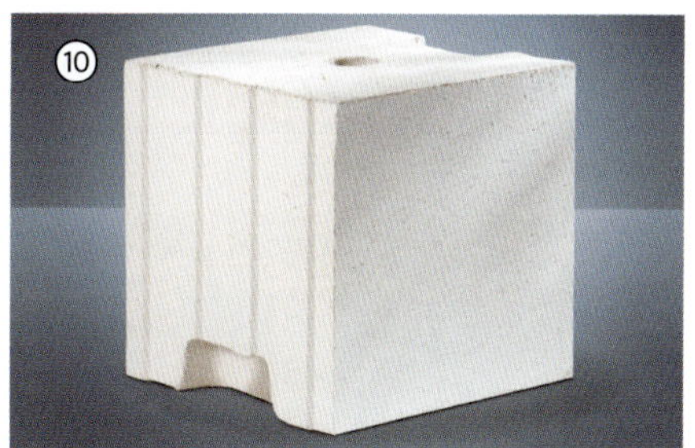

⑩ der **Planstein**
la brique de béton cellulaire à emboîtement
blok z betonu komórkowego *m*
газобетонный блок *m*

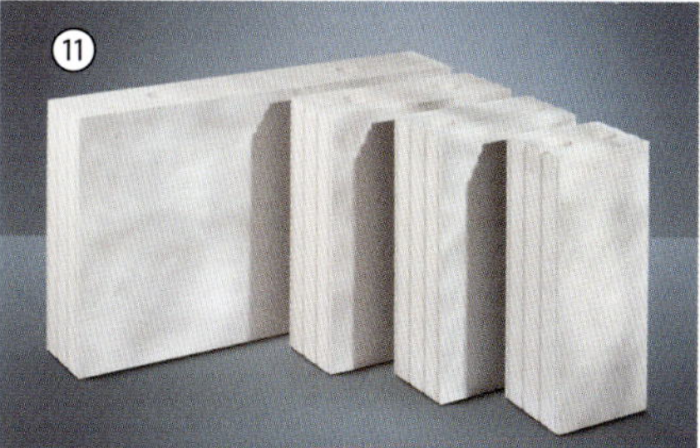

⑪ das **Planelement**
le carreau de béton cellulaire à emboîtement
bloczek CMU *m*
плоский газобетонный элемент *m*

2.4.9 Natursteine - Les pierres de taille - Kamienie naturalne - Природные камни

Erstarrungsgestein - La roche magmatique - Skała magmowa - Магматическая порода

der **Granit**
le granit
granit *m*
гранит *m*

der **Basalt**
le basalte
bazalt *m*
базальт *m*

Ablagerungsgestein - La roche sédimentaire - Skała osadowa - Осадочная порода

der **Sandstein**
le grès
piaskowiec *m*
песчаник *m*

der **Muschelkalk**
le calcaire coquillier
wapień muszlowy *m*
известняк *m*

der **Travertin (Kalkstein)**
le travertin
trawertyn *m*
травертин *m*

Umprägungsgestein - La roche métamorphique - Skała metamorficzna - Метаморфическая порода

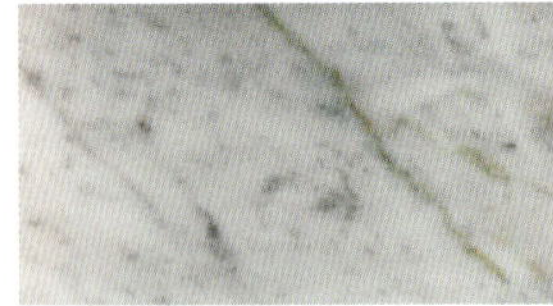

der **Marmor**
le marbre
marmur *m*
мрамор *m*

der **Tonschiefer**
l'ardoise
łupek ilasty *m*
глинистый сланец *m*

der **Gneis**
le gneiss
gnejs *m*
гнейс *m*

2.4.10 Abdichtungsstoffe - Les joints d'étanchéité - Materiały uszczelniające - Уплотнительные материалы

die **Dach- und Dichtungsbahn**
la membrane de toiture et d'étanchéité
pasmo materiału uszczelniającego *n*
слой гидроизоляционного покрытия *m*

① die **mineralische Bestreuung**
le revêtement minéral de granulats
posypka mineralna *f*
минеральная посыпка *f*

② die **Bitumendeckmasse**
le bitume résistant aux intempéries
papa bitumiczna *f*
битумное покрытие *m*

③ die **Trägereinlage**
le carton goudronné
wkładka nośna *f*
несущая вставка *f*

④ die **Bitumendeckmasse**
le bitume résistant aux intempéries
bitumiczna warstwa kryjąca *f*
асфальтовое одеяло *n*

⑤ die **Beschichtung**
la membrane
membrana *f*
мембрана *f*

der **Anstrich und die Beschichtung**
la peinture et le revêtement
malowanie i powlekanie *n*
окрашивание и нанесение покрытия *n*

das **Aufbringen einer Dickbeschichtung**
l'application d'une couche épaisse
nanoszenie powłoki grubowarstwowej *n*
нанесение крупного покрытия *n*

① das **Mauerwerk**
la maçonnerie
mur *m*
стена *f*

② der **Voranstrich**
l'apprêt
powłoka gruntująca *f*
грунтовка *f*

③ die **Bitumenspachtel**
la spatule à bitume
szpachla bitumiczna *f*
битумный наполнитель *m*

④ die **Bitumendeckbeschichtung**
la couche de finition de bitume
powłoka bitumiczna *f*
битумный слой *m*

2.5 BAUTEILE UND KONSTRUKTIONEN - LES COMPOSANTS ET LES STRUCTURES - ELEMENTY I KONSTRUKCJE - КОМПОНЕНТЫ И КОНСТРУКЦИИ

2.5.1 Mauerwerk aus künstlichen Steinen - Maçonnerie en pierres artificielles - Mur z kamienia sztucznego - Стена из искусственных строительных материалов

Das einschalige Mauerwerk - La maçonnerie monolithique - Mur jednowarstwowy - Однослойная кладка

das **Versetzen von**
la pose de
układanie *n*
укладка *f*

Porotonziegeln
les briques Poroton
cegieł Poroton
керамических блоков

Leichtbetonsteinen
les blocs de béton manufacturés
cegieł z betonu lekkiego
шлакоблоков

Kalksand-Planelementen
les éléments plans silico-calcaires
bloczków wapienno-piaskowych
силикатных блоков

Porenbetonsteinen
les parpaings de béton cellulaire
bloczków z betonu komórkowego
газобетона

Das zweischalige Mauerwerk - La maçonnerie à double-paroi - Mur dwuwarstwowy - Двухслойная кладка

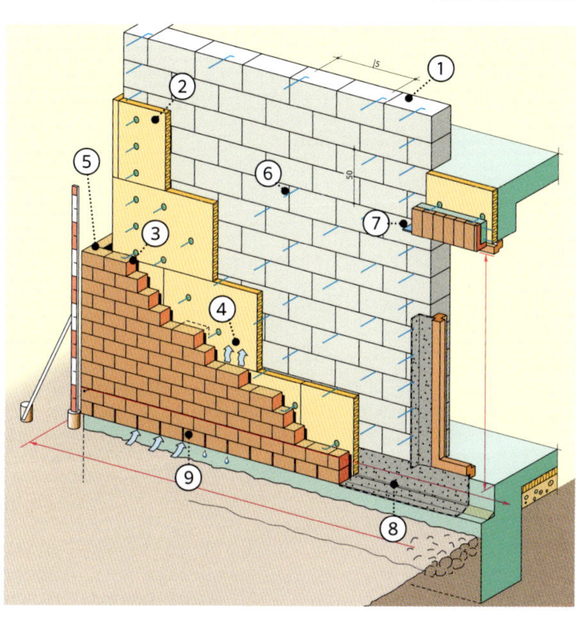

① die **Innenschale**
la paroi interne
ścianka wewnętrzna *f*
перегородка *f*

② die **Dämmschicht**
la couche isolante
warstwa izolacyjna *f*
изолирующий слой *m*

③ die **Außenschale**
la paroi externe
ścianka zewnętrzna *f*
внешний слой *m*

④ die **Luftschicht**
la couche d'air
warstwa powietrzna *f*
воздушный слой *m*

⑤ das **Sichtmauerwerk**
le parement maçonné
mur licowy *m*
облицовочная кладка *f*

⑥ der **Anker**
le chaînage
kotwa *f*
анкер *m*

⑦ die **Auflagerkonsole**
la console d'appui
konsola podporowa *f*
консольная опора *f*

⑧ die **Abdichtung**
l'étanchéification
uszczelnienie *n*
гидроизоляция *f*

⑨ die **Lüftung**
la ventilation
wentylacja *f*
вентиляция *f*

Der Bogen - L'arc - Łuk - Арка

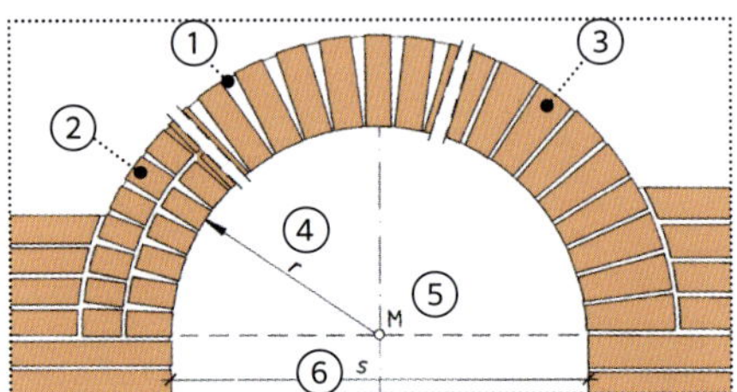

der **Rundbogen**
l'arc en plein cintre
łuk półkolisty *m*
полукруглая арка *f*

① die **Fuge am Bogenrücken > 2 cm**
l'épaisseur de joint sur l'extrados > 2 cm
fuga na grzbiecie łuku > 2 cm *f*
толщина шва при экструдировании > 2 см *f*

② die **Rollschicht**
l'assise de bordure
warstwa na rąb leżący *f*
наружный слой кирпича *m*

③ der **Radialziegel**
la brique radiale
cegła kominówka *f*
клиновидный кирпич *m*

④ der **Bogenradius r**
le rayon de courbure r
promień łuku *m*
радиус r *m*

⑤ der **Mittelpunkt M**
le point central M
środek M *m*
центр M *m*

⑥ die **Spannweite s**
la portée s
rozpiętość s *f*
пролёт s *m*

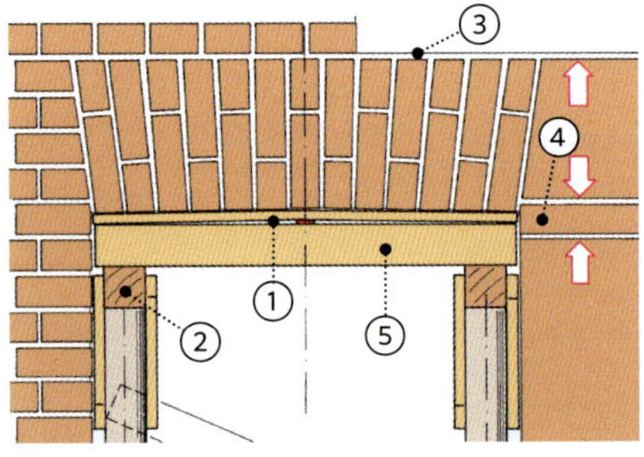

der **scheitrechte Bogen mit Einrüstung**
l'arcade plate avec étayage
łuk płaski ze słupkiem *m*
плоская арка с опорой *f*

① das **Lehrbrett**
les modèles d'étayage *pl*
żebro krążynowe *n*
кружальное ребро *n*

② das **Kopfholz**
le dosseret
siodełko *n*
торец бруса *m*

③ die **durchgehende Fuge**
la jointure continue
spoina ciągła *f*
сплошной шов *m*

④ der **Kämpferpunkt**
l'imposte
przyczółek *m*
импост *m*

⑤ das **Kantholz**
le bois équarri
kantówka *f*
четырёхкантный брус *m*

2.5.2 Mauerwerk aus Natursteinen - La maçonnerie en pierres naturelles - Mur z kamienia naturalnego - Кладка из природного камня

das **Findlingsmauerwerk**
la maçonnerie en pierres brutes
mur z kamienia łamanego *m*
бутовая кладка *f*

das **Zyklopenmauerwerk**
la maçonnerie cyclopéenne
mur cyklopowy *m*
циклопическая каменная кладка *f*

das **Schichtenmauerwerk**
la maçonnerie en moellons carrés
mur z kamienia warstwowego *m*
кладка под скобу *f*

das **Quadermauerwerk**
la maçonnerie en pierre de taille
mur z ciosów *m*
тёсовая кладка *f*

2.5.3 Beton- und Stahlbetonbauteile - Les composants en béton et béton armé - Elementy betonowe i żelbetowe - Бетонные и железобетонные элементы

Fundamente - Les fondations - Fundamenty - Фундаменты

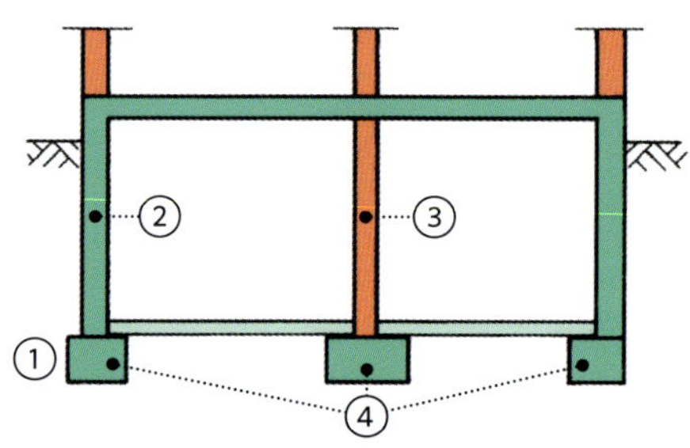

das **Streifenfundament**
la base de fondation
fundament pasowy *m*
ленточный фундамент *m*

① der **Schnitt** la section przekrój *m* сечение *n*	② die **Umfassungswand** le mur d'enceinte ściana zewnętrzna *f* наружная стена *f*	③ die **mittlere Tragwand** le mur porteur central wewnętrzna ściana nośna *f* внутренняя несущая стена *f*	④ das **Streifenfundament** la bande de fondation fundament pasowy *m* ленточный фундамент *m*

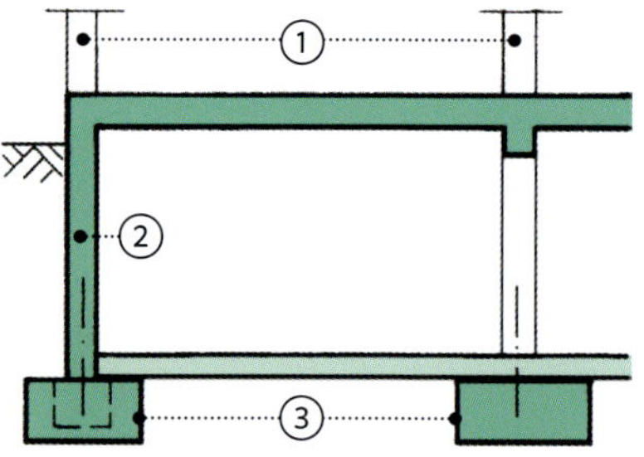

das **Einzelfundament**
la fondation à socle
fundament stopowy *m*
столбовой фундамент *m*,
башмак *m*

① die **Stütze** la colonne podpora *f* опора *f*	② die **Wand** le mur ściana zewnętrzna *f* наружная стена *f*	③ das **Einzelfundament** *umg* das **Stützenfundament** la fondation à socle fundament stopowy *m* столбовой фундамент *m*, башмак *m*

die **Fundamentplatte**
la plaque de fondation
płyta fundamentowa *f*
фундаментная плита *f*

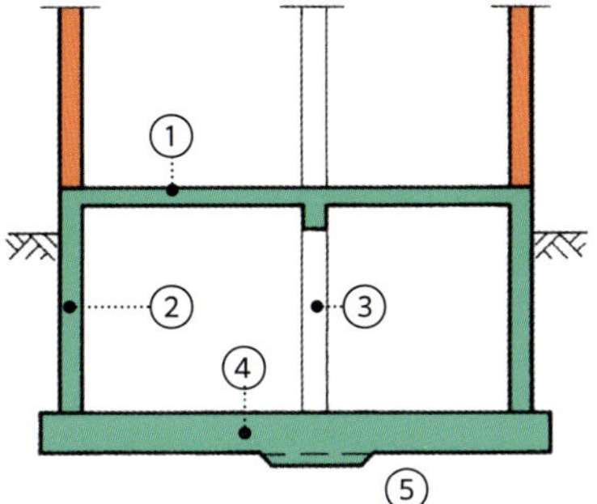

① die **Stahlbetondecke**
le plancher en béton armé
strop żelbetonowy *m*
железобетонное перекрытие *n*

② die **Wand**
le mur
ściana *f*
стена *f*

③ die **Stütze**
la colonne
podpora *f*
опора *f*

④ die **Fundamentplatte**
la plaque de fondation
płyta fundamentowa *f*
фундаментная плита *f*

⑤ der **schlechte Baugrund**
le sous-sol pauvre
słabe podglebie *n*
слабый грунт *m*

die **Pfahlgründung**
la fondation sur pieux
fundament palowy *m*
свайный фундамент *m*

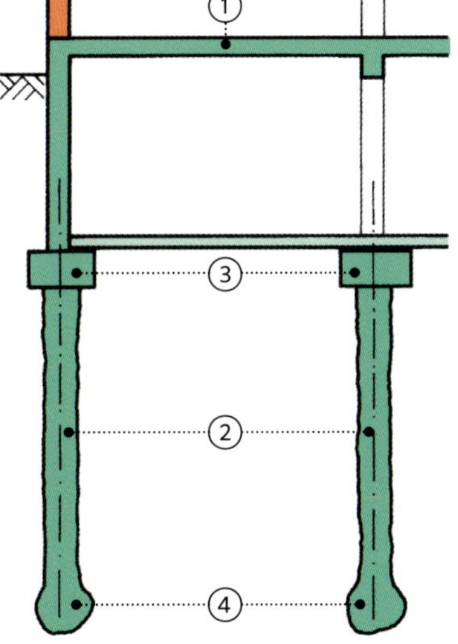

① die **Stahlbetondecke**
le plancher en béton armé
strop żelbetowy *m*
железобетонное перекрытие *n*

② der **Ortbetonpfahl**
le pieux coulé sur place
pal betonowy na miejscu *m*
монолитная свая *f*

③ der **Gurt**
le casque de battage
oczep *m*
свайная насадка *f*

④ der **Pfahlfuß**
le socle de pieux
podstawa pala *f*
основание сваи *f*

die **Stahlbetonwand**
le mur en béton armé
ściana żelbetowa *f*
железобетонная стена *f*

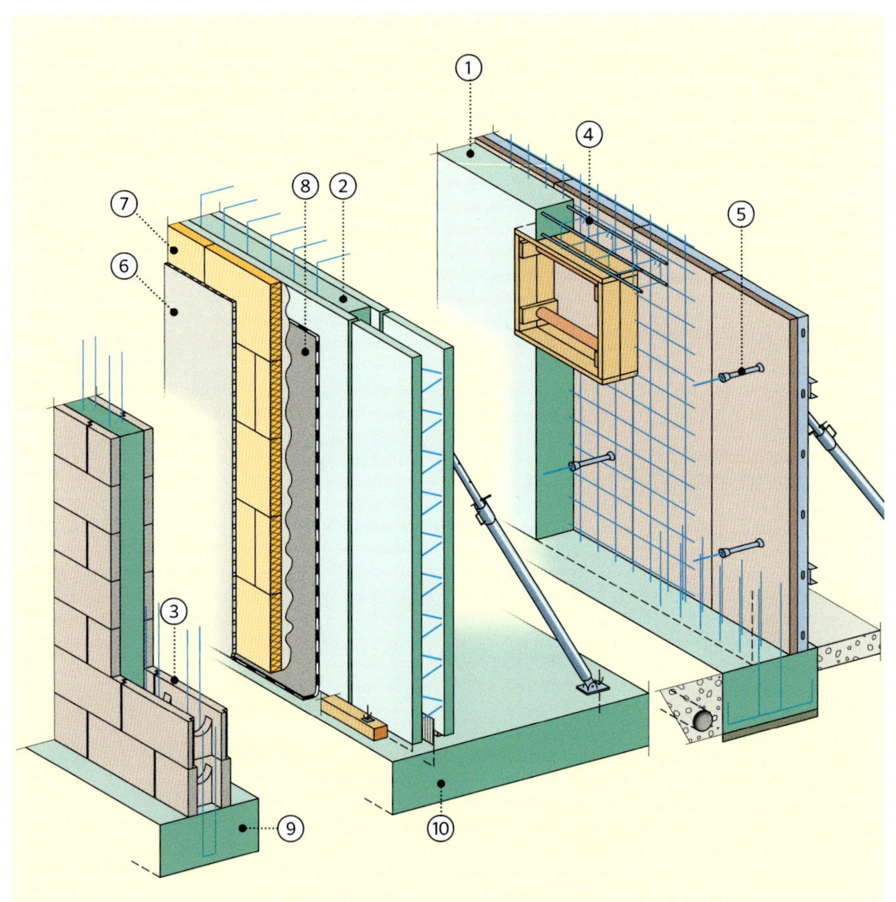

① die **Ortbetonwand**
le mur en béton coulé sur place
ściana betonowa na miejscu *f*
монолитная стена *f*

② das **Hohlwandelement**
le panneau mural creux
element ściany z pustką *m*
полый элемент стены *m*

③ der **Schalungsstein**
le bloc de coffrage
pustak szalunkowy *m*
опалубочный пустотелый блок *m*

④ die **Wandbewehrung**
les barres d'armature murales *pl*
zbrojenie ściany *n*
армирование стены *n*

⑤ der **Schalungsanker**
le tirant de coffrage
kotwa szalunkowa *f*
опалубочный анкер *m*

⑥ die **Dränschicht**
le tapis de drainage
warstwa drenażowa *f*
дренажный коврик *m*

⑦ die **Dämmschicht**
la couche isolante
warstwa izolacyjna *f*
изоляционный слой *m*

⑧ die **Abdichtung**
la couche d'étanchéité
uszczelnienie *n*
гидроизоляция *f*

⑨ das **Streifenfundament**
la bande de fondation
fundament pasowy *m*
ленточный фундамент *m*

⑩ die **Bodenplatte**
la dalle de base
płyta podłogowa *f*
фундаментная плита *f*

Decken - Les planchers - Stropy - Перекрытия

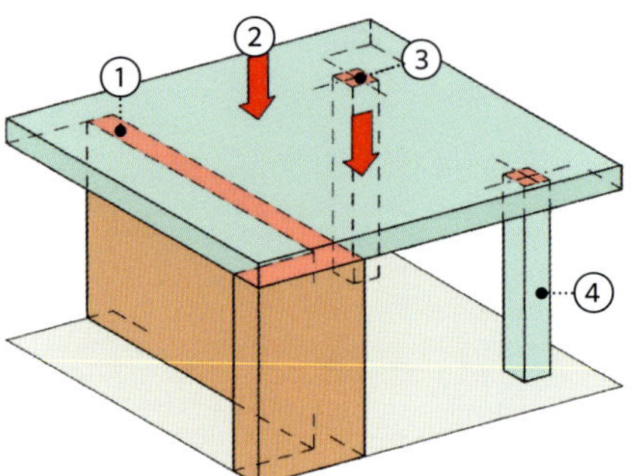

die **Stahlbetonvollplatte**
la dalle en béton armé
płyta żelbetowa pełna *f*
сплошная железобетонная плита *f*

① das **linienförmige Auflager**
le support linéaire
podpora liniowa *f*
линейный подшипник *m*

② die **Belastung**
la charge
obciążenie *n*
нагрузка *f*

③ das **punktförmige Auflager**
l'appui ponctuel
podpora punktowa *f*
одноточечная опора *f*

④ die **Stahlbetonstütze**
la colonne en béton armé
podpora żelbetowa *f*
железобетонная колонна *f*

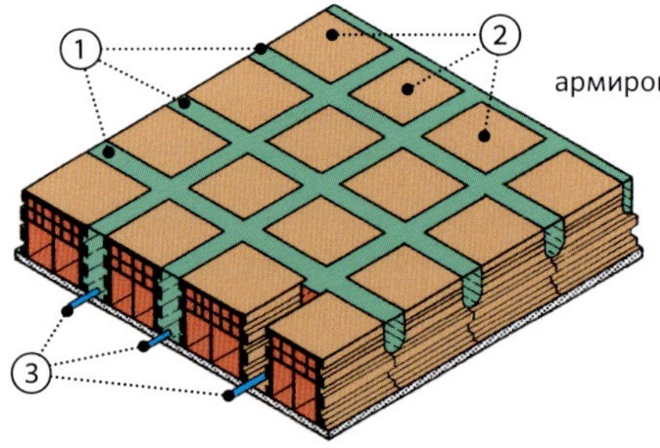

die **Stahlsteindecke aus Deckenziegeln**
le plancher poutrelles-hourdis
strop zbrojony z pustaków ceramicznych *m*
армированное перекрытие из керамического пустотелого кирпича *n*

① die **Betonfuge**
le joint de béton
spoina betonowa *f*
бетонный шов *m*

② der **Deckenziegel**
le cache-poutrelles
cegła ceramiczna stropowa *f*
керамический пустотелый блок *m*

③ die **Hauptbewehrung**
les armatures principales
zbrojenie główne *n*
основное армирование *n*

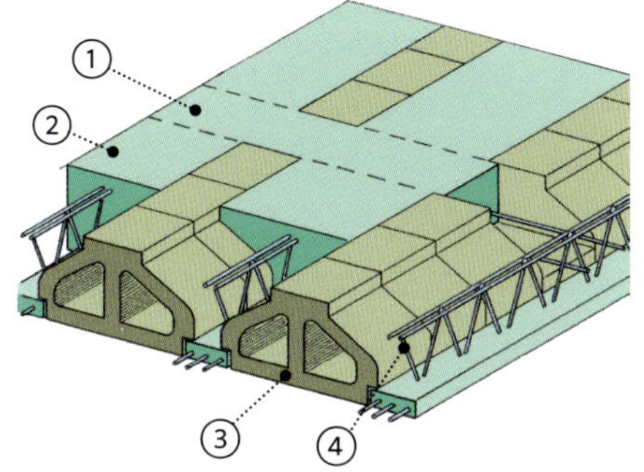

die **Balkendecke mit Zwischenbauteilen**
le système de plancher poutre-blocs intermédiaires
system stropowy belkowo-pustakowy *m*
сборно-монолитное перекрытие с пустотными балками *n*

① die **Querrippe**
la nervure transversale
żebro poprzeczne *n*
поперечное ребро *n*

② der **Ortbeton**
le béton coulé sur place
beton układany na miejscu *m*
монолитный бетон *m*

③ der **Hohlkörper aus Leichtbeton**
le bloc creux en béton léger
pustak CMU *m*
пустотелый шлакоблок *m*

④ der **Gitterträger**
la poutre en treillis
dźwigar kratowy *m*
ферма *f*

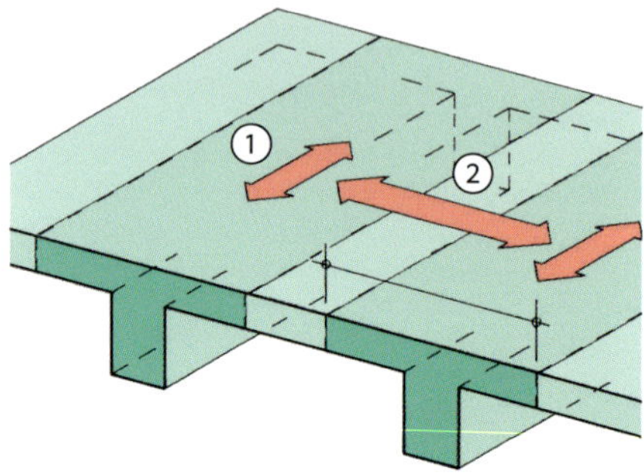

die **Plattenbalkendecke**
le plancher poutrelle-et-dalle
strop z płyt żebrowanych *m*
перекрытие из ребристых плит *n*

① die **Spannrichtung**
la direction de mise en tension
kierunek naprężenia *m*
направление напряжения *f*

② die **mitwirkende Breite**
la largeur effective
szerokość efektywna *f*
эффективная ширина *f*

die **Doppelstegplatte**
umg die **TT-Platte**
la dalle à double nervure
płyta kanałowa *f*
панель «двойное Т»

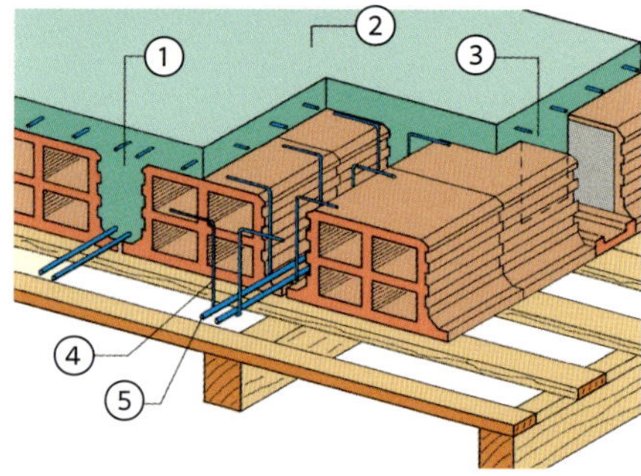

die **Stahlbetonrippendecke mit Füllkörper**
le plancher en nervures et pavés
strop gęstożebrowy z pustakami wypełniającymi *m*
сборно-монолитное часторебристое перекрытие из лёгких каменных блоков *n*

① die **Stahlbetonrippe**
la nervure en béton armé
żebro żelbetowe *n*
железобетонное ребро *n*

② die **Druckplatte**
la chape en ciment
płyta dociskowa *f*
нажимная плита *f*

③ die **Querrippe**
la nervure transversale
żebro poprzeczne *n*
поперечное ребро *n*

④ der **Bügel**
l'étrier
strzemię *n*
хомут *m*

⑤ die **Hauptbewehrung**
l'armature principale
zbrojenie główne *n*
рабочая арматура *f*

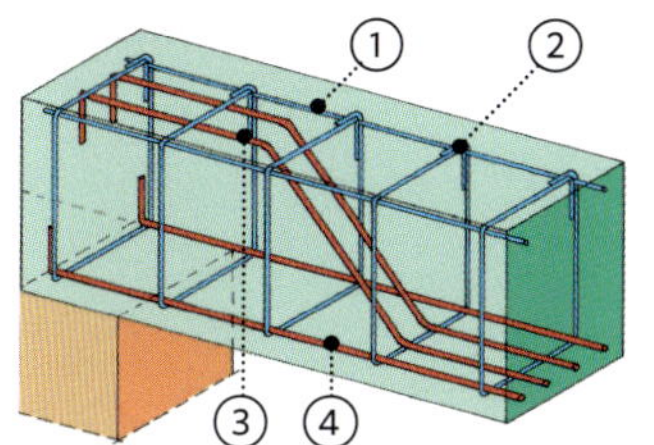

Balken und Stützen - Les poutres et colonnes - Belki i podpory - Балки и колонны

der **Stahlbetonbalken**
umg der **Unterzug, Sturz**
la poutre en béton armé
belka żelbetowa *f*
железобетонная балка *f*

① der **Montagestab**
la barre d'armature
pręt montażowy *m*
монтажный стержень *m*

② der **Bügel**
le cadre
strzemię *n*
хомут *m*

③ der **Schrägstab**
la barre relevée
pręt ukośny *m*
косой стержень *m*

④ der **Tragstab**
la barre droite
pręt nośny *m*
несущий стержень *m*

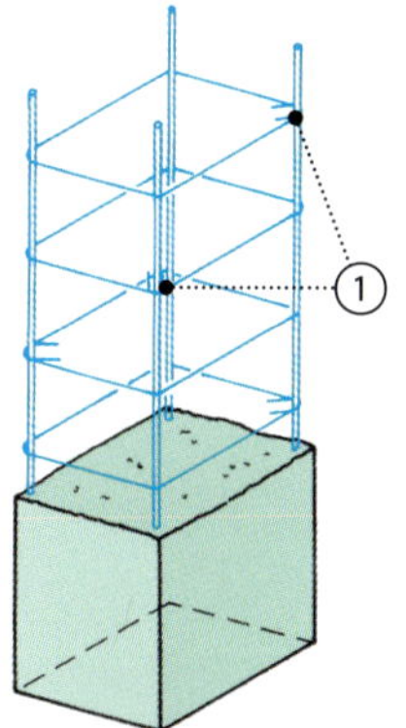

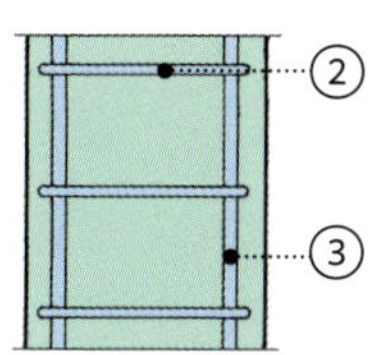

die **bügelbewehrte Stütze**
le poteau à cadres d'armature
podpora ze zbrojeniem strzemieniowym *f*
колонна с продольной арматурой и хомутами *f*

① der **versetzte Haken**
l'épingle
osadzony hak *m*
замок хомута *m*

② der **Bügel**
le cadre
strzemię *n*
хомут *m*

③ der **Längsstab**
la barre longitudinale
pręt podłużny *m*
продольный стержень *m*

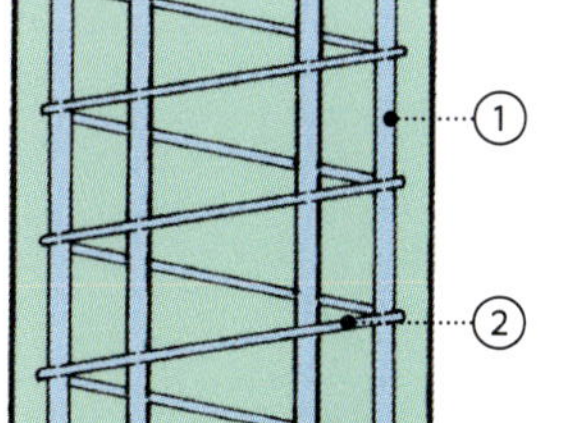

die **umschnürte Stütze**
le poteau à armature circulaire
podpora wzmocniona obręczą *f*
колонна со спиральной арматурой *f*

① der **Längsstab**
la barre longitudinale
pręt podłużny *m*
продольный стержень *m*

② die **Spiralbewehrung**
l'armature en spirale
zbrojenie spiralne *n*
спиральное косвенное армирование *n*

Die Stahlbetontreppe - Les escaliers en béton armé - Schody żelbetonowe - Железобетонная лестница

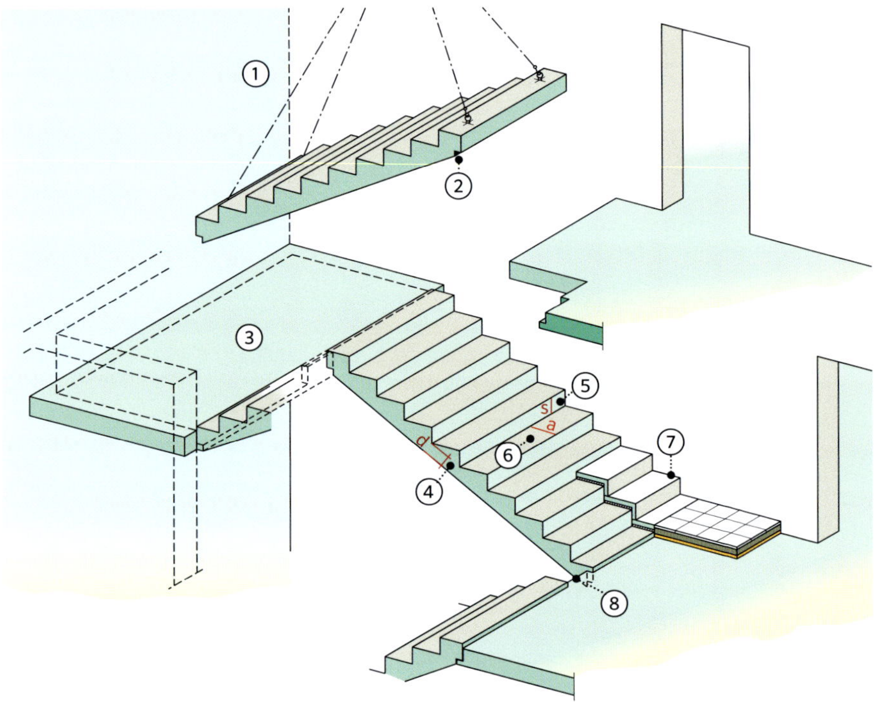

① die **Geschosstreppe**
les escaliers
schody główne *pl*
лестница *f*

② das **Auflager**
le support
podpora *f*
опора *f*

③ das **Zwischenpodest**
le palier intermédiaire
spocznik międzypiętrowy *m*
промежуточная площадка *f*, межэтажная площадка *f*

④ die **Laufplatte d**
la paillasse d
płyta biegowa *f*
косоур *m*

⑤ die **Steigung s**
l’emmarchement s
wysokość stopnia *m*
высота подступенка *m*, высота ступени *f*

⑥ der **Auftritt a**
le giron a
stopnica *f*
глубина проступи *f*

⑦ die **Winkelstufe**
la marche d'escalier préfabriquée
stopień kątowy *m*
накладная проступь *f*

⑧ das **Auge**
le puits
oczko *n*
открытый колодец *m*

2.5.4 Abdichtungen - L’étanchéité à l’eau - Uszczelnienia - Гидроизоляция

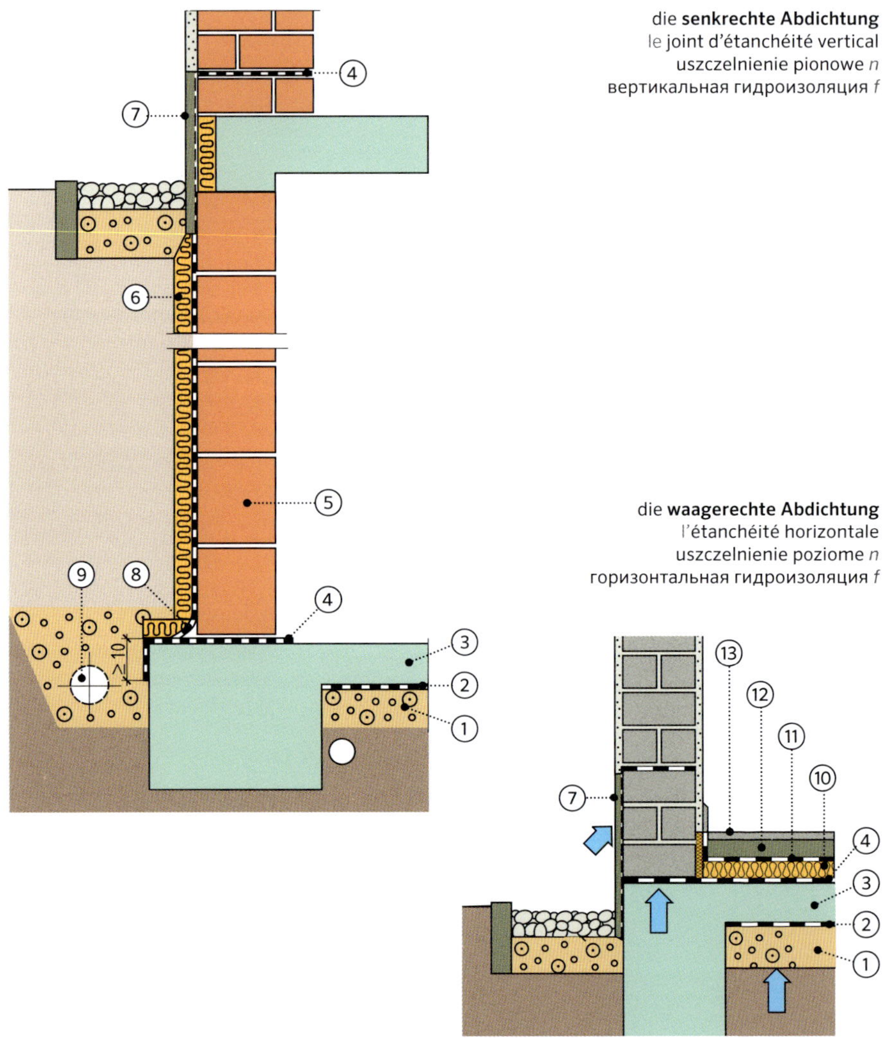

die **senkrechte Abdichtung**
le joint d’étanchéité vertical
uszczelnienie pionowe *n*
вертикальная гидроизоляция *f*

die **waagerechte Abdichtung**
l’étanchéité horizontale
uszczelnienie poziome *n*
горизонтальная гидроизоляция *f*

① der **Flächendrän**
le drainage granulaire
drenaż powierzchniowy *m*
поверхностный дренаж *m*

② die **Trennschicht**
le pare-vapeur
warstwa paroizolacyjna *f*
пароизоляционный слой *m*

③ die **Bodenplatte**
la dalle de plancher
płyta podłogowa *f*
фундаментная плита *f*

④ die **Dichtungsbahn**
la couche imperméable
pasmo materiału uszczelniającego *n*
гидроизоляционный слой *m*

⑤ die **Umfassungswand**
le mur d'enceinte
ściana zewnętrzna *f*
внешняя стена *f*

⑥ die **Dränschicht**
la couche de drainage
warstwa drenażowa *f*
дренажный коврик *m*

⑦ der **Spritzwasserschutz**
la protection anti-éclaboussures
ochrona przeciwbryzgowa *f*
защита от брызг *f*

⑧ die **Hohlkehle**
la jointure d'angle
wklęska *f*
галтель *f*

⑨ der **Drän**
le drain
dren *m*
дрена *f*

⑩ die **Dämmung**
l'isolation (rigide)
izolacja *f*
изоляция *f*

⑪ die **Trennlage**
le pare-vapeur
paroizolacja *f*
пароизоляция *f*

⑫ der **Zementestrich**
la chape de ciment
jastrych cementowy *m*
бесшовный пол *m*, цементная стяжка *f*

⑬ der **Bodenbelag**
le revêtement de sol
wykładzina podłogowa *f*
покрытие пола *n*

WiMAG

TIEFBAU

LE GÉNIE CIVIL

BUDOWNICTWO PODZIEMNE

ПОДЗЕМНОЕ СТРОИТЕЛЬСТВО

3.1 BERUFE IM TIEFBAU - LES PROFESSIONS DU GÉNIE CIVIL - ZAWODY ZWIĄZANE Z BUDOWNICTWEM PODZIEMNYM - ПРОФЕССИИ ПОДЗЕМНОГО СТРОИТЕЛЬСТВА

der **Straßenbau**
la construction de routes
budowa dróg *f*
дорожное строительство *n*

der **Kanalbau**
la construction de canalisations
budowa kanałów *f*
строительство канализации *n*

der **Rohrleitungsbau**
l'installation de tuyaux
budowa rurociągów *f*
строительство трубопровода *n*

der **Gleisbau**
la construction ferroviaire
budowa torów kolejowych *f*
железнодорожное строительство *n*

der **Brunnenbau**
la construction de puits
budowa studni *f*
строительство колодцев *n*

der **Baugeräteführer**
der **Maschinist**
le machiniste de chantier
operator maszyn budowlanych *m*
оператор *m*, управляющий (машиной) *m*

3.2 WERKZEUGE - LES OUTILS - NARZĘDZIA - ИНСТРУМЕНТЫ

3.2.1 Werkzeuge zum Messen und Abstecken ▸ 2.2.1 - Les outils pour mesurer et jalonner - Narzędzia do pomiarów i znakowania - Инструменты для измерения и маркировки

das **Maßband**
le mètre à ruban
taśma miernicza *f*
мерная лента *f*

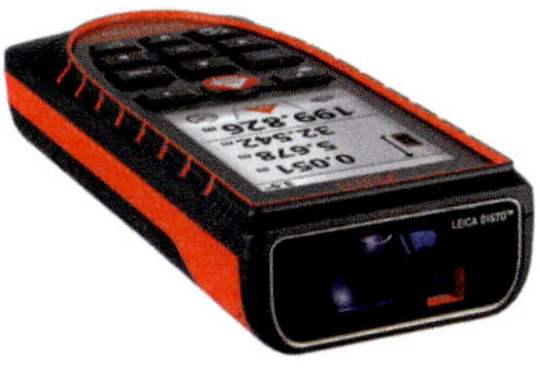

der **Laser-Entfernungsmesser**
le télémètre laser
dalmierz laserowy *m*
лазерный дальномер *m*

der **Wachsstift**
le crayon de charpentier
kredka świecowa *f*
восковой карандаш *m*

das **Markierungsspray**
le traceur de chantier en spray
spray do znakowania *m*
маркировочный спрей *m*

der **Stahlwinkel**
l'équerre de maçon
kątownik stalowy *m*
металлический экер *m*

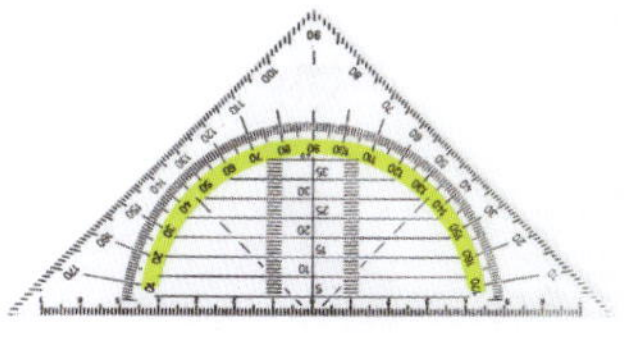

der **Winkelmesser**
le rapporteur
kątomierz *m*
транспортир *m*

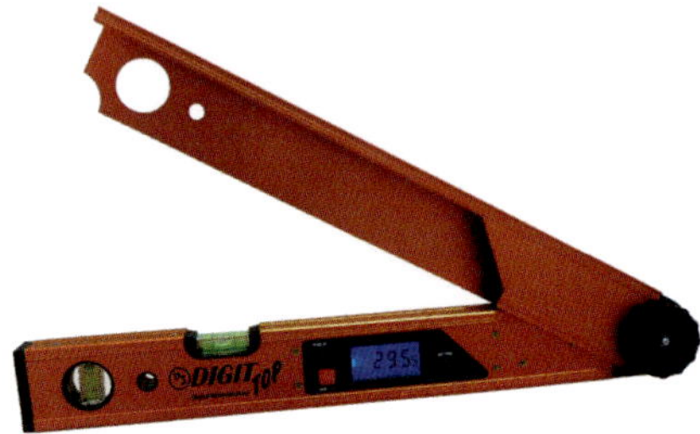

der **Böschungs-Winkelmesser**
le mesureur d'angle
kątomierz do pomiaru kąta nachylenia *m*
эклиметр *m*

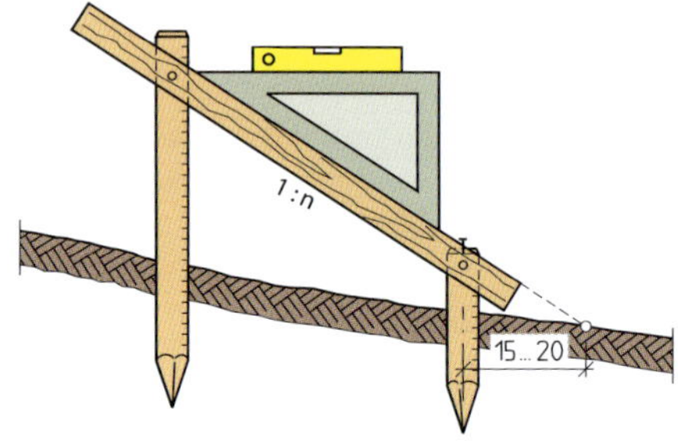

die **Böschungslehre**
la gauge d'inclinaison
pochyłomierz *m*
уклономер *m*

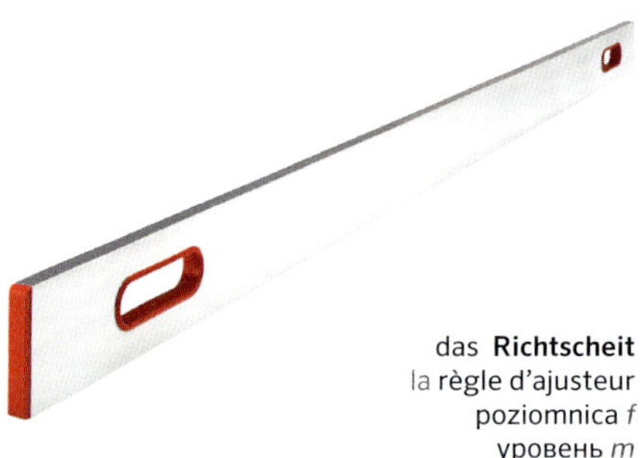

das **Richtscheit**
la règle d'ajusteur
poziomnica *f*
уровень *m*

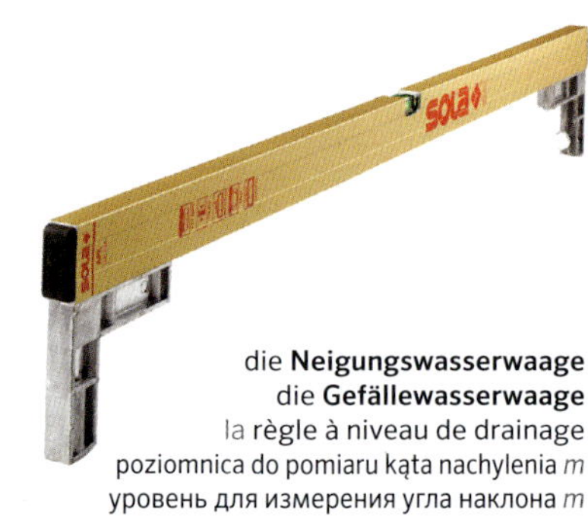

die **Neigungswasserwaage**
die **Gefällewasserwaage**
la règle à niveau de drainage
poziomnica do pomiaru kąta nachylenia *m*
уровень для измерения угла наклона *m*

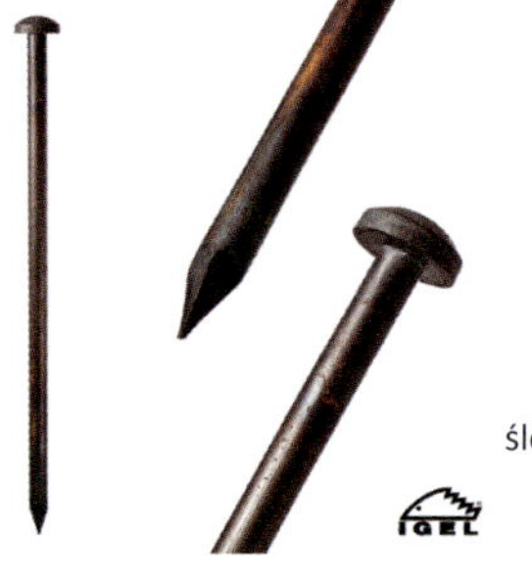

der **Erdnagel**
le piquet de repérage
śledź mocujący *m*
кол *m*, колышек *m*

die **Schnur**
le cordon de repérage
sznurek *m*
верёвка *f*

die **Fluchtstange**
le jalon de géomètre
tyczka miernicza *f*
геодезическая вешка *f*

die **Nivellierlatte**
la tige de nivellement
łata niwelacyjna *f*
нивелирная рейка *f*

das **Nivelliergerät**
le niveau optique
niwelator *m*
нивелир *m*

der **Rotationslaser**
le niveau laser rotatif
laser obrotowy *m*
ротационный лазерный уровень *m*

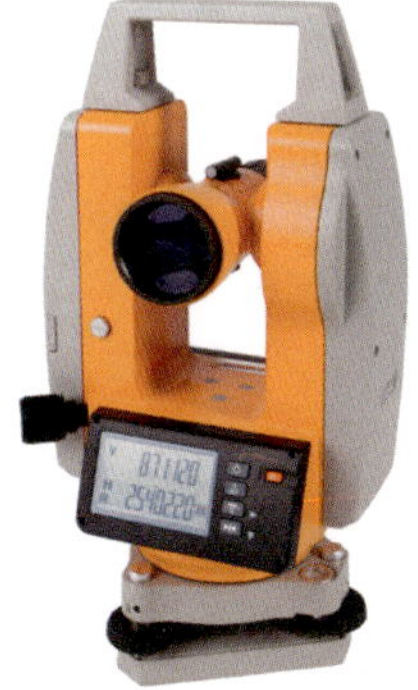

der **Theodolit**
le théodolite
teodolit *m*
теодолит *m*

3.2.2 Werkzeuge im Straßenbau ▸ 2.2.2 ▸ 2.2.3 ▸ 2.2.5 - Les outils pour la construction de routes - Narzędzia do budowy dróg - Инструменты для дорожного строительства

der **Plattenhammer**
le marteau à paver
młotek do układania płyt *m*
молоток для укладки брусчатки *m*

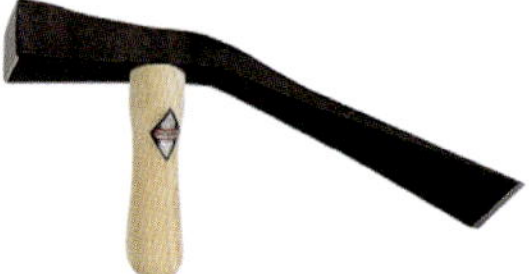

der **Pflasterhammer**
le marteau à paver modèle rhénan
młotek brukarski *m*
молоток каменщика *m*

der **Fäustel**
le marteau de club
pobijak ręczny *m*
кувалда *f*

der **Handstampfer**
la dame manuelle
ubijak ręczny *m*
ручная трамбовка *f*

die **Schaufel**
la pelle
łopata *f*
совковая лопата *f*, грабарка *f*

der **Spaten**
la bêche
szpadel *m*
заступ *m*, лопата *f*

der **Plattenheber**
les pinces de dalle
podnośnik do płyt *m*
подъёмник тротуарной плитки *m*

die **Steingabel**
la fourche à pierre
widły do kamienia *pl*
вилы для камня *pl*

die **Schubkarre**
la brouette
taczka *f*
тачка *f*

3.2.3 Werkzeuge im Kanalbau - Les outils pour la construction de canalisations - Narzędzia do budowy kanałów - Инструменты для строительства каналов

der **Kanallaser**
le niveau laser de canalisation
laser kanałowy *m*
трубный лазерный нивелир *m*

der **C - Haken**
le crochet en C
C-hak *m*
С образный крюк *m*

der **Rohrgreifer**
umg die **Rohrzange**
les pinces à tuyau
chwytak do rur *m*
клещевой захват для труб *m*

der **Schachtringgreifer**
umg die **Schachtzange**
les pinces à regard
chwytak do kręgów *m*
захват для бетонных колец *m*

der **Schnürgang**
l'élingage coulissant
pas do podnośnika *m*
крюковая обойма *f*

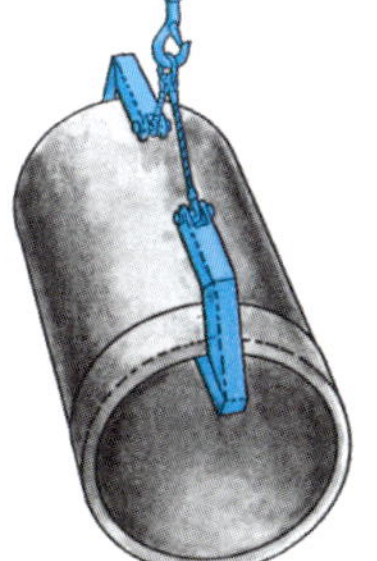

der **Rohrträger**
les pinces de levage pour tuyaux
podnośnik do rur *m*
подъёмный зажим для труб *m*

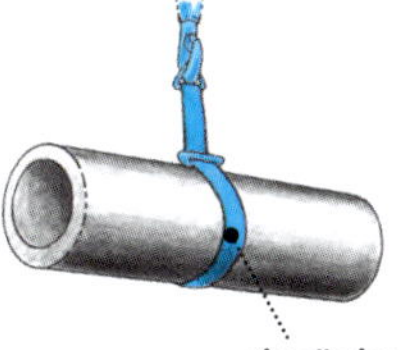

einzügig
simple
pojedynczy
одинарная

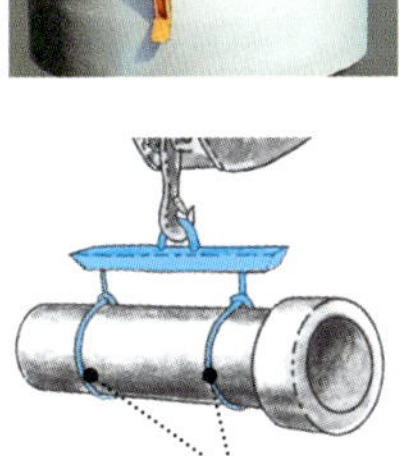

zweizügig
double
podwójny
двойная

3.2.4 Werkzeuge im Rohrleitungsbau - Les outils pour l'installation de tuyaux - Narzędzia do budowy rurociągów - Инструменты для строительства трубопроводов

der **Hammer**
le marteau
młotek *m*
молоток *m*

der **Meißel**
le burin
dłuto *n*
долото *n*

die **Drahtbürste**
la brosse métallique
szczotka druciana *f*
проволочная щётка *f*

die **Zange**
les pinces
obcęgi *pl*
плоскогубцы комбинированные *pl*,
универсальные клещи *pl*

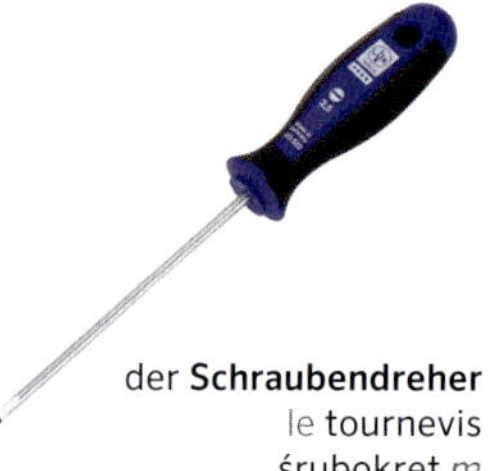

der **Schraubendreher**
le tournevis
śrubokręt *m*
отвёртка *f*

der **Schraubstock**
l'étau
imadło *n*
тиски *pl*

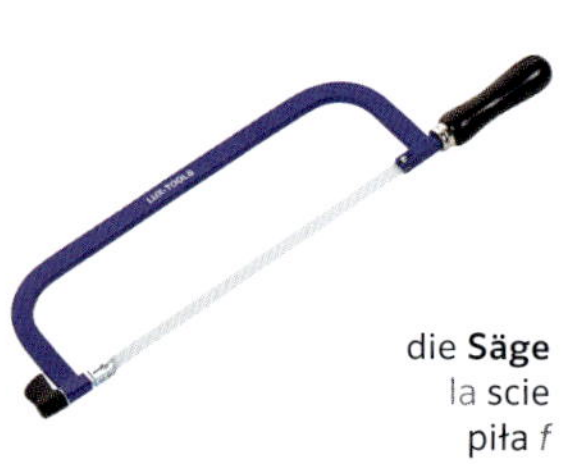

die **Säge**
la scie
piła *f*
пила *f*

die **Rohrsäge**
la scie à tuyau
piła do rur *f*
труборезная машина *f*

das **Sägeblatt**
la lame de scie
brzeszczot *m*
лезвие пилы *n*

die **Feile**
la lime
pilnik *m*
напильник *m*

① die **Halbrundfeile**
la lime demi-ronde
pilnik półokrągły *m*
полукруглый напильник *m*

② die **Flachfeile**
la lime plate
pilnik płaski *m*
плоский напильник *m*

③ die **Rundfeile**
la lime ronde
pilnik okrągły *m*
круглый напильник *m*

④ die **Vierkantfeile**
la lime carrée
pilnik kwadratowy *m*
квадратный напильник *m*

⑤ die **Dreikantfeile**
la lime triangulaire
pilnik trójkątny *m*
треугольный напильник *m*

die **Schraube**
le boulon
śruba *f*
болт *m*

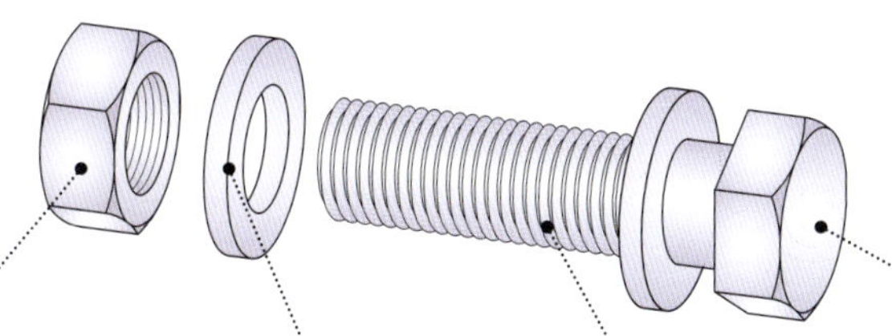

die **Mutter**
l'écrou
nakrętka *f*
гайка *f*

die **Unterlegscheibe**
la rondelle
podkładka *f*
шайба *f*

das **Gewinde**
le filetage
gwint *m*
резьба *f*

der **Schraubenkopf**
la tête de boulon
łeb śruby *m*
головка болта *f*

Die Schraubenschlüssel - Clés - Klucze płaskie - Плоские гаечные ключи

der **Doppelmaulschlüssel**
la clé à double extrémité ouverte
klucz płaski dwustronny *m*
ключ гаечный рожковый *m*

der **Doppelringschlüssel**
la clé à double extrémité en anneau
klucz oczkowy dwustronny *m*
двойной кольцевой гаечный ключ *m*

der **Ringmaulschlüssel**
la clé mixte
klucz oczkowo-płaski *m*
ключ гаечный комбинированный *m*

der **Rollgabelschlüssel**
la clé à molette
klucz rozsuwany główkowy *m*
разводной ключ *m*

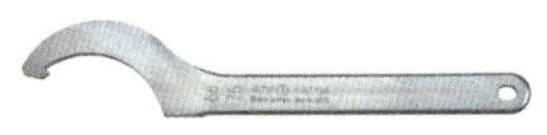

der **Hakenschlüssel**
la clé à ergot
klucz hakowy *m*
крючковый ключ *m*

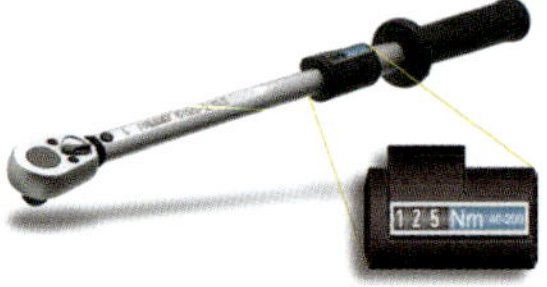

der **Drehmomentschlüssel**
la clé dynamométrique
klucz dynamometryczny *m*
динамометрический ключ *m*

Bohren und Schleifen - Percer et rectifier - Wiercenie i szlifowanie - Сверление и шлифовка

der **Bohrer**
le foret
wiertło *n*
сверло *n*

die **Bohrmaschine**
la perceuse
wiertarka *f*
электродрель *f*

die **Schleifscheibe**
la meule
tarcza szlifierska *f*
шлифовальный круг *m*

der **Winkelschleifer**
umg die **Flex**
la meuleuse d'angle
szlifierka kątowa *f*
угловая шлифовальная машина *f*

Gewinde schneiden - Filetage - Gwintowanie - Нарезка резьбы

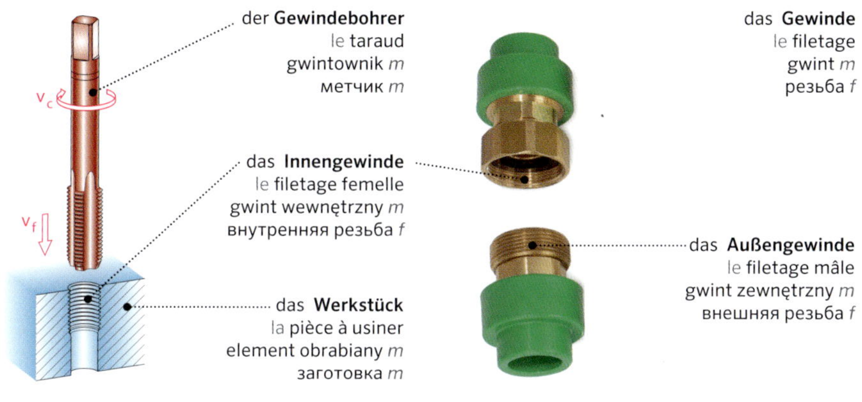

der **Rohrmontagebock**
le lève-tube
stojak do rur *m*
подставка для труб *f*

die **Gewindeschneidemaschine, handgeführt**
umg der **Gewindeschneider**
la machine à fileter manuelle
gwinciarka ręczna *f*
ручной резьбонарезной станок *m*

der **Ratschenhebel**
umg die **Ratsche**
le cliquet de traction
grzechotka *f*
сверлильная трещотка *f*

die **Handkluppe**
umg die **Kluppe**
la fileteuse à tuyau manuelle
gwintownica ręczna *f*
ручной резьборез для труб *m*

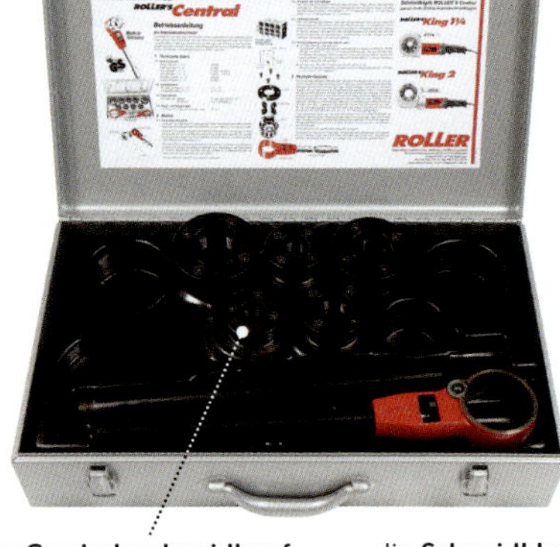

der **Gewindeschneidkopf**
umg der **Schneidkopf**
la tête porte-filière
głowica gwinciarska *f*
резьбонарезная головка *f*

die **Schneidkluppe**
le porte-filière
gwintownica *f*
клупп *m*

3.3 MASCHINEN UND GERÄTE - LES MACHINES ET L'ÉQUIPEMENT - MASZYNY I URZĄDZENIA - МАШИНЫ И ОБОРУДОВАНИЕ

3.3.1 Maschinen und Geräte im Erdbau - Les machines et équipements pour les travaux de terrassement - Maszyny i urządzenia do robót ziemnych - Машины и оборудование для земляных работ

Lastkraftwagen (LKW) - Camions - Samochody ciężarowe - Грузовые автомобили

der **Kipper**
le camion à benne
wywrotka *f*
автосамосвал *m*

der **Lkw mit Ladekran**
le camion avec grue auxiliaire
samochód ciężarowy z żurawiem *m*
грузовая машина с погрузочным краном *f*

der **Lkw-Pritsche**
le camion plateau
skrzynia ładunkowa otwarta *f*
борт *m*

der **Lastzug**
umg der **Sattelzug**
le semi-remorque
ciągnik siodłowy z naczepą *m*
седельный тягач с полуприцепом *m*

der **Lkw mit Greifer**
le camion avec bras préhenseur
samochód ciężarowy z chwytakiem *m*
грузовая машина с грейфером *f*

der **Lkw mit Container**
le camion pour conteneur
samochód ciężarowy z kontenerem *m*
грузовая машина с контейнером *f*

Klassifizierung nach Anzahl der Achsen - Classification par nombre d'essieux - Klasyfikacja według liczby osi - По числу осей

der **2-Achser-Lkw**
le camion à deux essieux
samochód ciężarowy dwuosiowy *m*
двухосный грузовой автомобиль *m*

der **3-Achser-Lkw**
le camion à trois essieux
samochód ciężarowy trzyosiowy *m*
трёхосный грузовой автомобиль *m*

der **4-Achser-Lkw**
le camion à quatre essieux
samochód ciężarowy czteroosiowy *m*
четырёхосный грузовой автомобиль *m*

der **5-Achs-Sattelzug**
le camion à cinq essieux articulés
ciągnik siodłowy pięcioosiowy *m*
трёхосный седельный тягач с двухосным полуприцепом *m*

der **Anhänger**
umg der **Hänger**
la remorque
naczepa *f*
полуприцеп *m*

der **Lkw mit Anhänger**
le camion avec remorque
samochód ciężarowy z przyczepą *m*
грузовой автомобиль с прицепом *m*

Bagger - Excavatrices - Koparki - Экскаваторы

der **Radbagger**
la pelle sur roues
koparka kołowa *f*
колёсный экскаватор *m*

der **Schreitbagger**
la pelle araignée
koparka krocząca *f*
шагающий экскаватор *m*

der **Kettenbagger**
la pelle sur chenilles
koparka gąsienicowa *f*
гусеничный экскаватор *m*

der **Schwimmbagger**
le dragueur
pogłębiarka *f*
плавучий экскаватор *m*

das **Rammgerät**
umg die **Ramme**
l'appareil de battage
kafar *m*
копёр *m*

das **Bohrgerät**
l'appareil de forage
urządzenie wiertnicze *m*
буровая установка *f*

der **Tieflöffel**
le godet de terrassement
łyżka podsiębierna *f*
ковш обратной лопаты *m*

der **Sieblöffel**
umg der **Dränlöffel**
le godet squelette
łyżka przesiewająca *f*
просеивающий ковш *m*

der **Hochlöffel**
le chouleur
łyżka nadpoziomowa *f*
ковш прямой лопаты *m*

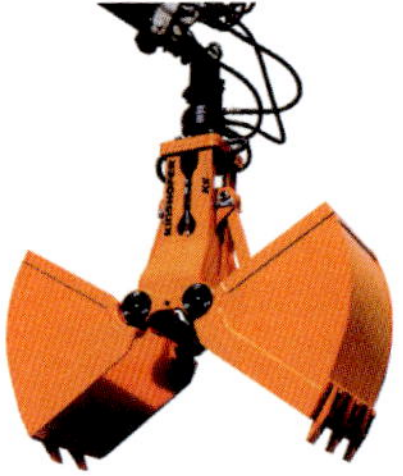

der **Greifer**
la benne preneuse
chwytak *m*
грейфер *m*

der **Grabenräumlöffel**
le godet pour curage de fossé
łyżka skarpowa *f*
канавоочистительная головка *f*

der **Schleppkübel**
le godet de dragline
zgarniak *m*
ковш драглайна *m*

der **Grader**
umg der **Straßenhobel**
la niveleuse
równiarka *f*
грейдер *m*

die **Planierraupe**
le bulldozer
spycharka gąsienicowa *f*
бульдозер *m*

die **Grabenfräse**
la trancheuse
gryzarka do kopania rowów *f*
траншейный экскаватор *m*, канавокопатель *m*

die **Bodenfräse**
la stabilisatrice
glebogryzarka *f*
почвенная фреза *f*

der **Kalkstreuer**
l'épandeur de chaux
rozrzutnik wapna *m*
разбрасыватель извести *m*

der **Radlader**
la chargeuse sur pneus
ładowarka łyżkowa *f*
фронтальный погрузчик *m*

Verdichtungsgeräte - Les machines et équipements de compactage - Walce - Уплотнительные машины

die **Vibrationswalze**
le rouleau vibrant
walec wibracyjny *m*
вибрационный каток *m*

die **Doppelvibrationswalze**
le rouleau vibrant à double tambour
walec wibracyjny dwubębnowy *m*
двухвальцовый вибрационный каток *m*

die **Schaffußwalze**
le rouleau pieds de mouton
walec okołkowany stopkowy *m*
грунтоуплотняющая машина *f*

die **Gummiradwalze**
le rouleau pneumatique
walec na oponach pneumatycznych *m*
пневмоколёсный каток *m*

die **Vibrationsplatte**
umg die **Rüttelplatte**
la plaque vibrante de compactage
wibrator płytowy *m*
виброплита *f*

der **Vibrationsstampfer**
umg der **Hopser**
la dame vibrante
ubijak wibracyjny *m*
вибрационная трамбовка *f*, виброштамп *m*

3.3.2 Maschinen und Geräte im Straßenbau - Les machines et équipements pour la construction de routes - Maszyny i urządzenia do budowy dróg - Дорожно-строительная техника и оборудование

der **Asphaltfertiger**
umg der **Straßenfertiger**
l'asphalteuse
rozściełacz do asfaltu *m*
асфальтоукладчик *m*

① die **Anlieferung**
le camion-benne à asphalte
wywrotka *f*
автосамосвал *m*

② der **Aufnahmekübel**
la trémie
kosz *m*
бункер с питанием *m*

③ das **Kettenfahrwerk**
le train à chenille
podwozie gąsienicowe *n*
гусеничное шасси *n*

④ der **Bedienstand**
le pupitre de commande
stanowisko operatora *n*
кабина оператора *f*

⑤ die **Einbaubohle**
la poutre lisseuse
deska równająca *f*
выглаживающая плита *f*

der **Betonfertiger**
la finisseuse
układarka betonu *f*
бетоноукладчик *m*

① die **Anlieferung**
l'unité de transfert (de matériau)
podajnik *m*
питатель *m*

② die **Vorverdichtung**
le compactage initial
sprężanie wstępne *n*
предварительное напряжение *n*

③ die **Anker und Dübel setzen** *pl*
l'insertion des barres de liaison et des goujons
osadzanie kotew i kołków *n*
вставка анкеров и анкерных болтов *n*

④ die **Hauptverdichtung**
le compactage final
sprężanie główne *n*
основное напряжение *n*

⑤ die **Abschlussglättung**
la finition initiale
wygładzanie końcowe *n*
окончательное сглаживание *n*

⑥ das **Wachs aufsprühen**
la pulvérisation d'enduit
spryskiwać woskiem
опрыскивание воском *n*

die **Straßenfräse**
la fraiseuse routière
frezarka drogowa *f*
дорожно-фрезерный станок *m*

die **Kompaktfräse**
la fraiseuse compacte
frezarka kompaktowa *f*
компактный дорожно-фрезерный станок *m*

das **Fugenschneidgerät**
umg der **Fugenschneider**
la scie de sol
maszyna do wycinania szczelin *f*
дорожный резак *m*

das **Verbundpflaster-Verlegegerät**
la machine à paver
maszyna do układania kostki brukowej *f*
машина для укладки брусчатки *f*

der **Vakuumheber**
le palonnier à ventouse
chwytak próżniowy *m*
вакуумный подъёмник *m*

3.3.3 Maschinen und Geräte im Rohrleitungsbau - Machines et équipements pour l'installation de tuyaux - Maszyny i urządzenia do budowy rurociągów - Машины и оборудование для строительства трубопроводов

der **Mobilkran**
umg der **Autokran**
le camion grue
żuraw samojezdny *m*
автомобильный кран *m*

der **Rohrpflug**
la sous-soleuse à tuyaux
maszyna do drenowania bezrowkowego *f*
кротовый плуг *m*

die **Rohrbiegemaschine**
la machine à cintrer
giętarka do rur *f*
трубогибочный станок *m*

der **Pipelayer**
le pipelayer
układarka rur *f*
трубоукладчик *m*

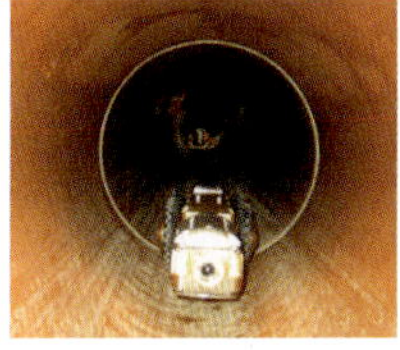

das **Kanal-TV-Gerät**
umg die **Kanalkamera**
la caméra d'inspection des tuyaux
kamera kanałowa *f*
камера для инспекции труб *f*

das **PE-Schweißgerät**
l'unité de soudage de tuyaux PE
zgrzewarka elektro-oporowa *f*
аппарат для сварки ПЭ труб *m*

Grabenlose Rohrverlegung - Pose de conduites sans tranchée - Bezwykopowe kładzenie rur - Бестраншейная прокладка труб

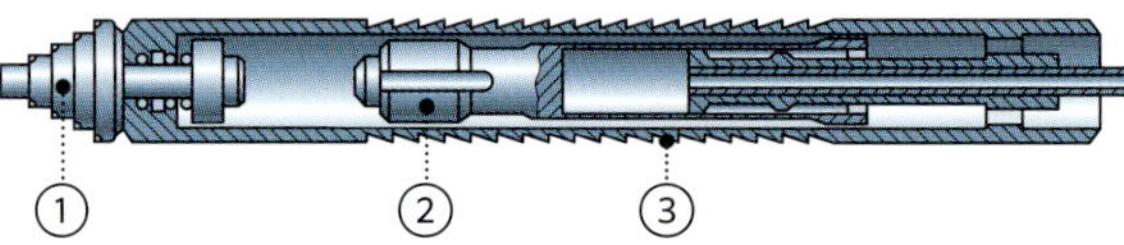

die **Erdrakete**
umg die **Bodendurchschlagsrakete**
la fusée de fonçage pneumatique
urządzenie przeciskowe *n*
устройство для продавливания *n*

① der **Meißelkopf**
la tête de pic
świder *m*
бур *m*

② der **Schlagkolben**
le piston frappeur
bijak *m*
ударная баба *f*

③ das **Gehäuse**
le carter
obudowa *f*
корпус *m*

das **Rammen**
le vérin
palowanie *n*
забивка свай *f*

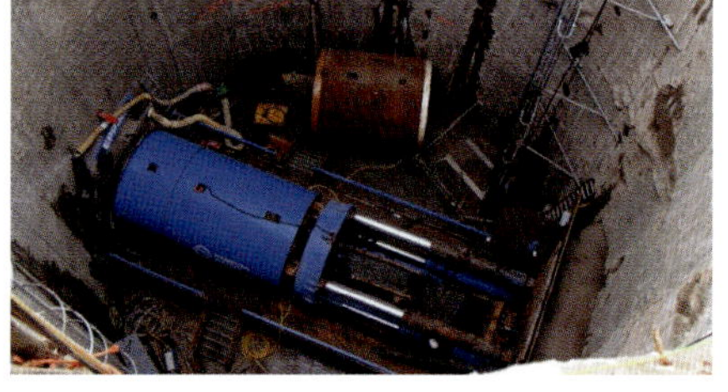

das **Pressen**
le pressage
prasowanie *n*
прессование *n*

das **Bohren**
le forage
(directionnel
horizontal)
wiercenie *n*
горизонтальное
бурение *n*

das **Spülen**
le rinçage
płukanie *n*
промывка *f*

3.4 WERKSTOFFE UND BAUSTOFFE - LES MATÉRIAUX DE CONSTRUCTION - TWORZYWA I MATERIAŁY BUDOWLANE - СТРОИТЕЛЬНЫЕ МАТЕРИАЛЫ

3.4.1 Bindemittel - Les liants - Spoiwa - Вяжущие вещества

Baukalk zur Bodenstabilisierung - La chaux de construction pour la stabilisation du sol - Wapno budowlane do stabilizacji gruntu - Строительная известь для стабилизации грунта

Kalk abstreuen
l'épandage de chaux
posypywać wapnem
разбрасывать известь *m*

Kalk einfräsen
l'incorporation de la chaux dans le sol
frezować wapnem
известковать почву

Zement für: - Ciment pour: - Cement do: - Цемент для:

die **Betonfahrbahn**
la surface de route bétonnée
jezdnia betonowa *f*
бетонное покрытие дороги *n*

die **Bettung**
le **lit**
posypka *f*
подсыпка *f*

das **Schachtmauerwerk**
la gaine en maçonnerie
obmurówka studzienki *f*
кладка кирпичного колодца *f*

das **Verklinkern**
umg das **Ausklinkern**
la pose des briques de canalisation
klinkierowanie *n*
клинкерование *n*

Bitumen für: - Bitume pour: - Bitum do: - Битум (асфальт) для:

die **Asphaltfahrbahn**
umg den **Asphalt**
la surface de route asphaltée
jezdnia asfaltowa *f*
асфальтовая проезжая часть дороги *f*

den **Haftkleber**
l'émulsion d'adhérence
bitumiczna emulsja przyczepna *f*
битумная эмульсия *f*

die **Abdichtung**
l'étanchéité
uszczelnienie *n*
уплотнение *n*

Kleben - Collage - Klejenie - Склеивание

der **Kleber**
umg der **Leim**
l'adhésif
klej *m*
клей *m*

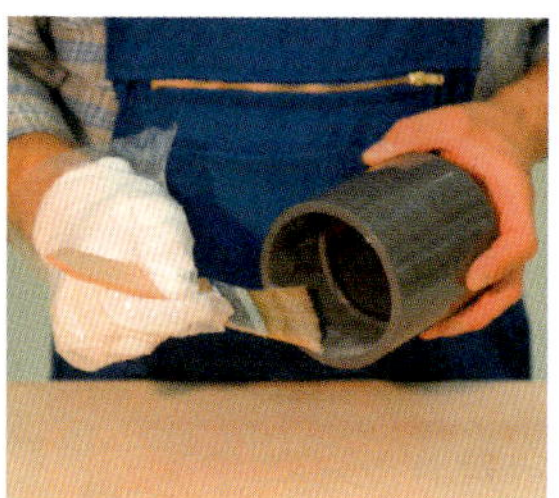

das **Auftragen**
l'application
nakładanie *n*
накладывание *n*

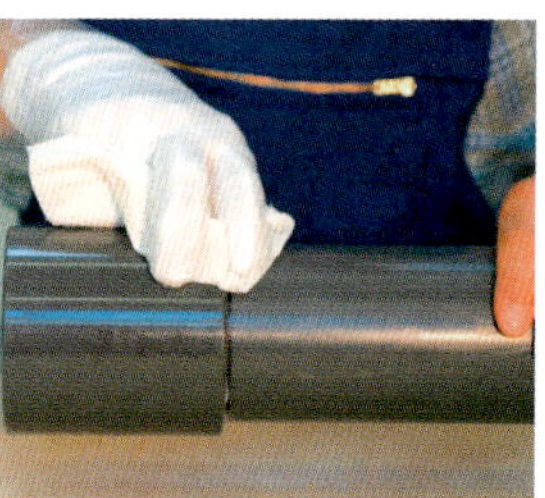

das **Verbinden**
l'assemblage
łączenie *n*
соединение *n*

3.4.2 Boden - Le sol - Grunt - Грунт

Oberboden - Couche superficielle - Wierzchnia warstwa gleby - Верхний слой почвы

das **Andecken**
le gazonnage
darń *f*
дернина *f*

die **Oberbodenmiete**
le talus de terre arable
kopiec wierzchniej warstwy gleby *m*
верхний слой почвы *m*

das **Bankett**
l'accotement
pobocze *n*
обочина *f*

Bindiger Boden - Sol cohésif - Grunt spoisty - Связный грунт

der **Ton**
l'argile
glina *f*
глина *f*

der **Schluff**
le limon
ił pyłowy *m*
ил *m*

der **Lehm**
le terreau
glina zwykła *f*
суглинок *m*

Nichtbindiger Boden - Sol non-cohésif - Grunt niespoisty - Несвязный грунт

der **Sand**
le sable
piasek *m*
песок *m*

der **Kies**
le gravier
żwir *m*
гравий *m*

der **Steinsand**
le sable de roche
miał kamienny *m*
каменная мелочь *f*

der **Splitt**
les gravillons (pierre)
grys *m*
каменная крошка *f*

der **Schotter**
la pierre concassée
tłuczeń *m*
щебень *m*

der **Fels**
la roche
skała *f*
порода *f*

3.4.3 Straßenbaustoffe - Les matériaux routiers - Materiały do budowy dróg - Дорожно-строительные материалы

der **Asphalt**
umg der **Asphaltbeton**
l'asphalte
asfalt *m*
асфальт / дорожный битум *m*,
асфальтобетон *m*

der **Straßenbaubeton**
umg der **Fahrbahnbeton**
le béton routier
beton drogowy *m*
дорожный бетон *m*

das **Betonverbundpflaster**
les dalles de béton à emboîtement
bruk betonowy *m*
брусчатка *f*

die **Klinkerplatten**
umg der **Pflasterklinker**
les dalles clinkers
płytki klinkierowe *pl*
клинкерные панели *pl*

die **Gehwegplatten**
les dalles de pavé
płytki chodnikowe *pl*
тротуарные плиты *pl*

die **Rasengitterplatten**
les dalles-gazon
płytki ażurowe *pl*
газонные решётки *pl*

Natursteinpflaster - Größen - Dallage en pierre naturelle, dimensions - Bruk z kostki kamiennej - rozmiary - Брусчатка из натурального камня - размеры

das **Mosaikpflaster (6 x 6cm)**
le pavage en mosaïque (6 x 6cm)
nawierzchnia z kostki mozaikowej *f*
мозаичная брусчатка (6 x 6 см) *f*

das **Kleinpflaster (10 x 10cm)**
les petits pavés (10 x 10cm)
nawierzchnia z małej kostki kamiennej *f*
малая брусчатка (10 x 10 см) *f*

das **Großpflaster (16 x 16cm)**
les grands pavés (16 x 16cm)
nawierzchnia z dużej kostki kamiennej *f*
большая брусчатка (16 x 16 см) *f*

Materialien - Matériaux - Materiały - Материалы

der **Granit, grau**
le granit gris
granit szary *m*
серый гранит *m*

der **Granit, rot**
le granit rouge
granit czerwony *m*
красный гранит *m*

der **Granit, gelb**
le granit jaune
granit żółty *m*
жёлтый гранит *m*

der **Basalt, schwarz**
le basalte noir
bazalt czarny *m*
чёрный базальт *m*

Bordsteine - Bordures - Krawężniki - Бортовые камни

der **Bordstein - Beton**
la bordure de route en béton
krawężnik betonowy *m*
тротуарный бетонный бортовой камень *m*

der **Bordstein - Granit**
la bordure de route en granit
krawężnik granitowy *m*
гранитный бортовой камень *m*

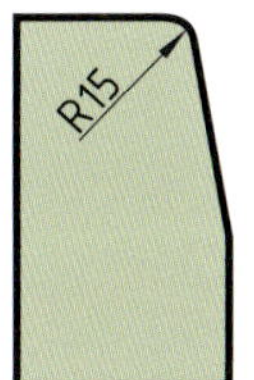

der **Hochbord**
la bordure trottoir
krawężnik wystający *m*
торчащий бортовой камень *m*

der **Flachbord**
la bordure d'accotement
krawężnik spłaszczony *m*
сплющенный бортовой камень *m*

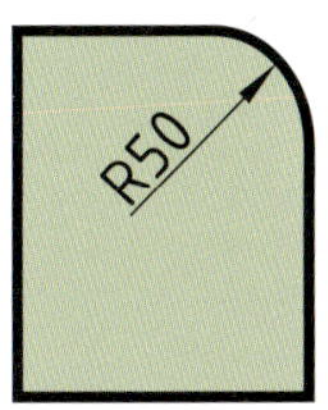

der **Rundbord**
la bordure parking basse
krawężnik zaokrąglony *m*
закруглённый бортовой камень *m*

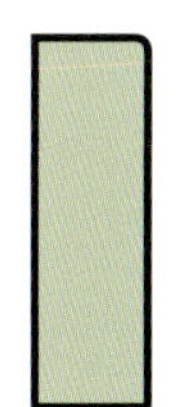

der **Tiefbord**
la bordure parking
krawężnik wpuszczony *m*
утопленный бордюр *m*

der **Kurvenbord (Außenbogen)**
le rayon externe
krawężnik łukowy zewnętrzny *m*
лекальный бортовой камень (наружный) *m*

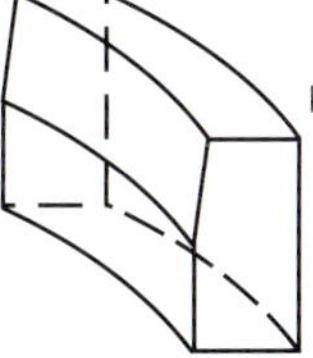

der **Kurvenbord (Innenbogen)**
le rayon interne
krawężnik łukowy wewnętrzny *m*
лекальный бортовой камень (внутренний) *m*

Straßenablauf - Drainage des routes - Uliczna studienka ściekowa - Уличная ливневая канализация

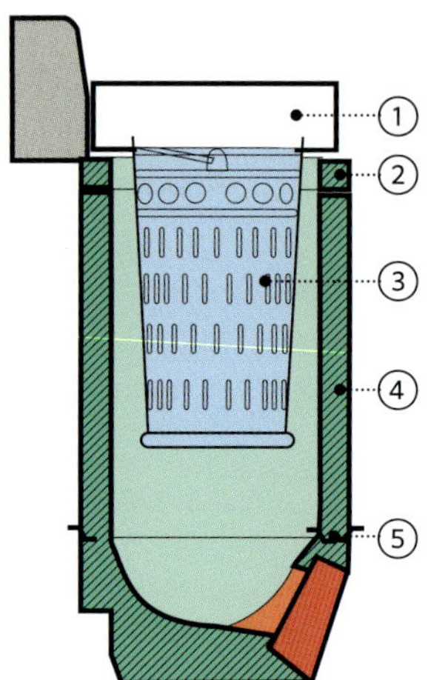

der **Straßenablauf**
umg der **Ablauf**
l'avaloir
uliczna studzienka ściekowa *f*
уличный дождеприёмный колодец *m*

① der **Aufsatz**
la grille (avec cadre)
wpust *m*
решётка (с рамой) *f*

② der **Auflagering**
le cadre d'appui
pierścień odciążający *m*
опорное кольцо *n*

③ der **Eimer**
le collecteur
wiadro *n*
ведро *n*

④ der **Schaft**
le puits d'évacuation
kanał odpływowy *m*
сливной канал *m*

⑤ der **Boden**
le puisard
podstawa *f*
отстойник *m*

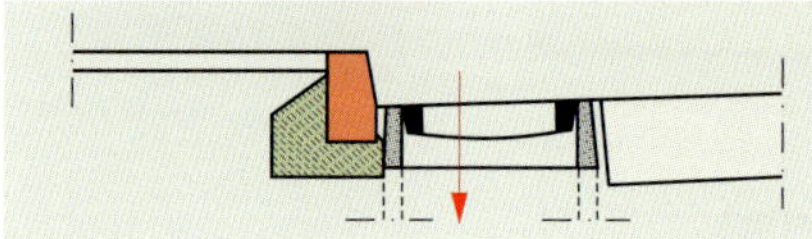

der **Pultaufsatz**
l'avaloir plat
wpust płaski *m*
плоский слив *m*

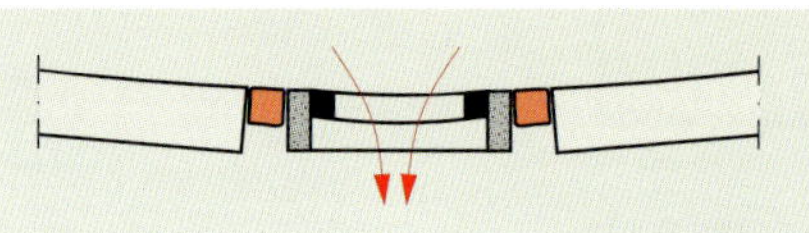

der **Muldenaufsatz**
l'avaloir convexe
wpust muldowy *m*
выпуклый впуск *m*

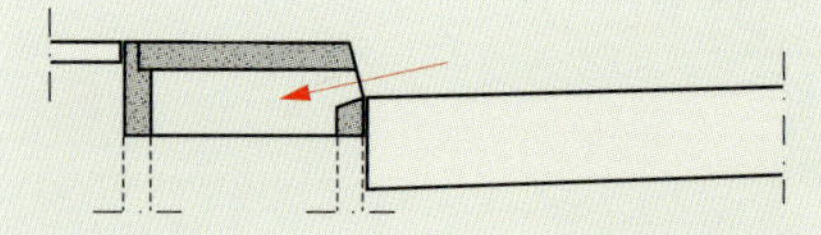

der **Seitenablauf**
la bordure-avaloir
odpływ boczny *m*
боковой слив *m*

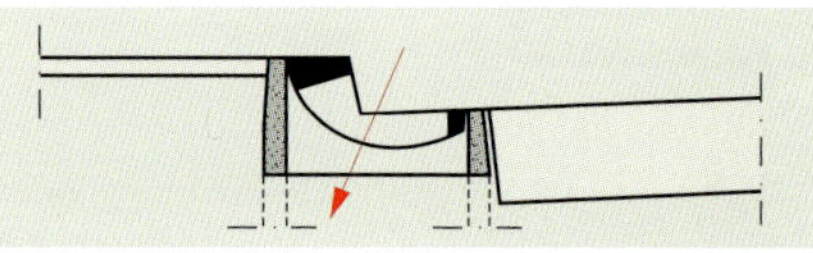

der **Kombiablauf**
la grille-avaloir combinée
odpływ kombinowany *m*
комбинированный слив *m*

3.4.4 Rohre - Les tuyaux et conduits - Rury - Трубы

das **Betonrohr (B)**
la conduite en béton
rura betonowa *f*
бетонная труба *f*

das **Stahlrohr (St)**
la conduite en acier
rura stalowa *f*
стальная труба *f*

das **Steinzeugrohr (Stz)**
la conduite en grès vitrifié
rura kamionkowa *f*
керамическая труба *f*

das **duktile Gussrohr (GGG)**
la conduite en fonte ductile
rura z żeliwa sferoidalnego *f*
чугунная труба с шаровидным графитом *f*

Kunststoffrohre - Tyaux et conduits en plastique - Rury plastikowe - Пластиковые трубы

das **Polypropylen (PP)**
le polypropylène
polipropylen *m*
полипропилен *m*

das **Polyvinylchlorid (PVC-U)**
le chlorure de polyvinyle (non plastifié) (PVC)
polichlorek winylu *m*
поливинилхлорид *m*

das **hochdichte Polyethylen (PE-HD)**
le polyéthylène haute densité (PEHD)
polietylen wysokiej gęstości (HDPE) *m*
полиэтилен высокой плотности (HDPE) *m*

der **Glasfaserkunststoff (GFK)**
la fibre de verre
tworzywo sztuczne wzmacniane włóknem szklanym (TWS) *n*
стеклопластик *m*

3.4.5 Kanalklinker - Les briques de canalisation - Cegły kanałowe - Канализационный кирпич

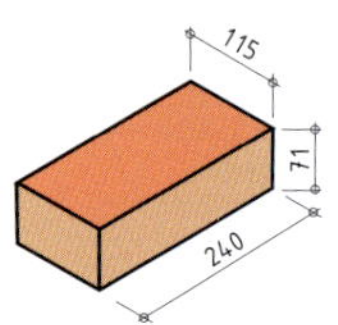

der **Kanalklinker**
umg der **Vollklinker**
la brique d'égout
cegła kanalizacyjna *f*
кирпич для канализационных сооружений *m*

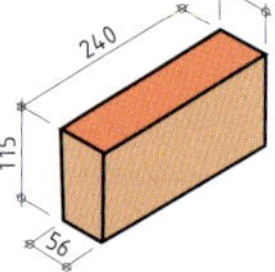

der **Kanalkeilklinker A**
la brique d'arche d'égout
cegła kanalizacyjna łukowa *f*
арочный канализационный кирпич *m*

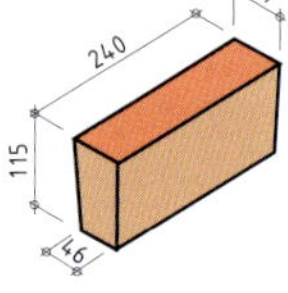

der **Kanalkeilklinker B**
la brique invertie d'égout
cegła kanalizacyjna odwrócona *f*
перевернутый канализационный кирпич *m*

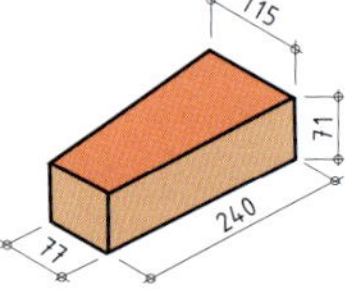

der **Kanalschachtklinker C**
umg der **KSK- C**
la brique de puits de révision
klinkier studzienkowy *m*
колодцевой клинкерный кирпич *m*

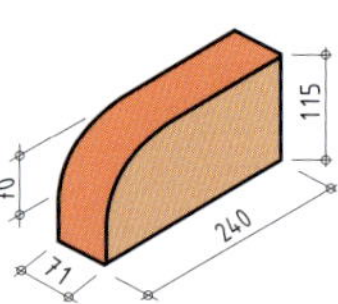
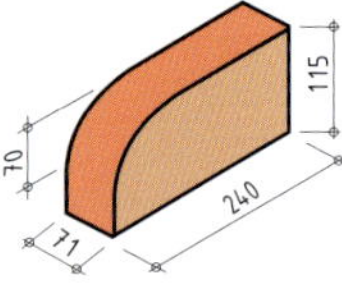

der **Rundfaseklinker**
la brique d'adaptation
cegła klinkierowa z zaokrągloną krawędzią *f*
клинкерный кирпич с закруглённой кромкой *m*

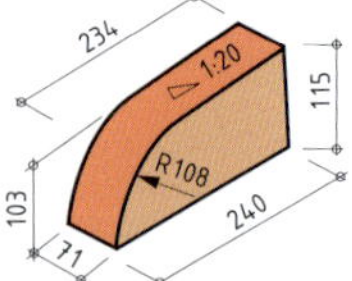

der **Schachtsohlklinker**
la brique évasée
cegła klinkierowa skośna *f*
скошённый клинкерный кирпич *m*

die **Steinzeug-Halbschale**
le ponceau d'argile (vitrifié)
półkanał kamionkowy *m*
керамический водоотводный лоток *m*

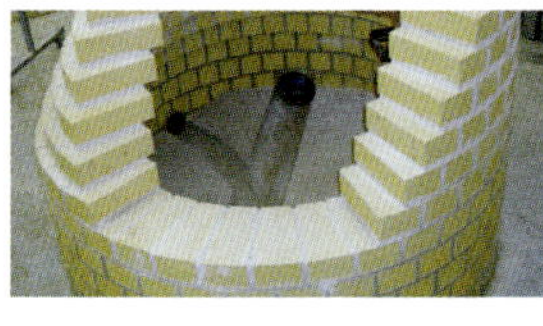

der **gemauerter Schacht**
le puits en maçonnerie
studnia murowana *f*
каменный колодец *m*

der **gemauerter Kanal**
l'égout en maçonnerie
kanał murowany *m*
кирпичный канал *m*

3.5 BAUTEILE UND KONSTRUKTIONEN - LES COMPOSANTES ET STRUCTURES - ELEMENTY I KONSTRUKCJE - КОМПОНЕНТЫ И КОНСТРУКЦИИ

3.5.1 Graben und Baugruben - Les fossés et excavations - Rowy i wykopy - Канавы и котлованы

Der Graben - Tranchée - Rów - Ров, канава, траншея

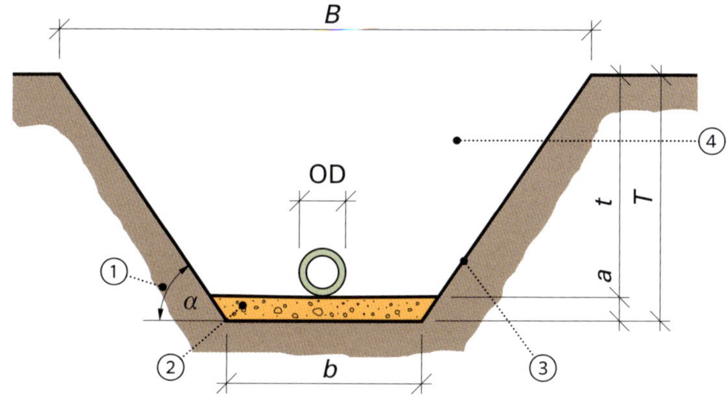

① der **Böschungswinkel**
l'angle de pente
kąt nachylenia nasypu *m*
угол наклона *m*

② die **Grabensohle**
le fond de tranchée
dno wykopu *n*
дно траншеи *n*

③ die **Böschung**
la pente
nasyp *m*
насыпь *f*

④ der **Aushub**
l'excavation
wykop *m*
выемка *f*

a: die **Bettung**
l'assise (profondeur)
podłoże *n*
подстилка *f*

b: die **Sohlbreite**
la largeur de fond de tranchée
szerokość dna *f*
ширина дна *f*

t: die **Verlegetiefe**
la profondeur totale de remblayage
głębokość ułożenia *f*
глубина укладки *f*

T: die **Aushubtiefe**
la profondeur d'excavation
głębokość wykopu *f*
глубина выемки *f*

B: die **Grabenbreite**
la largeur supérieure de la tranchée
szerokość rowu *f*
ширина канавы *f*

Die Baugrube - Excavation - Wykop - Котлован, выемка

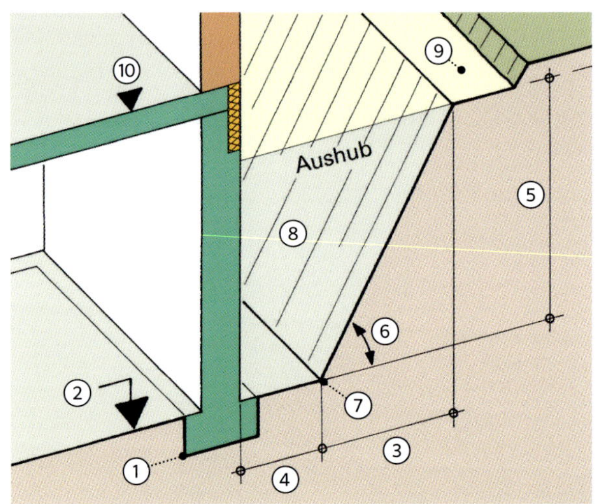

① die **Fundamentsohle**
le niveau de semelle de fondation
podstawa fundamentu *f*
подошва фундамента *f*

② die **Baugrubensohle**
le niveau de fond de fouille
spód wykopu *f*
уровень выемки грунта *f*

③ die **Böschungsbreite**
la largeur de la pente
szerokość nasypu *f*
ширина насыпи *f*

④ der **Arbeitsraum**
l'espace de travail (latéral)
przestrzeń robocza *f*
рабочая зона *f*

⑤ die **Baugrubentiefe**
la profondeur d'excavation
głębokość wykopu *f*
глубина выемки грунта *f*

⑥ der **Böschungswinkel**
l'angle de pente
kąt nachylenia nasypu *m*
угол наклона *f*

⑦ der **Böschungsfuß**
le bas
stopa skarpy *f*
подошва насыпи *f*

⑧ die **Böschung**
la pente
nasyp *m*
насыпь *f*

⑨ der **Abtrag Oberboden**
la terre arable enlevée
usunięta warstwa wierzchnia gleby *f*
удаленный верхний слой почвы *m*

⑩ der **Rohfußboden Erdgeschoss**
le rez-de-chaussée inachevé
podłoga ślepa parter *f*
черновой пол на цокольном этаже *m*

Waagerechter Verbau - Etaiement horizontal - Pozioma obudowa wykopów - Горизонтальное укрепление

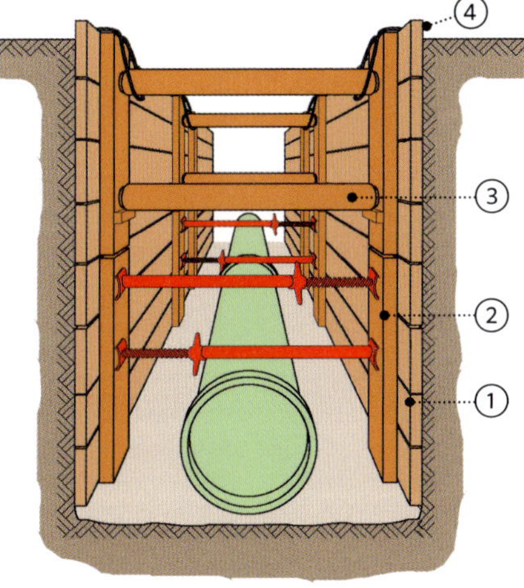

Senkrechter Verbau - Etaiement vertical - Pionowa obudowa wykopów - Вертикальное укрепление

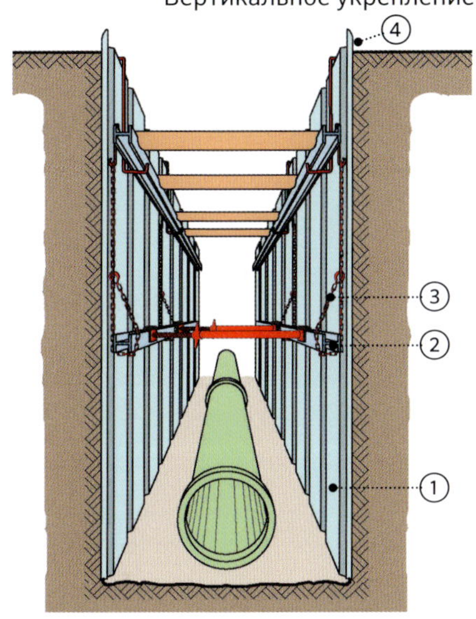

① die **Verbaubohle**
la planche de boisage
deska obudowy ścian wykopu *f*
доска для обшивки стен траншеи *f*

② der **Aufrichter**
umg das **Gurtholz**
la lierne
stojak *m*
горизонтальное крепление *f*

③ die **Steife**
umg die **Strebe**
l'étrésillon
rozpora *f*
распорка *f*

④ der **Überstand**
le dégagement (vertical)
występ *m*
вертикальный выступ *m*

① die **Kanaldiele**
le coffrage
szalunek dylowy *f*
шпунтовое ограждение котлована *n*

② die **Gurtung**
la lierne
pas *m*
обвязка шпунтового ограждения *f*

③ die **Aufhängung**
la fixation
podwieszenie *n*
подвеска *f*

④ der **Überstand**
le dégagement (vertical)
występ *m*
вертикальный выступ *m*

Grabenverbaugeräte - Équipement de blindage de tranchée - Urządzenia do obudowy rowów - Траншейное оборудование

der **randgestützte Verbau**
umg die **Box**
le caisson de blindage (unité) avec glissières latérales
szalunek typu box z rozporami bocznymi *m*
боксовая опалубка с боковыми распорками *f*

der **mittig gestützte Verbau**
le caisson de blindage (unité) avec glissières centrales
szalunek typu box z rozporami środkowymi *m*
боксовая опалубка с внутренними распорками *f*

der **Gleitschienenverbau mit Stützen**
le caisson de blindage à glissière avec étrésillons coulissants
obudowa słupowa z podporami *f*
роликовая траншейная крепь с опорами *f*

der **Gleitschienenverbau mit Rollrahmen**
le caisson de blindage à glissière avec blindages coulissants
obudowa słupowa z rozporami rolkowymi *f*
роликовая траншейная крепь с роликовыми распорками *f*

Baugrubenverbau - Chemisage - Obudowa wykopów - Опалубка корпуса

die **Spundwand**
la palplanche
ściana szczelna *f*
шпунтовая стена *f*

die **Trägerbohlwand**
umg der **Berliner Verbau**
la paroi berlinoise
obudowa berlińska *f*
стена в грунте Берлинского типа *f*

die **Bohrpfahlwand**
la palplanche sécante
ściana z pali wierconych *f*
буронабивная стена *f*, стена из секущихся свай *f*

die **Schlitzwand**
la paroi moulée
ściana szczelinowa *f*
стена в грунте *f*

3.5.2 Kanal- und Schachtbauteile - Les éléments de canalisations et trous d'homme - Elementy kanałów i studzienek - Элементы канализации и колодцев

Entwässerung - Drainage - Odprowadzanie wody - Водоотвод

① das **Regenwasserrohr**
la canalisation d'eaux pluviales
rura deszczowa *f*
труба ливневой канализации *f*

② das **Schmutzwasserrohr**
la canalisation d'eaux usées
rura ściekowa *f*
труба хозяйственно-фекальной канализации *f*

③ der **Revisionsschacht**
le puits de révision
studzienka rewizyjna *f*
ревизионный колодец *m*

④ der **Schmutzwasserkanal**
l'égout
kanał ściekowy *m*
водосточный канал *m*

⑤ der **Regenwasserkanal**
l'égout pluvial
kanał burzowy *m*
ливневая канализация *f*

Das Rohr - Tuyau - Rura - Труба

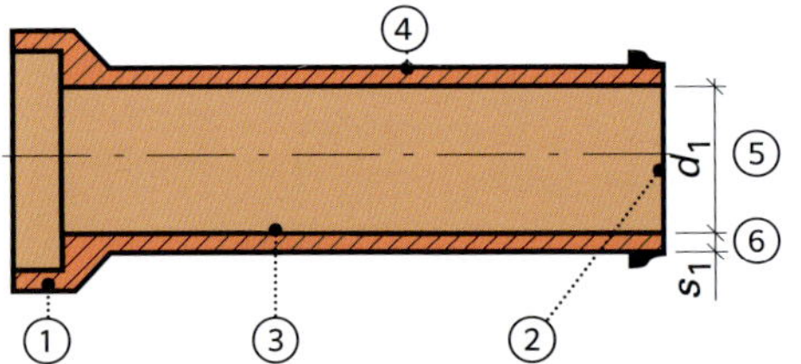

① die **Muffe**
le manchon
złączka *f*
соединительная муфта *m*

② das **Spitzende**
l'about mâle
kielich *m*
раструб *f*

③ die **Sohle**
le fond
podstawa *f*
низ *m*

④ der **Scheitel**
le sommet
szczyt *m*
верх *m*

⑤ der **Nenndurchmesser**
umg die **Nennweite**
le diamètre nominal
średnica nominalna *f*
номинальный диаметр *m*

⑥ die **Wandstärke**
umg die **Wandung**
l'épaisseur de paroi
grubość ścianki *f*
толщина стенки *f*

Formstücke - Raccords - Kształtki - Фитинги

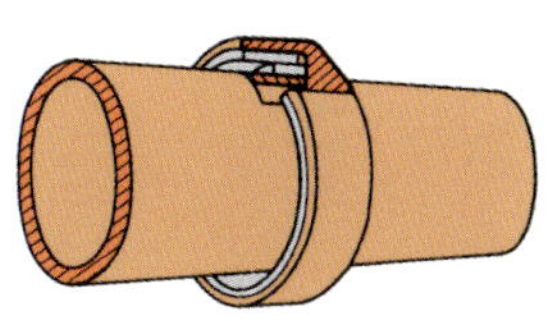

die **Steckmuffe K**
le raccord de tuyau (à partir de DN 200)
złączka wtykowa (DN 200) *f*
надвижная муфта (DN 200) *f*

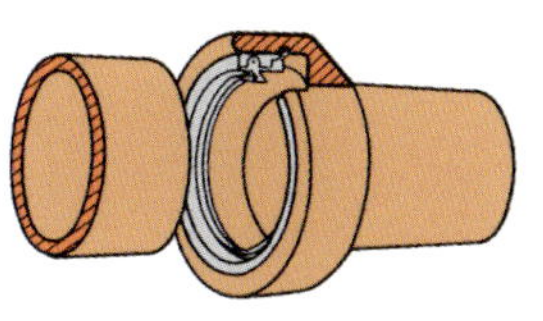

die **Steckmuffe L**
le raccord de tuyau (DN 100-200)
złączka wtykowa (DN 100-100) *f*
надвижная муфта (DN 100-200) *f*

die **Doppelmuffe**
umg die **Überschiebemuffe**
le manchon double
dwukielich *m*
двухраструбная муфта *f*

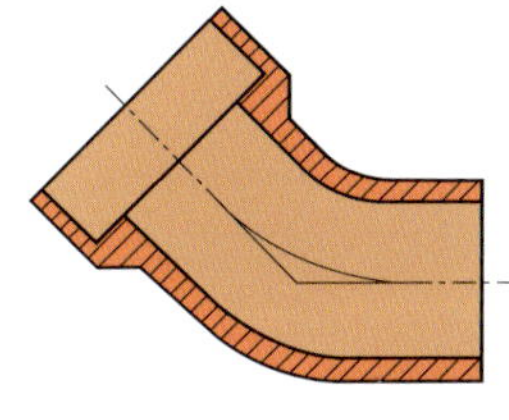

der **Bogen**
le coude
kolanko *n*
отвод 45 град *m*

das **Gelenkstück (GE)**
l'élément d'articulation
króciec *m*
штуцер *m*

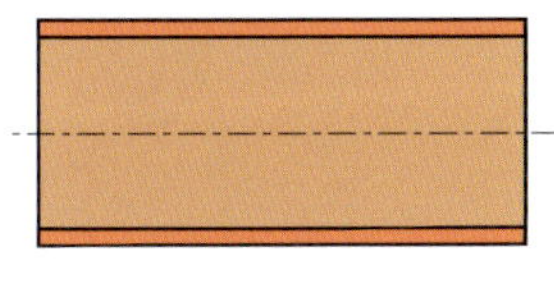

das **Gelenkstück, Ablauf (GA)**
l'élément d'articulation à bouts plans
króciec, odpływ *m*
прямая муфта, сток *f*

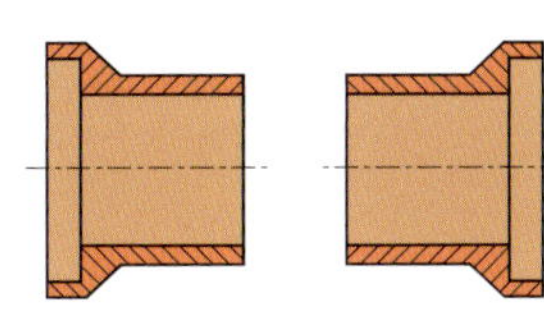

der **Schachtanschluss, Zulauf (GZ)**
le raccordement de puits
przyłącze, dopływ *n*
патрубок, ввод *m*

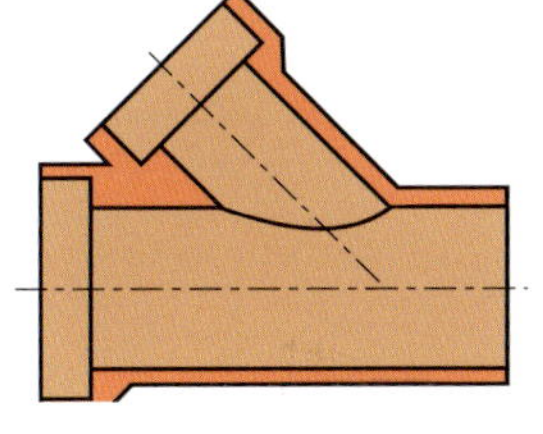

der **Abzweig 45°**
la dérivation à 45°
odgałęzienie 45° *n*
тройник 45 град *m*

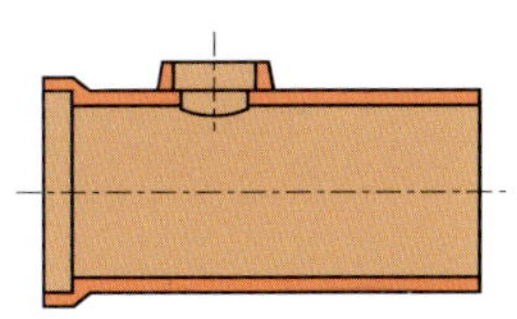

der **Kompaktabzweig 90°**
la dérivation à 90° avec réduction
odgałęzienie kompaktowe 90° *n*
переход 90 град *m*

Der Leitungsgraben - Tranchée - Wykop pod rurę - Коммунальная траншея

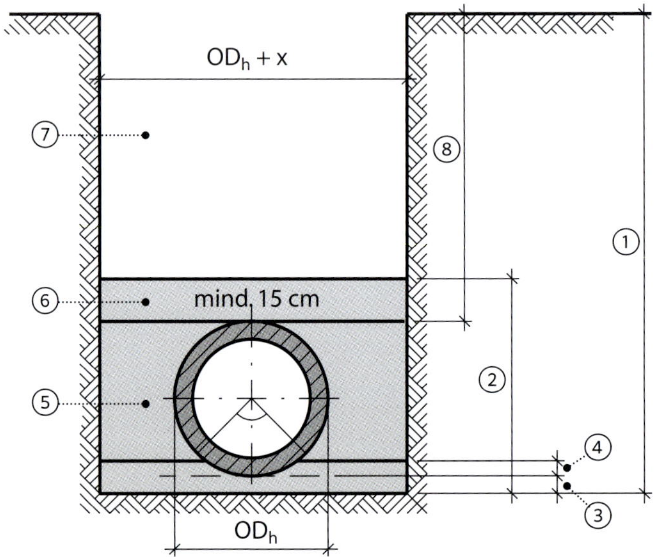

① die **Grabentiefe**
la profondeur d'excavation
głębokość wykopu *n*
глубина котлована *f*

② die **Leitungszone**
la zone de canalisation
strefa ułożenia rury *f*
зона трубы *f*

③ die **untere Bettungsschicht**
umg das **Auflager**
l'assise supérieure
dolna warstwa podsypki *f*
нижний слой балласта *m*

④ die **obere Bettungsschicht**
umg der **Zwickel**
l'assise inférieure
górna warstwa podsypki *f*
верхний слой балласта *m*

⑤ die **Seitenverfüllung**
le remplissage latéral
wypełnienie boczne *n*
боковое заполнение *n*

⑥ die **Abdeckzone**
umg die **Überdeckung**
le remblai secondaire (initial)
zasypka *f*
засыпка *f*

⑦ die **Hauptverfüllung**
le remblai final
wypełnienie główne *n*
основное заполнение *n*

⑧ die **Überdeckungshöhe**
la hauteur de recouvrement
wysokość zasypki *f*
высота засыпки *f*

Der Schacht - Puits - Studzienka - Колодец, приямок

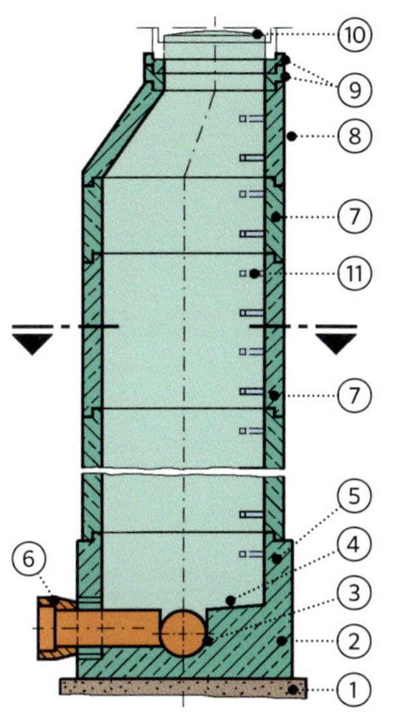

① die **Sauberkeitsschicht**
la base en béton
podbeton *m*
бетонная база *f*

② die **Schachtsohle**
le fond de puits
kineta *f*
дноуглубительная прорезь *f*

③ die **Schachtrinne**
le canal
korytko *n*
канал *m*

④ der **Auftritt**
le rebord
spocznik *m*
выступ *m*

⑤ das **Schachtunterteil**
le fond de regard
dolna część studzienki *f*
нижняя часть колодца *f*

⑥ der **Zulauf**
l'entrée
dopływ *m*
приток *m*

⑦ der **Schachtring**
le puits d'accès
krąg studzienny *m*
кольцо колодца *n*

⑧ der **Schachthals**
umg der **Konus**
le cône de regard
stożek *m*
конус *m*

⑨ der **Auflagering**
la couronne d'appui
pierścień odciążający *m*
опорное кольцо *n*

⑩ die **Schachtabdeckung**
le couvercle de regard
pokrywa studzienki *f*
крышка колодца *f*

⑪ das **Steigeisen**
la marche acier
stopień ze stali okrągłej *m*
круглая (стальная) ступенька *f*

Schachtbauteile - Éléments de puits - Elementy studzienki - Элементы колодца

das **Schachtunterteil (SU)**
le fond de regard
pierścień studzienki *m*
кольцо колодца *n*

der **Schachtring (SR)**
le puits d'accès
dolna część studzienki *f*
нижняя часть колодца *f*

der **Schachthals mit Schachtring**
le col de regard
stożek z pierścieniem studzienki *m*
конус с кольцом *m*

der **Schachthals (SH)**
le cône de regard
stożek *m*
конус *m*

der **Auflagering (AR)**
la couronne d'appui
pierścień odciążający *m*
опорное кольцо *n*

die **Schachtabdeckung**
umg der **Schachtdeckel**
le couvercle de regard
pokrywa studzienki *f*
крышка люка *f*

3.5.3 Straßenaufbau - Les constructions routières - Budowa drogi - Дорожное строительство

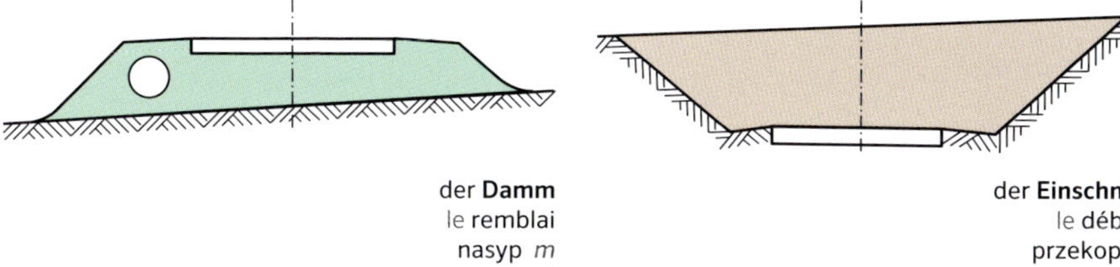

der **Damm**
le remblai
nasyp *m*
насыпь *f*

der **Einschnitt**
le déblai
przekop *m*
выемка *f*

Anschnitt - Face - Półprzekop - Разрез

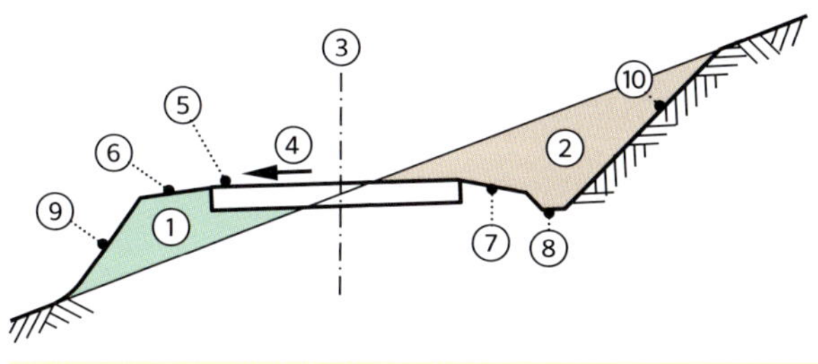

① der **Bodenauftrag**
le remblai
nasyp *m*
насыпь *f*

② der **Bodenabtrag**
le déblai
wykop *m*
выемка *f*

③ die **Straßenachse**
l'axe de la route
oś drogi *f*
ось дороги *f*

④ die **Querneigung**
la pente transversale
nachylenie poprzeczne *n*
поперечный наклон *m*

⑤ die **Fahrbahn**
la chaussée
jezdnia *f*
проезжая часть дороги *f*

⑥ das **Bankett wasserführend (12%)**
l'accotement en remblai
pobocze z odprowadzeniem wody *n*
обочина с отводом воды *f*

⑦ das **Bankett nicht wasserführend (6%)**
l'accotement en déblai
pobocze bez odprowadzenia wody *n*
обочина без отвода воды *f*

⑧ die **Entwässerungsmulde**
le fossé de drainage
rów odwadniający *m*
водоотводная канава *f*, осушитель *m*

⑨ die **Dammböschung**
le talus en remblai
skarpa nasypu *f*
склон насыпи *m*

⑩ die **Dammböschung**
le talus en déblai
skarpa wykopu *f*
срезанный склон *m*

Straßenquerschnitt - Profil - Przekrój drogi - Разрез дороги

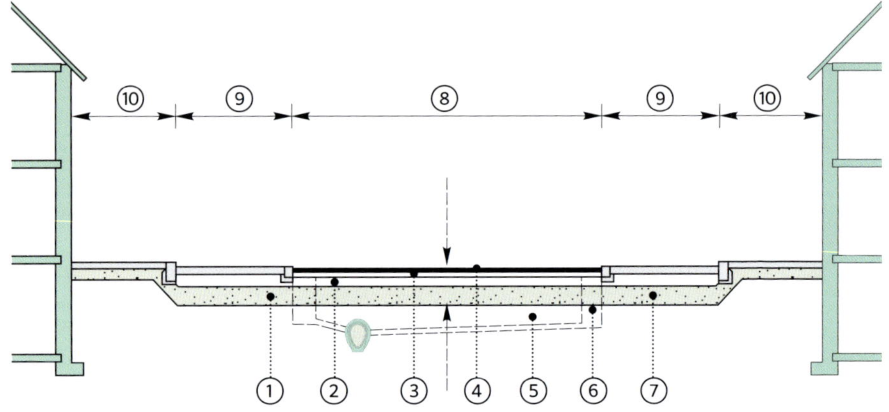

① die **Frostschutzschicht**
la couche antigel
warstwa mrozoochronna *f*
морозозащитный слой *m*

② die **Schottertragschicht**
la couche de base en grave
warstwa nośna tłuczniowa *f*
основный слой щебня *m*

③ die **Asphalttragschicht**
la couche de base en asphalte
warstwa nośna asfaltowa *f*
основный слой асфальта *m*

④ die **Fahrbahndecke**
le revêtement de chaussée
nawierzchnia *f*
дорожное покрытие *n*

⑤ der **Untergrund**
la plateforme
podłoże *n*
грунтовое основание *n*

⑥ das **Planum**
la surface plane
powierzchnia podłoża *f*
поверхность грунта *f*

⑦ der **Oberbau**
le revêtement
nawierzchnia górna *f*
верхняя поверхность (насыпь, настил) *f*

⑧ die **Fahrbahn**
la chaussée
jezdnia *f*
проезжая часть дороги *f*

⑨ der **Parkplatz**
l'aire de stationnement
parking *m*
автостоянка *f*

⑩ der **Gehweg**
le trottoir
chodnik *m*
тротуар *m*

Entwässerungsrinne - Canal de drainage - Kanał odpływowy - Уличный водосток

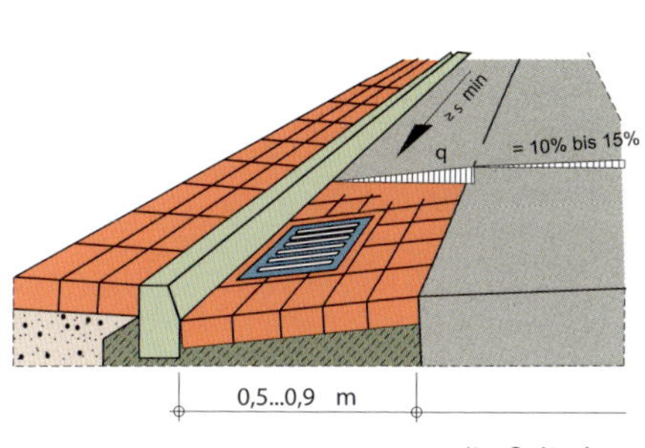

die **Spitzrinne**
le drain de trottoir
ściek krawężnikowy *m*
дождеприёмник в бордюрном камне *m*

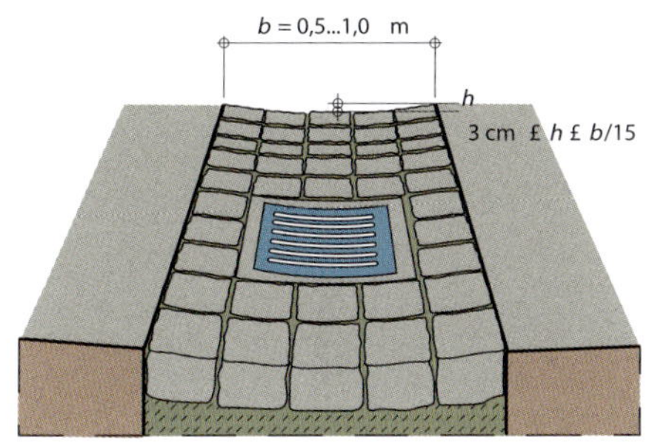

die **Muldenrinne**
la cunette
płaski ściek nieckowaty *m*
дренажный канал *m*

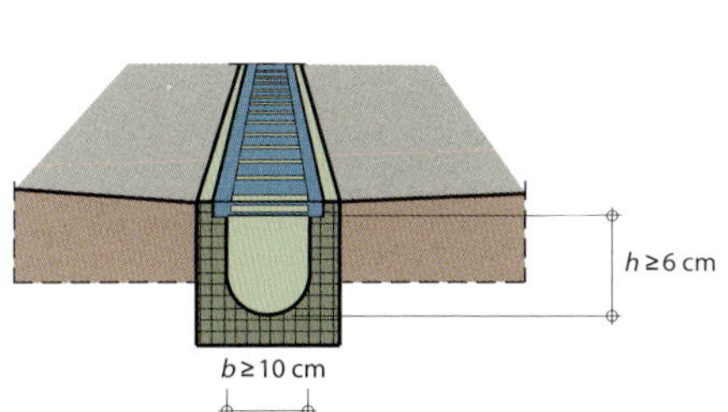

die **Kastenrinne**
le drain linéaire
ściek skrzynkowy *m*
коробчатый сливной канал *m*

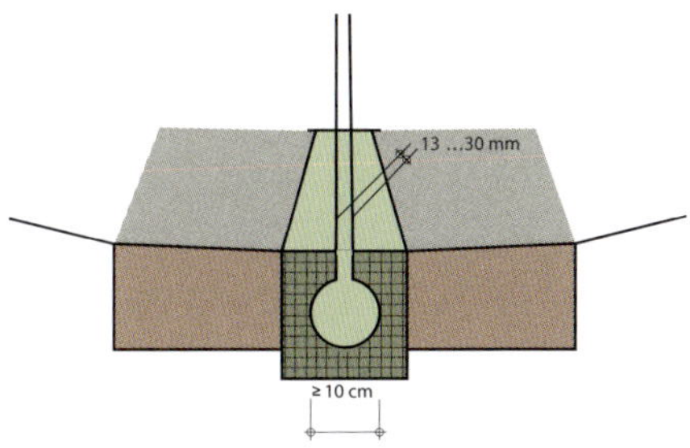

die **Schlitzrinne**
le caniveau à fente
ściek szczelinowy *m*
щелевой канал *m*

Pflasterverband - Naturstein - Appareillage de pavés - pierres de taille - Wiązanie kostki brukowej - kamień naturalny - Укладка брусчатки из натурального камня

der **Reihenverband**
l'appareillage à joints alternés
wiązanie rzędowe *n*
рядовая кладка *f*

der **Diagonalverband**
l'appareillage à joints alternés en diagonale
wiązanie ukośne *n*
диагональная кладка *f*

der **Netzverband**
l'appareillage à joints alignés en diagonale
wiązanie typu plecionka *n*
кладка типа «сетевая ассоциация» *f*

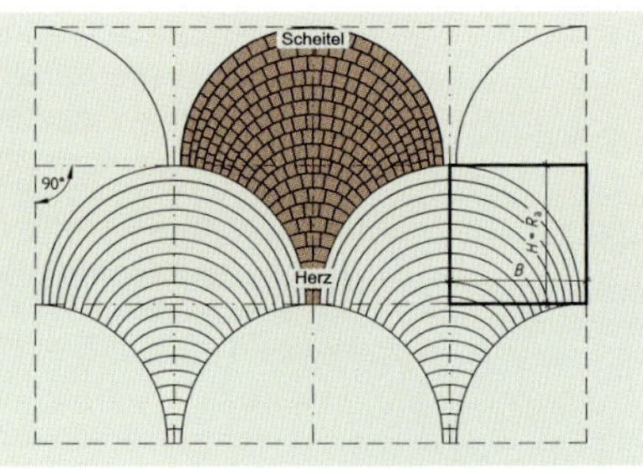

der **Schuppenverband**
l'appareillage en queue de paon
wiązanie typu rybia łuska *n*
чешуйчатая кладка *f*

der **Passeverband**
l'appareillage à joints contrariés
wiązanie z przesunięciem *n*
кладка типа «старый город» *f*

der **Segmentbogenverband**
l'appareillage en arches
wiązanie łukowe *n*
арочная кладка *f*

Verlegeverband - Betonstein - Appareillage de pavés - briques en béton - Wiązanie kostki brukowej - cegła betonowa - Укладка клинкерной брусчатки

der **Reihenverband**
l'appareillage à joints alternés
wiązanie rzędowe *n*
рядовая кладка *f*

der **Parkettverband**
l'appareillage à pavés couplés
wiązanie parkietowe *n*
паркетная кладка *f*

der **Blockverband**
l'appareillage amélioré à pavés couplés
wiązanie blokowe *n*
цепная кладка *f*, русская кладка *f*

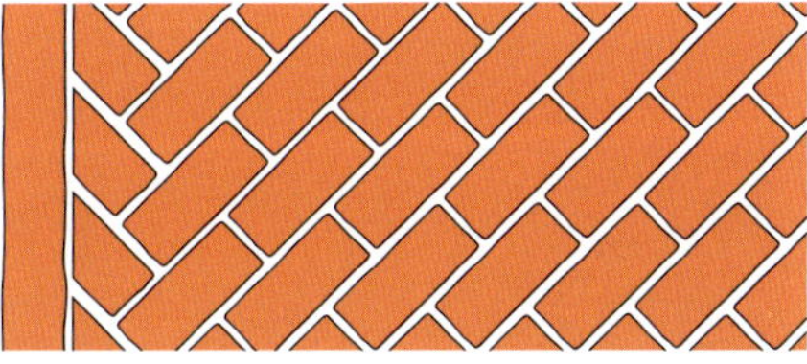

der **Diagonalverband**
l'appareillage à joints alternés en diagonale
wiązanie ukośne *n*
диагональная кладка *f*

der **Fischgrätenverband**
l'appareillage en chevron
wiązanie jodełkowe *n*
кладка в ёлку *f*

orthogonal
l'appareillage en épi
prostokątne
прямоугольная

diagonal
l'appareillage en arêtes de poisson
ukośne
диагональная

3.5.4 Rohrleitungen und Kanäle - Tuyaux et conduits - Rurociągi i kanały - Трубопроводы и каналы

Hinweisschilder für Leitungen - Plaquettes de repérage - Tabliczki orientacyjne dla systemów wodociągowych, kanalizacyjnych i gazowych - Инженерные указатели для систем водоснабжения, канализации и газоснабжения

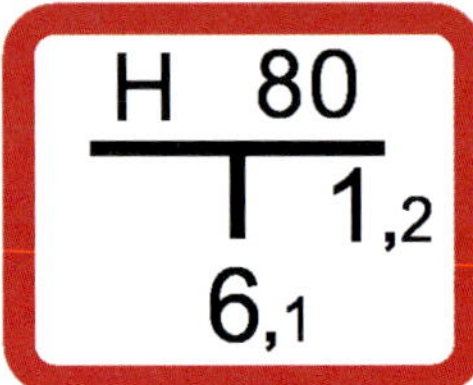

die **Hydrantenleitung**
la bouche d'incendie
hydrant *m*
гидрант *m*

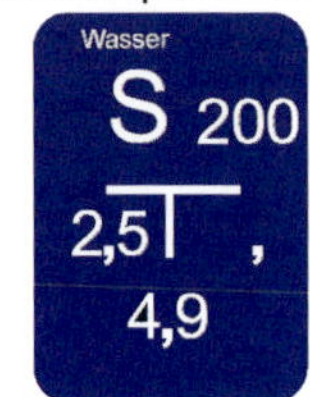

die **Wasserleitung**
la conduite d'eau
rura wodociągowa *f*
водопроводная труба *f*

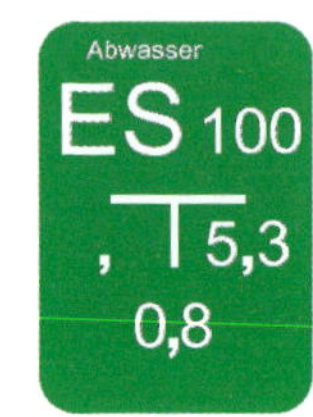

die **Abwasserdruckleitung**
la conduite de refoulement
rura kanalizacyjna ciśnieniowa *f*
напорная канализационная труба *f*

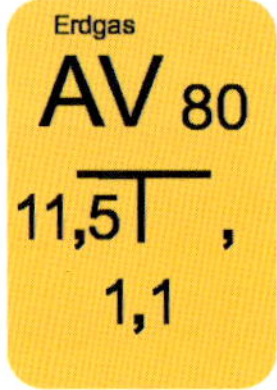

die **Gasleitung**
la conduite de gaz
rura gazowa *f*
газовая труба *f*

die **Fernwärmeleitung**
la conduite de chauffage à distance
rura ciepłownicza *f*
трубопровод теплоснабжения *m*

Lösbare Rohrverbindungen - Raccords de tuyaux détachables - Zdejmowane złącza rurowe - Разъёмные способы соединения труб

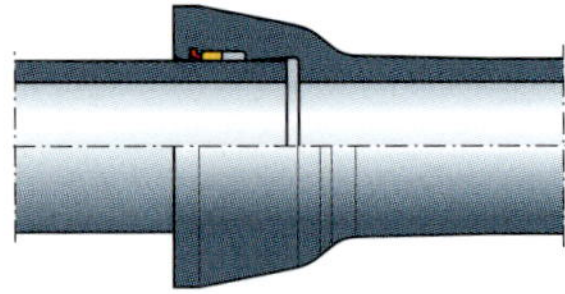

die **Steckmuffenverbindung**
l'assemblage mâle-femelle
połączenie złączek wtykowych *n*
ниппельное соединение *n*

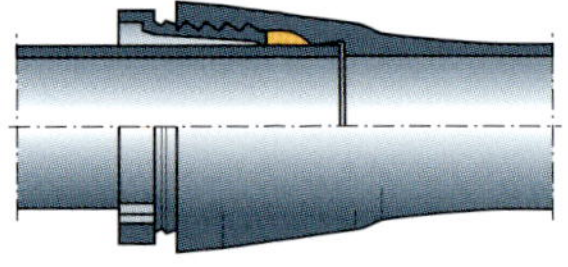

die **Schraubmuffenverbindung**
l'assemblage à douille vissée
połączenie złączek gwintowanych *n*
резьбовое соединение *n*

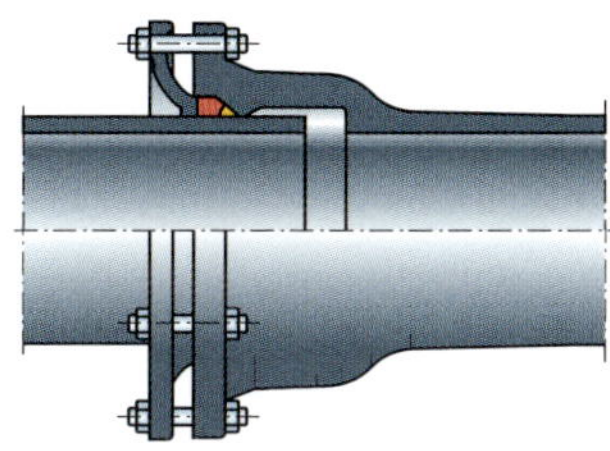

die **Stopfbuchsenverbindung**
l'assemblage presse-étoupe boulonné
połączenie dławnicowe *n*
болтовое соединение *f*

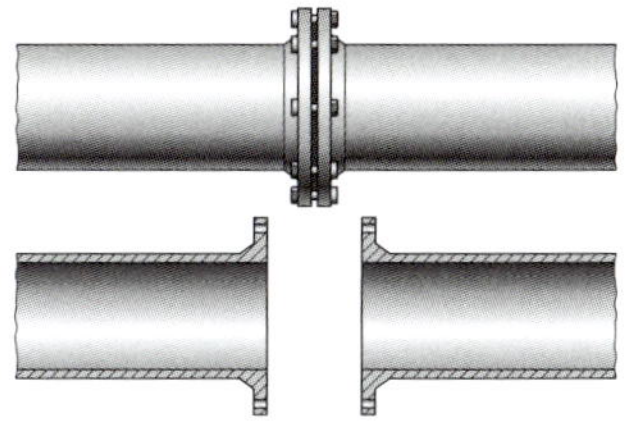

die **Flanschverbindung**
l'assemblage à bride
połączenie kołnierzowe *n*
фланцевое соединение *f*

PE-Schweißen - Soudage PE - Zgrzewanie elektrooporowe PE - Сварка полиэтиленовых труб

das **PE-Schweißen**
le soudage PE
zgrzewanie elektrooporowe PE *n*
контактная электросварка PE *f*

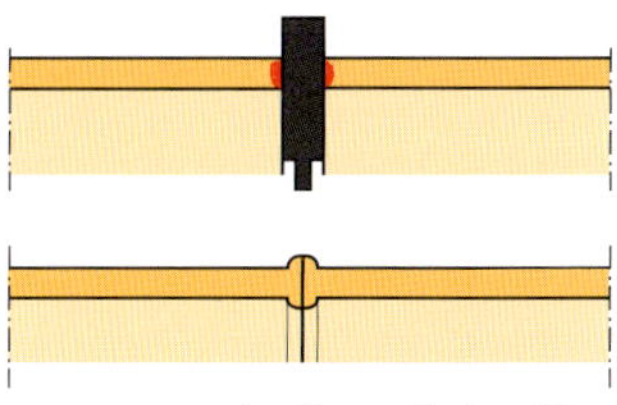

das **Stumpfschweißen**
la fusion bout à bout
zgrzewanie doczołowe *n*
сварка встык *f*

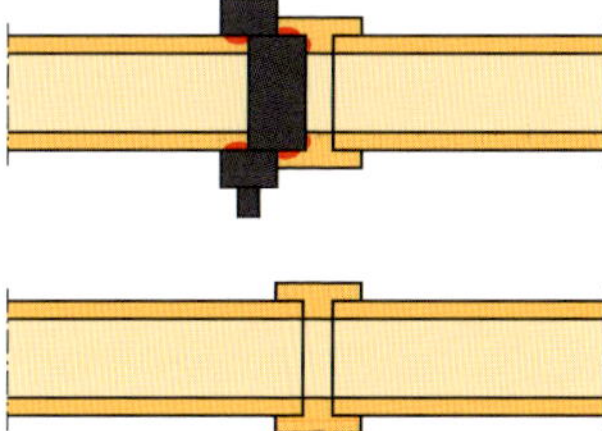

das **Muffenschweißen**
la fusion à emboîtement
zgrzewanie kielichowe *n*
муфтовая сварка *f*

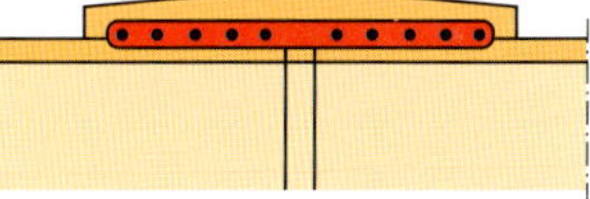

das **Heizwendelschweißen**
l'électrofusion
zgrzewanie elektrooporowe *n*
контактная электросварка *f*

Armaturen - Robinetterie - Zawory - Клапаны

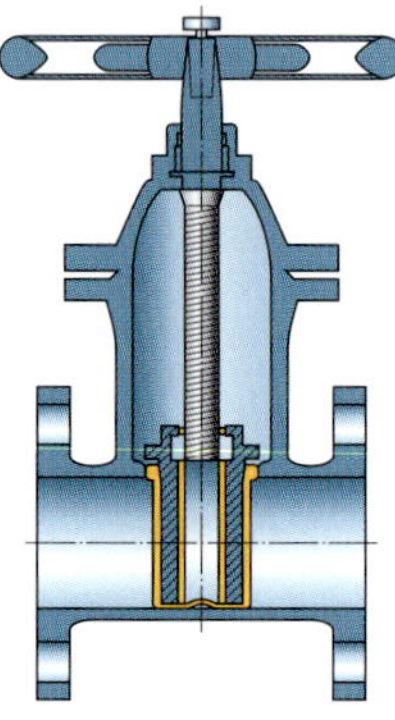

der **Schieber**
le robinet à vanne
zawór zasuwowy *m*
задвижной клапан *m*

die **Klappe**
la vanne à papillon
zawór klapowy *m*
откидной клапан *m*

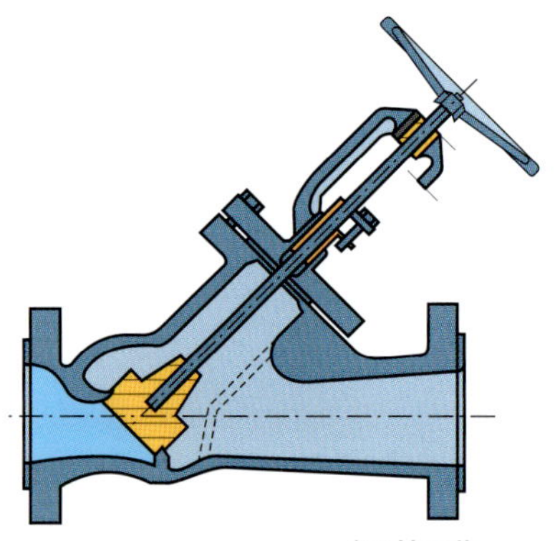

das **Ventil**
le robinet à soupape
zawór *m*
клапан *m*

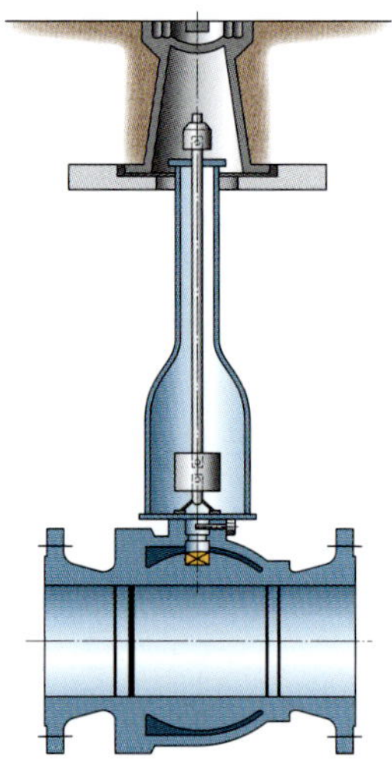

der **Kugelhahn**
la vanne à boisseau sphérique
zawór kulkowy *m*
шариковый клапан *m*

Rohrverlegung - Pose de canalisations - Kładzenie rur - Укладка труб

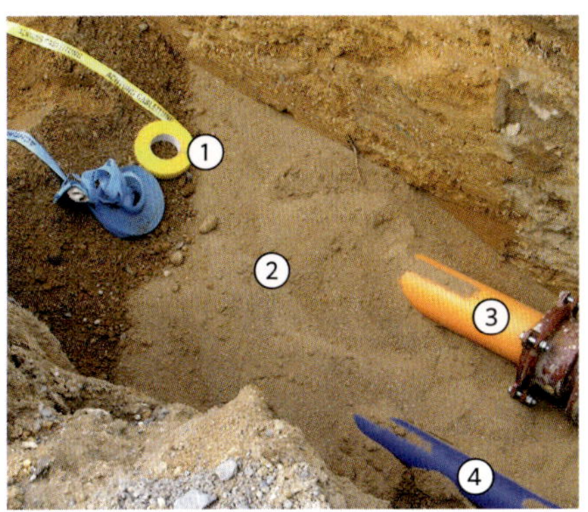

① das **Trassenwarnband**
umg das **Trassenband**
le ruban de repérage souterrain
taśma do znakowania trasy rurociągu *f*
сигнальная лента для обозначения трассы трубопровода *f*

② die **Bettung**
umg das **Einsanden**
l'assise
podłoże *n*
основание *n*

③ die **Gasleitung**
la conduite de gaz
rura gazowa *f*
газовая труба *f*

④ die **Wasserleitung**
la conduite d'eau
rura wodociągowa *f*
водопроводная труба *f*

Wasserleitungen - Canalisations - Wodociągi - Водопроводы

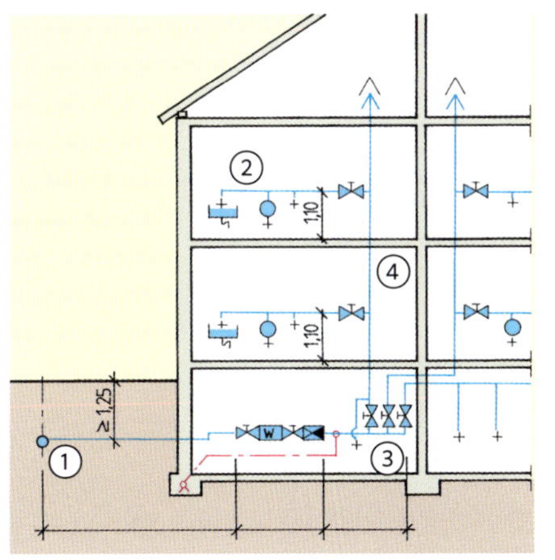

① die **Versorgungsleitung**
la conduite d'alimentation
rura zasilająca *f*
питательная труба *f*

② die **Stockwerksleitung**
la conduite de raccordement principale
główna rura rozgałęźna *f*
главная труба разветвления *f*

③ die **Verteilleitung**
la conduite de distribution
rura rozdzielcza *f*
распределительная труба *f*

④ die **Steigleitung**
la colonne montante
rura instalacyjna *f*
стояк водоснабжения *m*

AUSBAUTECHNIK

LES TRAVAUX D'INTÉRIEUR

PRACE WYKOŃCZENIOWE

ОТДЕЛОЧНЫЕ РАБОТЫ

4.1 FLIESEN- UND PLATTENARBEITEN - LES TRAVAUX DE POSE DE CARRELAGES ET DALLES - UKŁADANIE PŁYTEK I PŁYT - УКЛАДКА ПЛИТОК

4.1.1 Werkzeuge zur Kontrolle und Ausführung - Les outils de contrôle et de mise en œuvre - Narzędzia do kontroli i ustawiania - Инструменты контроля и настройки

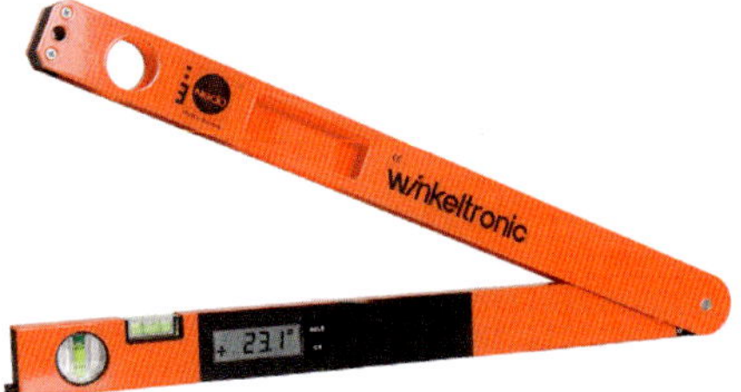

der **digitale Winkelmesser**
umg der **Winkeltronic**
le rapporteur numérique
kątomierz cyfrowy *m*
цифровой угломер *m*

der **Stellwinkel**
umg die **Schmiege**
le rapporteur d'angle
kątownik nastawny *m*
складной угольник *m*

der **Schnurstift**
le clou de démarcation
szpilka murarska *f*
шпилька каменщика *f*

der **Stahlwinkel**
l'équerre de charpentier
kątownik stalowy *m*
стальной угольник *m*

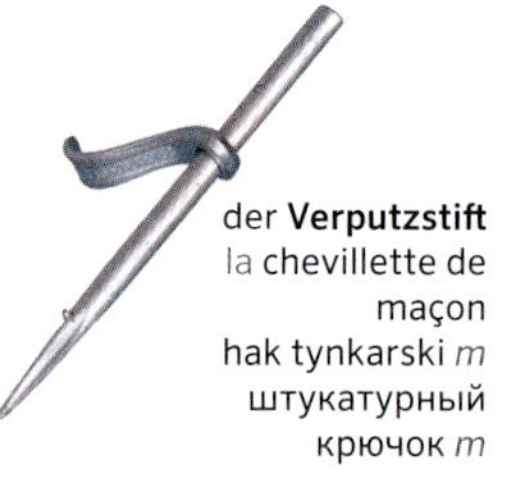

der **Verputzstift**
la chevillette de maçon
hak tynkarski *m*
штукатурный крючок *m*

das **Senklot**
le fil à plomb
pion *m*
отвес *m*

die **Fliesenlegerschnur**
le cordeau de maçon
sznur do układania płytek *m*
шнур для укладки плитки *m*

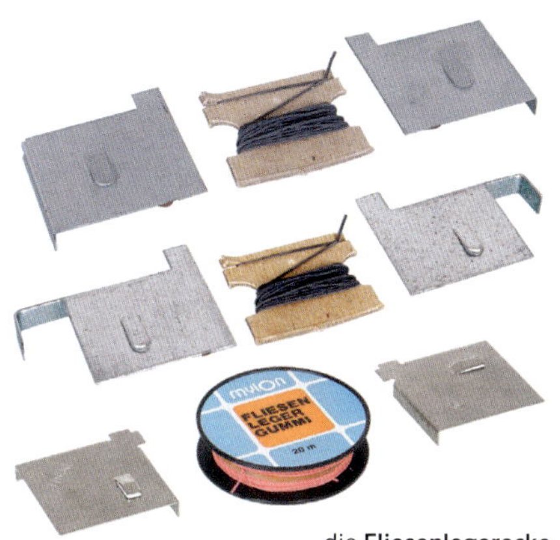

die **Fliesenlegerecke**
umg die **Fliesenhexe**
le guide d'alignement de carreaux
przyrząd do poziomowania płytek *m*
инструмент для выравнивания плиток *m*

der **Fugenkeil**
la cale d'espacement de tuile
klin do fug *m*
клин для выравнивания плитки *m*

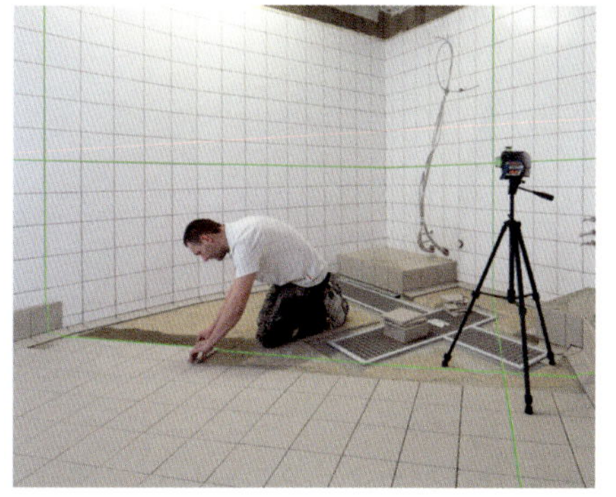

der **Linienlaser**
le niveau laser
laser liniowy *m*
линейный лазер *m*

der **Arbeitstisch**
la table de travail
stół roboczy *m*
рабочий стол *m*

4.1.2 Werkzeuge zum Bearbeiten - Les outils d'usinage - Narzędzia do obróbki - Инструменты для обработки

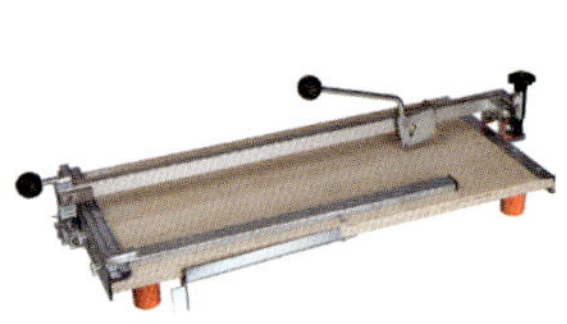

der **Fliesenschneider**
la carrelette
przecinarka do glazury *f*
плиточный резак *m*

die **Anreißnadel**
le traceur
znacznik traserski *m*
трассировочный штихель *m*, скрайбер *m*

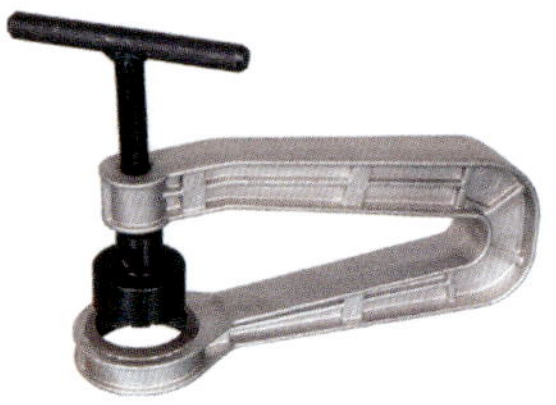

das **Fliesenspanneisen**
umg der **Lochboy**
la pince à carreaux
wybijak do glazury *m*
зажим для выбивания отверстия в плитке *m*

der **Fliesenhammer**
le marteau à carreaux
młotek do glazury *m*
молоток для плитки *m*

der **Hartmetall-Abziehstein**
le bloc de ponçage au carbure
osełka z węglika *f*
карбидный брусок *m*

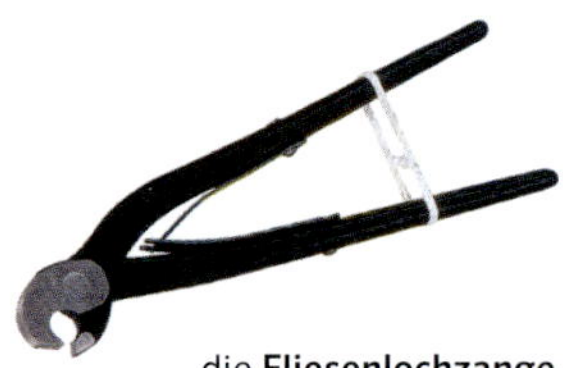

die **Fliesenlochzange**
la cisaille grignoteuse
szczypce do dziurkowania glazury *pl*
клещи для плитки *pl*

die **Mosaik-Zwickzange**
les pinces mosaïques
szczypce krążkowe do cięcia mozaiki *pl*
кусачки для мозаики *pl*

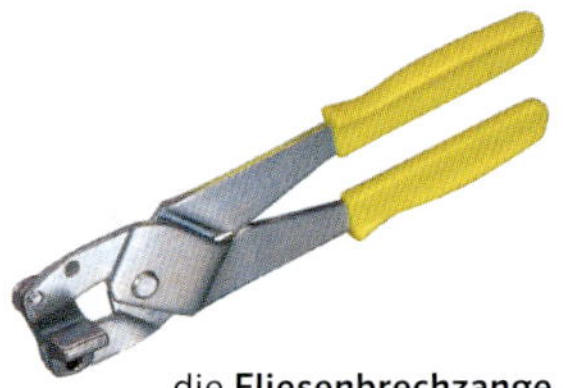

die **Fliesenbrechzange**
les pinces à briser les carreaux
szczypce do łamania glazury *pl*
щипцы для разламывания плитки *pl*

der **Fliesen- und Glasschneider**
le couteau à carreaux et verre
przecinarka do płytek i szkła *f*
резак для плитки и стекла *m*

4.1.3 Werkzeuge zum Ansetzen und Verlegen - Les outils pour la pose et l'application - Narzędzia do osadzania i układania - Инструменты для крепления и укладки

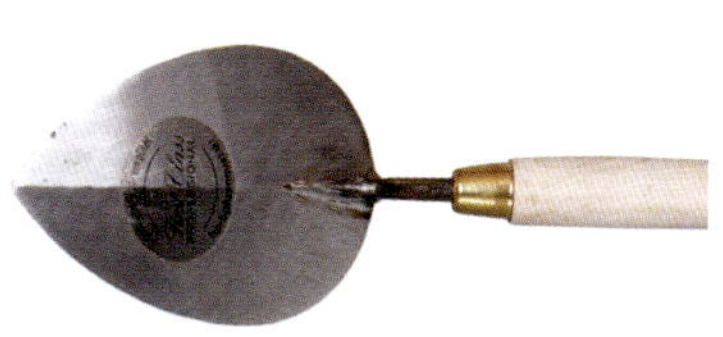

die **Fliesenlegerkelle**
umg die **Herzkelle**
la truelle de carreleur
kielnia do układania płytek *f*
кельма для укладки плиток *f*

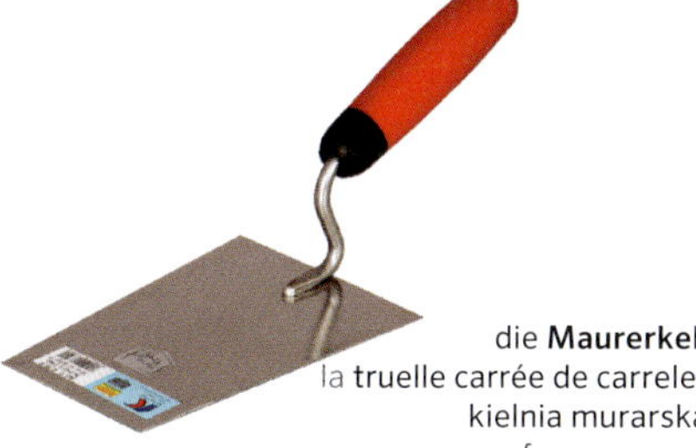

die **Maurerkelle**
la truelle carrée de carreleur
kielnia murarska *f*
кельма каменщика *f*, мастерок *m*

die **Abziehglätte**
la taloche crantée
paca zębata *f*
зубчатая кельма *f*, гребёнка *f*

die **Zahntraufel**
la taloche de lissage
kielnia wygładzająca zębata *f*
зубчатая гладилка для штукатурки *f*, гребёнка *f*

der **Gummihammer**
le maillet en caoutchouc
młotek gumowy *m*
резиновая киянка *f*

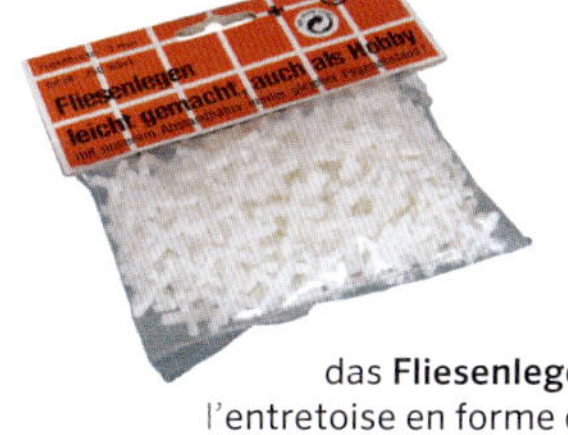

das **Fliesenlegerkreuz**
l'entretoise en forme de croix
krzyżak do płytek *m*
крестик для плитки *m*

4.1.4 Werkzeuge zum Ausfugen, Hilfsmittel zum Säubern - Les outils pour le jointement, aides au nettoyage - Narzędzia do fugowania, środki do czyszczenia - Инструменты для затирки, чистящие средства

der **Ausfug- und Spachtelschieber**
la raclette à joints
ściągaczka do fug *f*
очиститель плиточных швов *m*

das **Reibebrett**
la taloche à joints
paca tynkarska *f*
штукатурная тёрка *f*

die **Fugkelle**
umg das **Fugeisen**
la truelle à jointer
kielnia do fug *f*
кельма для швов *f*

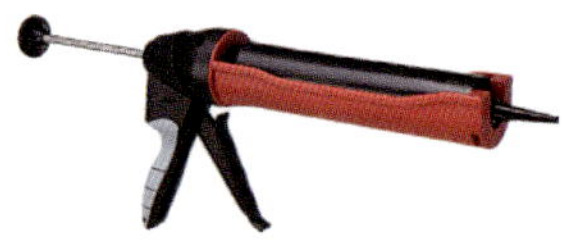

die **Fugenpresspistole**
umg die **Spritzpistole**
le pistolet d'injection manuelle
pistolet do fugowania *m*
пистолет для затирки швов *m*

die **Fugendüse**
la buse d'injection
ssawka do fug *f*
сопло для плиточных швов *n*

der **Fugenglätter**
le lisseur de joint
szpachelka do wygładzania fug *f*
шпатель для затирки *m*

der **Schwamm**
l'éponge
gąbka *f*
губка *f*

das **Schwammbrett**
la taloche éponge à jointer
paca gąbkowa *f*
тёрка с губкой *f*

das **Rollwaschset**
le kit de nettoyage de joints
zestaw do czyszczenia fug *m*
ведро плиточника *n*

4.1.5 Maschinen für die Belagsarbeit - Les machines de finition des sols - Maszyny do wykańczania podłóg - Оборудование для чистовой обработки полов

die **Bandsäge**
la scie à ruban
piła taśmowa *f*
ленточная пила *f*

der **Winkelschleifer**
la meuleuse d'angle
szlifierka kątowa *f*
угловая шлифовальная машина *f*

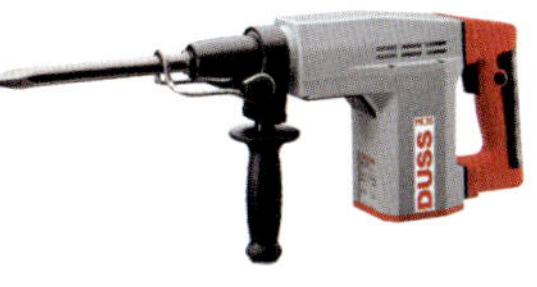

der **Bohr- und Meißelhammer**
le marteau combi
młotowiertarka *f*
строительный перфоратор *m*

die **Flex-Nass-Steinsäge**
umg die **Plattensäge**
la scie circulaire à carrelage humide
przecinarka do glazury na mokro *f*
дисковая пила по плитке *f*

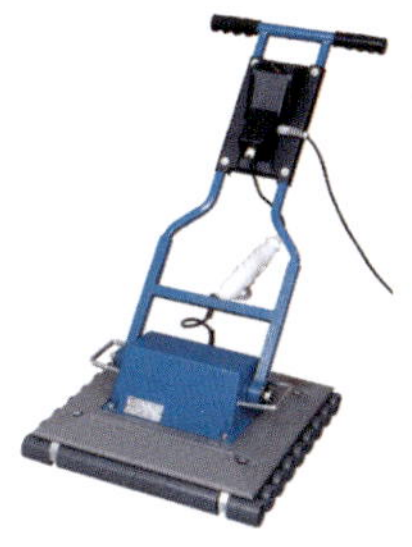

der **Großflächenfliesenklopfer**
le vibrateur à joints
wibrator rolkowy do płytek ceramicznych *m*
виброукладчик плитки *m*

die **Ausfug- und Reinigungsmaschine**
la machine de nettoyage de carreaux et joints
maszyna do czyszczenia płytek i fug *f*
однодисковая уборочная машина *f*

das **Rührgerät**
le malaxeur
mieszadło *n*
мешалка *f*

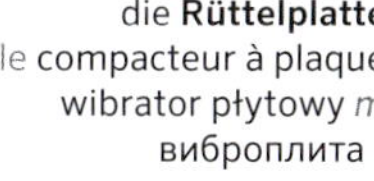

die **Rüttelplatte**
le compacteur à plaque
wibrator płytowy *m*
виброплита *f*

4.1.6 Materialien für die Verlegung - Les matériaux de carrelage - Płytki - Плитки

die **Feinkeramikfliese**
le carreau de céramique fin
płytka ceramiczna *f*
керамическая плитка *f*

die **Grobkeramikfliese**
le carreau de céramique épais
płytka gresowa *f*
керамогранитная плитка *f*

das **Mosaik**
la mosaïque
mozaika *f*
мозаика *f*

die **keramische Spaltplatte**
le carreau de céramique
płytka ceramiczna do układania na grzebień *f*
керамическая плитка для укладки на гребень *f*

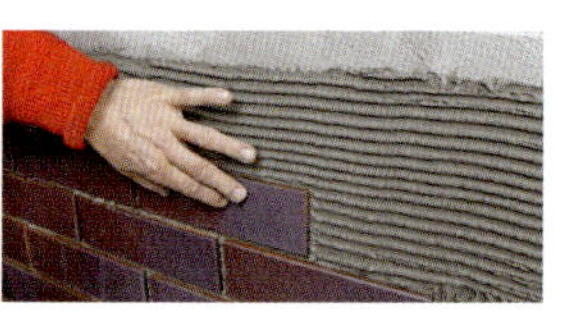

das **Spaltriemchen**
le carreau de brique
płytka ceglana *f*
кирпичная плитка *f*

die **Solnhofer Natursteinplatte**
le carreau en pierre Solnhofen
płytka Solnhofener *f*
плитка Зольнхофен *f*

die **Betonwerksteinplatte**
le carreau de béton
płytka wet-cast *f*
плитка WETCAST *f*

die **Granitplatte**
le carreau de granit
płytka granitowa *f*
гранитная плитка *f*

die **Dichtungsbahn**
la membrane imperméable à l'eau
pasmo materiału uszczelniającego *n*
уплотнительная мембрана *f*

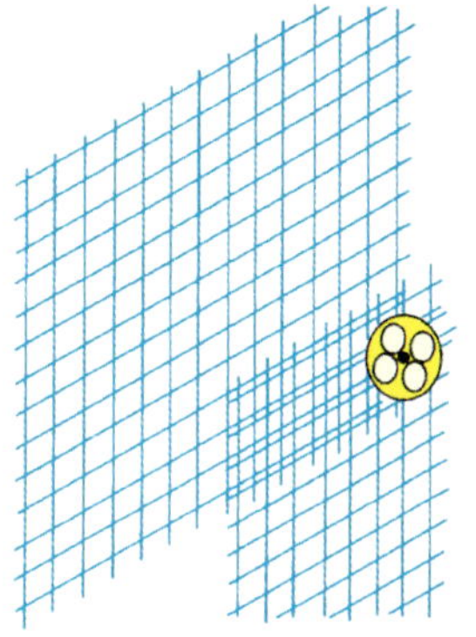

das **Drahtgewebe**
le treillis métallique
tkanina druciana *f*
штукатурная сетка *f*

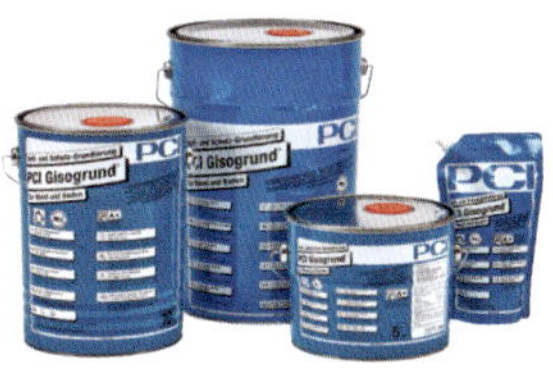

die **Haft- und Schutzgrundierung**
les produits de préparation au carrelage
środki do gruntowania *pl*
грунтовочные средства *pl*

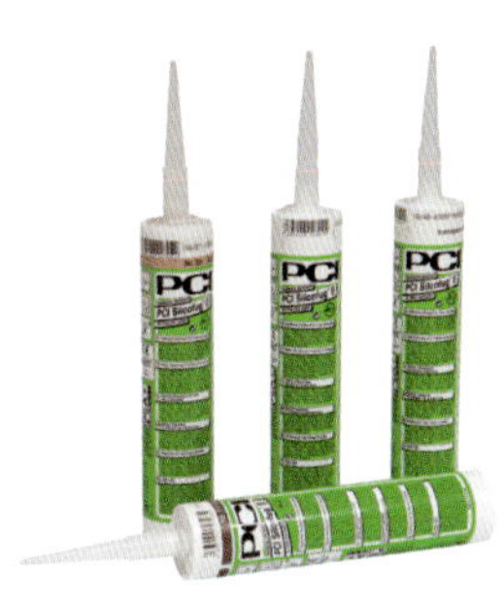

der **Silikonkautschuk**
le joint de silicone-caoutchouc
kauczuk silikonowy *m*
силиконовый каучук *m*

der **Flexmörtel**
la colle flexible pour carrelage
zaprawa elastyczna *f*
гибкий раствор *m*

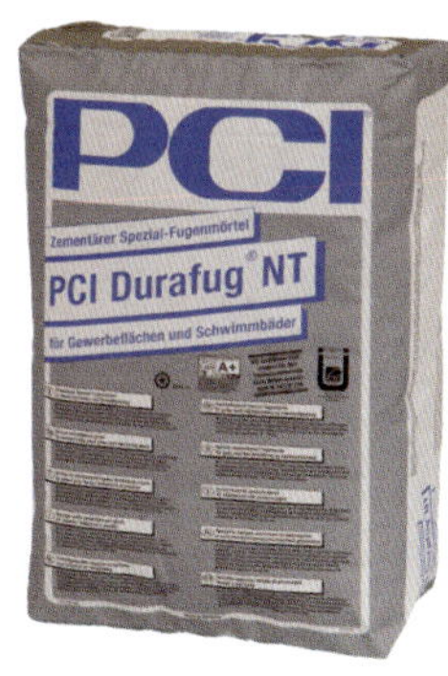

der **zementäre Fugenmörtel**
la colle-ciment pour carrelage
cementowa zaprawa do fug *f*
цементная затирка *f*

4.1.7 Bemaßung - Le dimensionnement - Wymiarowanie - Нанесение размеров

Die Bemaßung von Fließen und Platten - Dimensionnement des carreaux et des dalles - Wymiarowanie płytek i płyt - Определение размеров

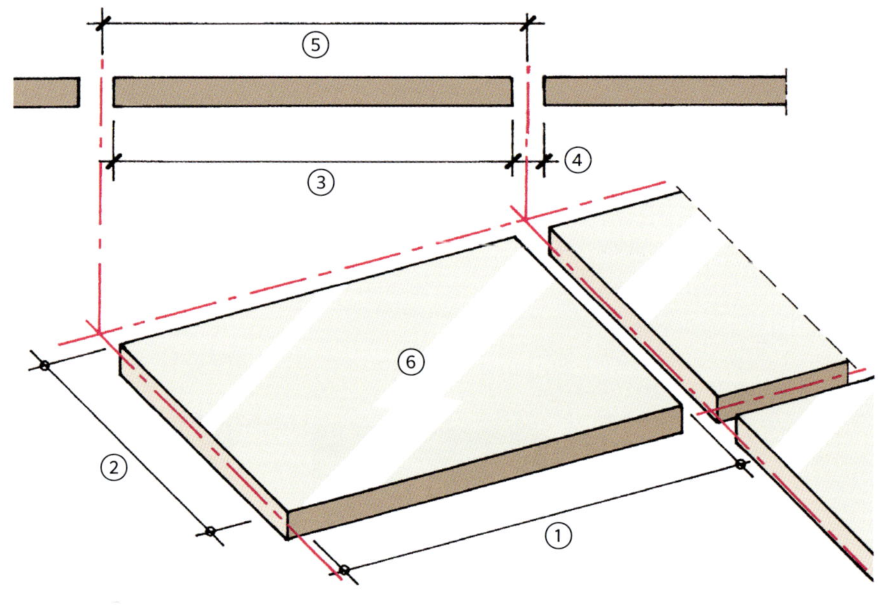

① die **Länge l**
la longueur l
długość l *f*
длина l *f*

② die **Breite b**
la largeur b
szerokość b *f*
ширина b *f*

③ das **Werkmaß W**
l'espace de travail W
wymiar roboczy W *m*
рабочий размер W *m*

④ das **Fugenmaß j**
l'épaisseur du joint j
wymiar fugi j *m*
толщина шва j *f*

⑤ das **Koordinierungsmaß C = W + J**
la dimension de coordination C = W + J
wymiar koordynacyjny C = W + J *m*
координация размеров C = W + J

⑥ das **modulare Maß 1M = 100 mm**
la taille modulaire 1M = 100 mm
wymiar modularny 1M = 100 mm *m*
размер модуля 1M = 100 мм *m*

4.1.8 Belagsarbeiten - Les travaux de revêtement - Wykańczanie podłóg - Отделка пола

Das Dickbettverfahren - Pose scellée - Metoda grubowarstwowa - Толстослойный метод

① die **Fliese**
le carreau
płytka *f*
плитка *f*

② der **Ansetzmörtel**
le mortier de scellement
zaprawa do osadzania *f*
раствор *m*

③ die **Fliesenlegerkelle**
la truelle de carreleur
kielnia do układania płytek *f*
кельма плиточника *f*

Das Ansetzverfahren - Pose sur lit de mortier - Metoda nanoszenia - Способ крепления

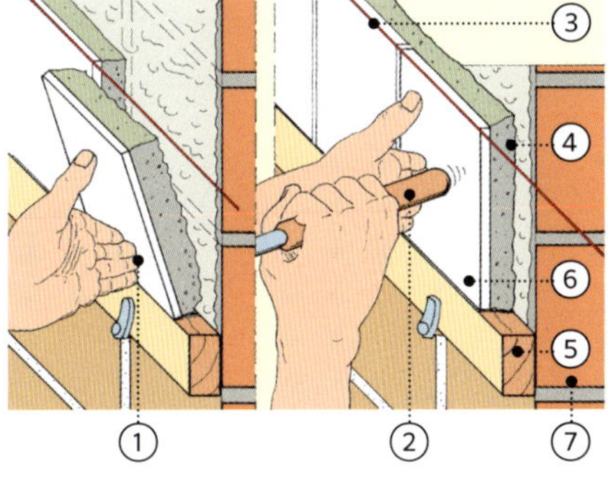

① das **Ansetzen**
la couche de pose
osadzanie *n*
укладка *f*

② das **Klopfen**
le tapotement
opukiwanie *n*
стучание *n*

③ die **Fluchtschnur**
le cordeau
sznur murarski *m*
шнур-причалка *f*

④ der **Ansetzmörtel**
la couche de mortier
zaprawa do osadzania *f*
раствор *m*

⑤ die **Anschlagleiste**
le niveau
listwa oporowa *f*
опорный брусок *m*

⑥ die **Fliese**
le carreau
płytka *f*
плитка *f*

⑦ das **Mauerwerk**
la maçonnerie
mur *m*
кирпичная стена *f*

Das Dünnbettverfahren - Pose collée - Metoda cienkowarstwowa - Тонкослойный метод

① das **Auftragen des Klebers**
l'application de la colle
nanoszenie kleju *n*
нанесение клея *n*

② die **Zahntraufel**
la taloche de lissage
kielnia wygładzająca uzębiona *f*
кельма затирочная зубчатая *f*

der **Mörtelaufzug**
la couche de mortier
warstwa zaprawy *f*
слой раствора *m*

③ die **Fliese**
le carreau
płytka *f*
плитка *f*

④ der **Klebemörtel**
le mortier de liaison
zaprawa klejowa *f*
клей для плитки *f*

⑤ das **Klebebett**
la couche de liaison
warstwa kleju *f*
клеевой слой *m*

⑥ das **Eindrücken der Fliese**
la pose du carreau
osadzenie płytki *n*
установка плитки *f*

das **Verfugen**
le jointement
fugowanie *n*
расшивка плиточных швов *f*

das **Säubern**
le nettoyage
czyszczenie *n*
очистка *f*

die **Fugenmasse**
la matière de jointement
masa fugowa *f*
герметик для швов *f*

das **Einbringen**
la garniture du joint
wypełnianie *n*
закладка *f*

das **Ausspritzen**
l'injection
wstrzykiwanie *n*
инжектирование *f*

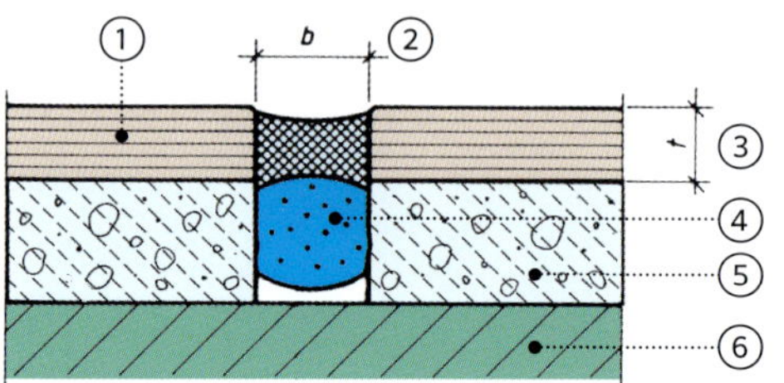

die **Bewegungsfuge**
le joint de dilatation
szczelina dylatacyjna *f*
компенсационный шов *m*

① die **Fliese**
le carreau
płytka *f*
плитка *f*

② die **Fugenbreite b**
la largeur de joint b
szerokość fugi b *f*
ширина шва b *f*

③ die **Fugentiefe t**
la profondeur de joint t
głębokość fugi t *f*
глубина шва t *f*

④ der **Schaumstoff**
le matériau en mousse
pianka *f*
пенка *f*

⑤ das **Mörtelbett**
la couche de mortier
warstwa zaprawy *f*
слой раствора *m*

⑥ die **Stahlbetondecke**
le sous-plancher en béton
strop żelbetowy *m*
железобетонное перекрытие *n*

Die Abdichtung - Calfeutrage - Uszczelnianie - Заделка швов

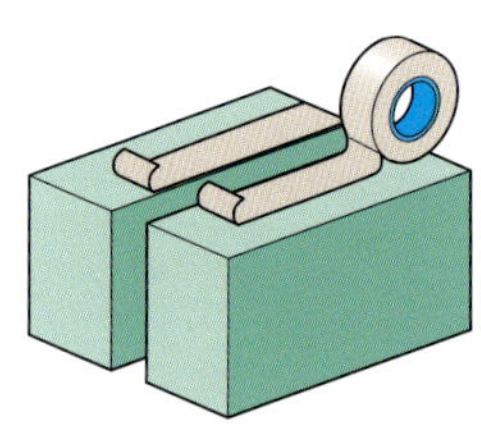

abkleben
la pose du ruban adhésif
okleić
оклеить

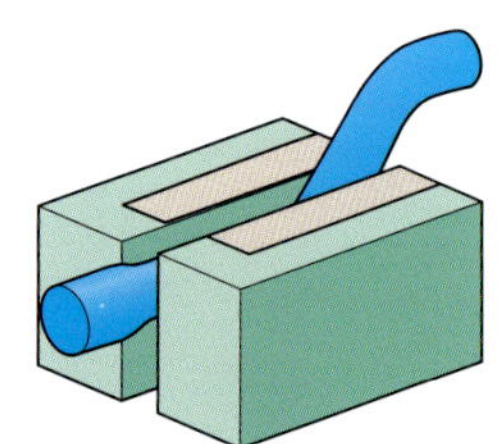

den **Schaumstoff eindrücken**
la pose du matériau en mousse
wycisnąć piankę
вдавить пенку

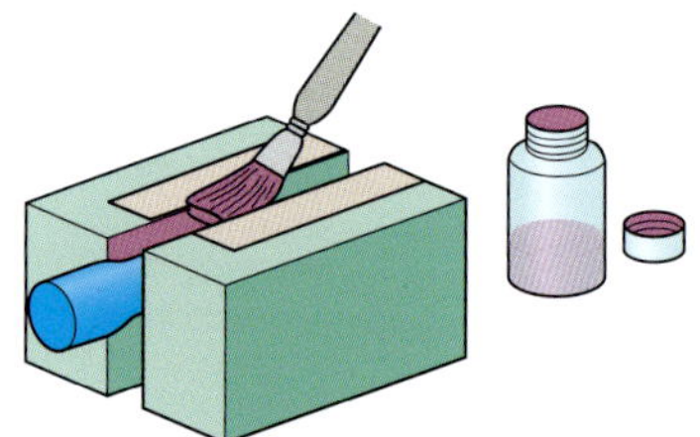

die **Fugenflanke vorstreichen**
l'apprêt des faces à jointer
zagruntować powierzchnię fugi
загрунтовать поверхность фуги

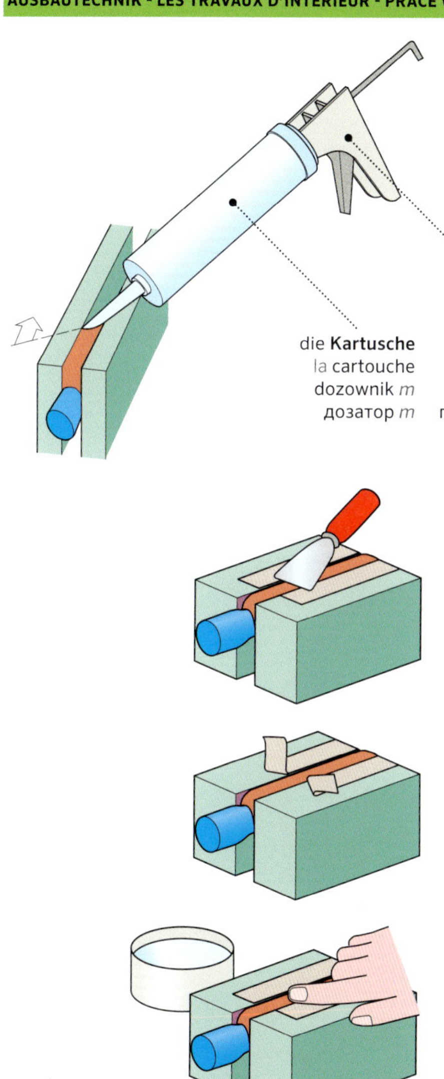

den **Dichtstoff einbringen**
l'application du calfeutrage
nałożyć materiał uszczelniający
наложить уплотнительный материал

die **Kartusche**
la cartouche
dozownik *m*
дозатор *m*

die **Auspresspistole**
le pistolet à calfeutrer
pistolet wtryskowy *m*
пистолет для уплотнительной массы *m*

den **überschüssigen Dichtstoff entfernen und glätten**
le retrait de l'excès de calfeutrage
usunąć nadmiar materiału uszczelniającego i wygładzić
удалить лишний уплотнительный материал и разгладит

das **Klebeband entfernen**
le retrait de la bande adhésive
usunąć taśmę klejącą
удалить клейкую ленту

die **Unebenheiten glätten**
le lissage des inégalités
wygładzić nierówności
сглаживать неровности

4.2 PUTZARBEITEN - LA PLÂTRERIE ET LA CLOISON SÈCHE - PRACE TYNKARSKIE - ШТУКАТУРНЫЕ РАБОТЫ

4.2.1 Handwerkzeuge für Nassputzarbeiten ▸ 3.2.2 - Les outils à main pour travaux de plâtre humide - Narzędzia ręczne do tynkowania na mokro - Ручные инструменты для влажных штукатурных работ

das **Aufziehbrett**
la taloche à mortier
paca murarska *f*
затирочная кельма *f*

das **Gipserbeil**
l'épinçoir
młotek do płyt gipsowo-kartonowych *m*
молоток для гипсокартонных листов *m*

die **Kartätsche**
la règle de plâtrier
duża paca drewniana *f*
большая деревянная тёрка *f*

die **Schwammscheibe**
la taloche à éponge
paca gąbkowa *f*
тёрка с губкой *f*

der **Eckenspachtel**
la truelle d'angle
szpachelka do krawędzi wewnętrznych *f*
мастерок для углов *m*

die **Kelle**
la truelle carrée
kielnia *f*
мастерок *f*

die **Stucksäge**
la scie à stuc
piła do cięcia sztukaterii *f*
пилка для резки штукатурки *f*

der **Breitenspachtel**
la spatule large
szpachelka fasadowa *f*
шпатель малярный *m*

die **Traufel**
umg die **Glättkelle**
la truelle de lissage
kielnia wygładzająca *f*
заглаживающая кельма *f*

der **Putzkamm**
le peigne à scarifier (plâtre)
grzebień tynkarski *m*
штукатурная расчёска *f*

4.2.2 Handwerkzeuge für Trockenputzarbeiten - Les outils à main pour travaux de plâtre sec - Narzędzia ręczne do tynkowania na sucho - Ручные инструменты для сухих штукатурных работ

der **Lotschnurautomat**
umg die**Schlagschnur**
le cordeau traceur (bobine)
linka traserska *f*
разметочный шнур *m*

der **Bauschrauber**
la visseuse (cloison sèche)
wkrętarka *f*
шуруповёрт *m*

der **Hohlraumdosenfräser**
la scie cloche (pour parois creuses)
wiertło koronowe *n*
корончатое сверло *n*

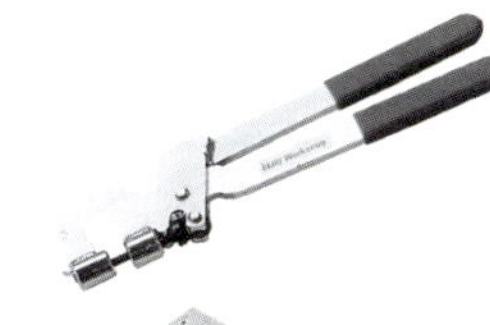

die **Stanzzange**
la pince à sertir
szczypce do otworowania *pl*
плоскогубцы для перфорации *pl*

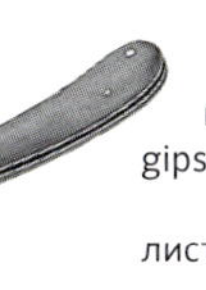

das **Plattenmesser**
le couteau à plâtre
nożyk do cięcia płyt gipsowo-kartonowych *m*
нож для раскроя листов гипсокартона *m*

der **Streifentrenner**
le trusquin
przecinak do płyt gipsowo-kartonowych *m*
рейсмус-резак для гипсокартона *m*

der **Kantenhobel**
la raboteuse
strug do krawędzi *m*
рубанок для краёв *m*

der **Surformhobel**
la raboteuse surform (lime)
strug do płyt gipsowo-kartonowych *m*
рубанок для гипсокартонных листов *m*

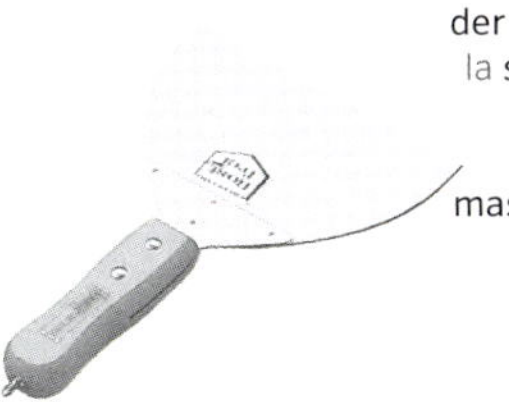

der **Schraubenspachtel**
la spatule / le couteau de plâtrier
szpachelka do maskowania otworów *f*
шпатель для шпаклевания отверстий *m*

der **Handschleifer**
la ponceuse à main
szlifierka ręczna *f*
шлифовальная машинка по гипсокартону *f*

4.2.3 Maschinen für Nass- und Trockenputzarbeiten ▸ 2.3.1 ▸ 4.1.4 - Les machines pour travaux de plâtre humide et sec - Maszyny do tynkowania na mokro i sucho - Машины для мокрых и сухих штукатурных работ

der **Zwangsmischer**
le malaxeur vertical
betoniarka o przymusowym mieszaniu zarobu *f*
бетоносмеситель с принудительным перемешиванием *m*

die **Putzmaschine**
la machine à plâtre
tynkownica *f*
штукатурный агрегат *m*

das **Mörtelsilo mit Förderanlage**
le silo de mortier (sec) avec convoyeur
silos na zaprawę z przenośnikiem *m*
силос для раствора с конвейером *m*

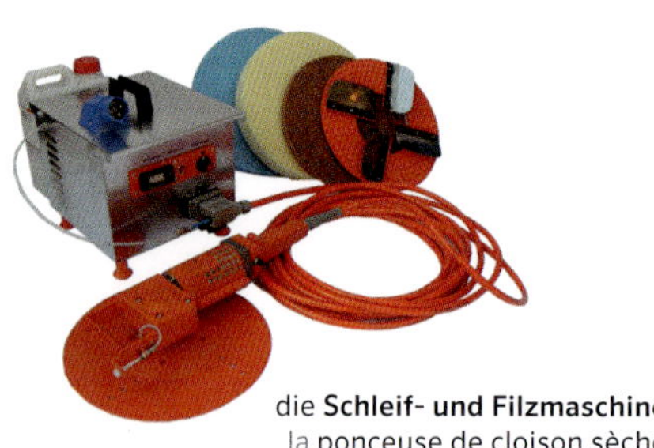

die **Schleif- und Filzmaschine**
la ponceuse de cloison sèche
szlifierka do gładzi *f*
шлифовальная машина по гипсокартону *f*

der **Wand- und Deckenschleifer**
la ponceuse de mur et de plafond
szlifierka do ścian i sufitów *f*
шлифовальная машина для стен и потолков *f*

4.2.4 Nassputze - Le plâtre humide - Tynki mokre - Мокрая штукатурка

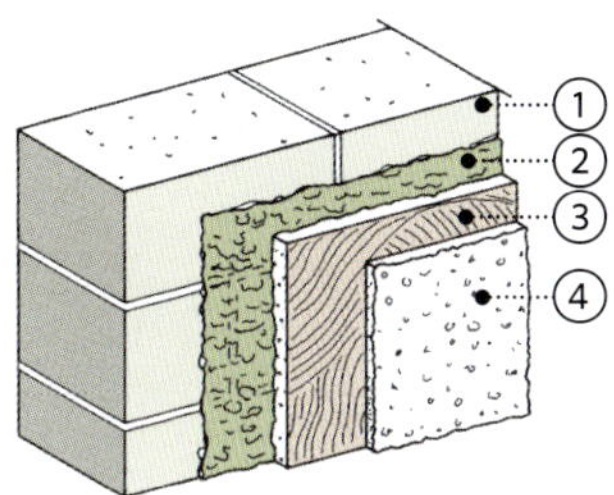

der **Außenputzaufbau**
les couches de plâtre extérieures
warstwy tynku zewnętrznego *pl*
наружные слои штукатурки *pl*

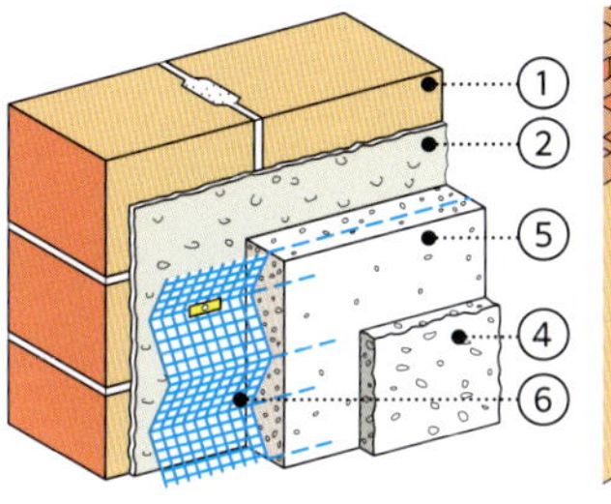

der **Leichtputzaufbau LW (Light Weight)**
les couches de plâtre léger
warstwy tynku lekkiego *pl*
слои лёгкой штукатурки *pl*

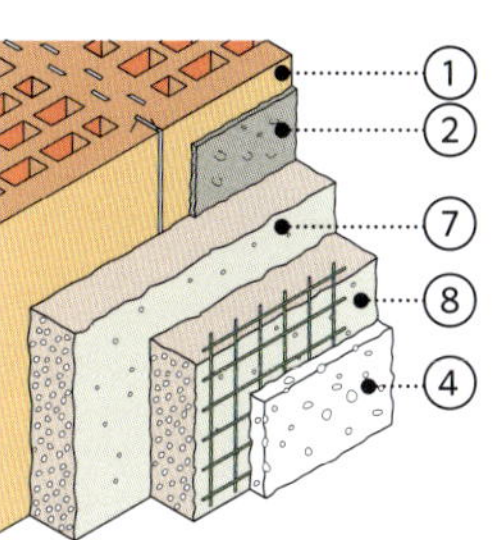

der **Wärmedämmputzaufbau**
les couches de plâtre thermique
warstwy tynku termoizolacyjnego *pl*
термоизоляционные слои штукатурки *pl*

① der **Putzgrund**
le substrat
podłoże pod tynk *n*
основание для штукатурки *n*

② der **Spritzbewurf**
le crépi projeté
tynk natryskowy *m*
штукатурка с фактурной обработкой набрызгом *f*

③ der **Unterputz**
le sous-crépi
obrzutka *f*
обрызг *m*

④ der **Oberputz**
la couche de finition
wierzchnia warstwa tynku *f*
верхний слой штукатурки *m*

⑤ der **Dämmputz**
le crépi isolant
tynk izolacyjny *m*
изолирующая штукатурка *f*

⑥ der **Dämmputzträger**
le substrat de crépi isolant
podkład pod tynk izolacyjny *m*
термоизоляционное основание *n*

⑦ der **Leichtputz zweilagig**
le plâtre léger à double couche
tynk lekki dwuwarstwowy *m*
лёгкая двухслойная штукатурка *f*

⑧ die **Putzarmierungsschicht**
le treillis de renforcement (du plâtre)
warstwa siatki zbrojeniowej do tynku *f*
слой арматурной сетки для штукатурки *m*

Das Wärmedämm-Verbundsystem (WDVS) - Isolation thermique extérieure (ITE) - System ociepleń ścian zewnętrznych -Внешняя изоляция и отделка

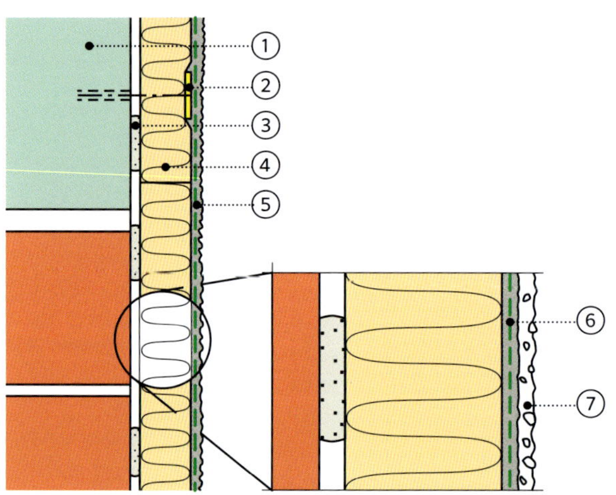

① der **Untergrund**
le substrat
podłoże *n*
основание *n*

② der **Tellerdübel**
l'ancre de fixation d'isolation
wkładka talerzowa *f*
дюбель для пенополистирола *m*

③ der **Kleber**
l'adhésif
klej *m*
клей *m*

④ die **Wärmedämmplatte**
le panneau isolant
płyta termoizolacyjna *f*
термоизоляционная плита *f*

⑤ der **Putz, zweischichtig, bewehrt**
l'enduit de base renforcé, deux couches
tynk, dwuwarstwowy, zbrojony *m*
армированная верхняя штукатурка *f*

⑥ die **Deckschicht mit Bewehrung**
le revêtement extérieur renforcé
warstwa kryjąca z uzbrojeniem *f*
верхний слой с армированием *m*

⑦ der **Oberputz**
la couche de finition
wierzchnia warstwa tynku *f*
отделочный слой штукатурки *m*

Putzträger - Support d'enduit - Podkłady pod tynk - Штукатурные сетки

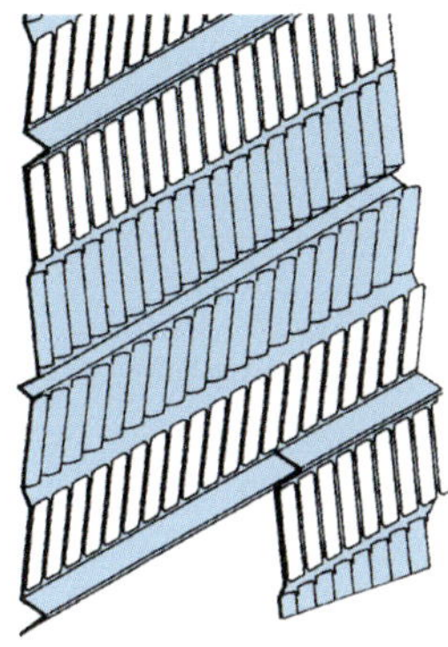

das **Rippenstreckmetall**
la grille étirée
siatka żebrowana *f*
ребристая сетка *f*

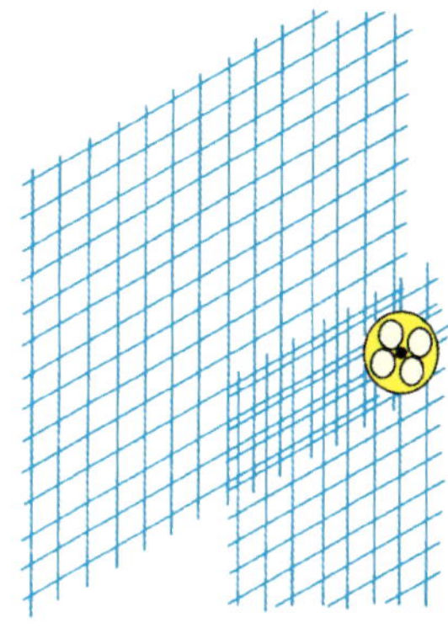

das **Drahtgittergewebe**
le treillis d'armature
siatka druciana ze splotem kratowym *f*
сетка под штукатурку *f*

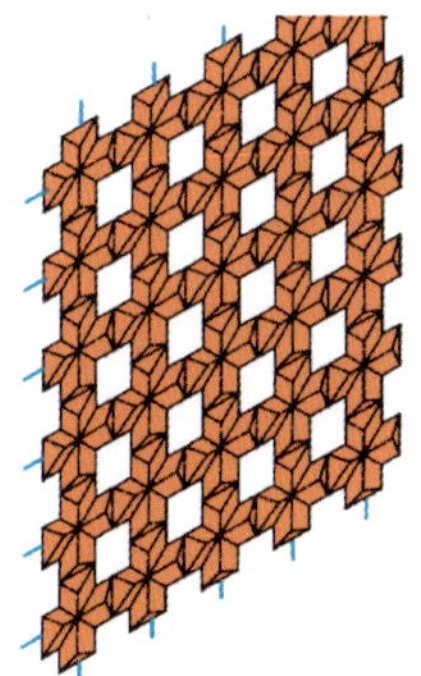

das **Ziegeldrahtgewebe**
umg das **Rabitz**
la toile métallique (mailles)
siatka druciano-ceglana *f*
проволочно-кирпичная сетка *f*

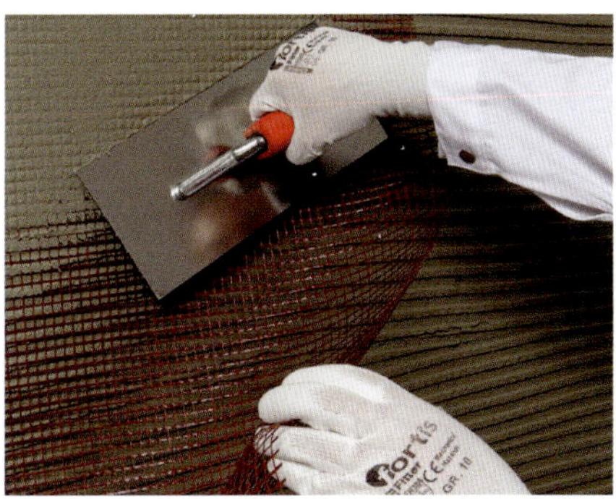

das **Glasfasergewebe**
la maille de fibre de verre
siatka z włókna szklanego *f*
штукатурная стеклосетка *f*

Putzprofile - Profilés pour enduits - Profile tynkarskie - Штукатурные профили

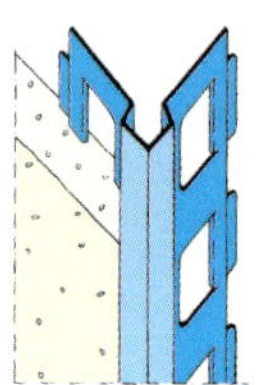

das **Kantenprofil (die Außenecke)**
la cornière d'angle (extérieur)
profil krawędziowy (narożnik zewnętrzny) *m*
краевой профиль (внешний угол) *m*

das **Kantenprofil (die Innenecke)**
le profilé d'angle (rentrant)
profil krawędziowy (narożnik wewnętrzny) *m*
краевой профиль (внутренний угол) *m*

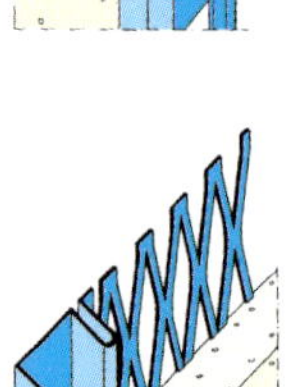

das **Kantenprofil (die Schattenfuge)**
le profilé d'arrêt d'enduit
profil krawędziowy (fuga cieniowa) *m*
краевой профиль (теневой шов) *m*

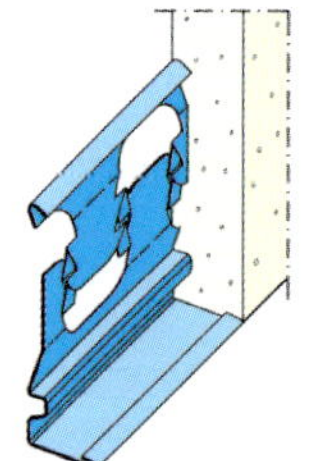

das **Putzabschlussprofil**
le profilé de socle
profil wykończeniowy *m*
штукатурный торцевой профиль *m*

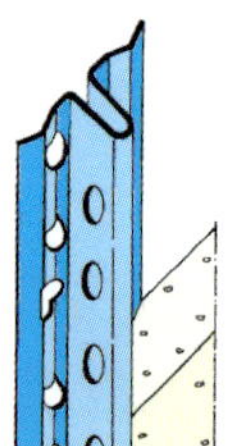

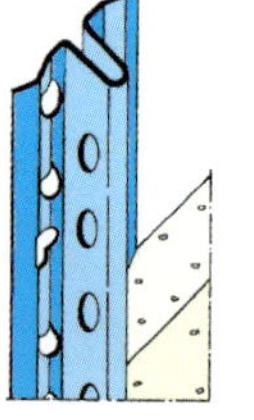

die **Putzlehre**
umg die **Schnellputzschiene**
le gabarit pour enduit
pas kierunkowy *m*
направляющая полоса *f*

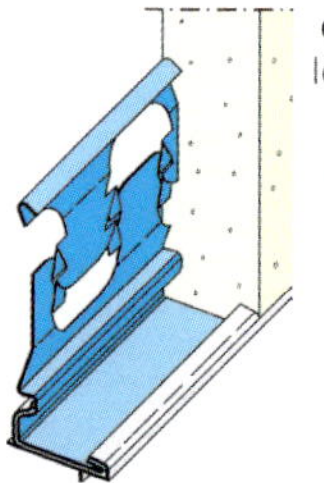

das **Sockelprofil mit Tropfkante**
le profilé de socle avec baguette goutte d'eau
profil cokołowy z kapinosem *m*
профиль для пола с капельником *m*

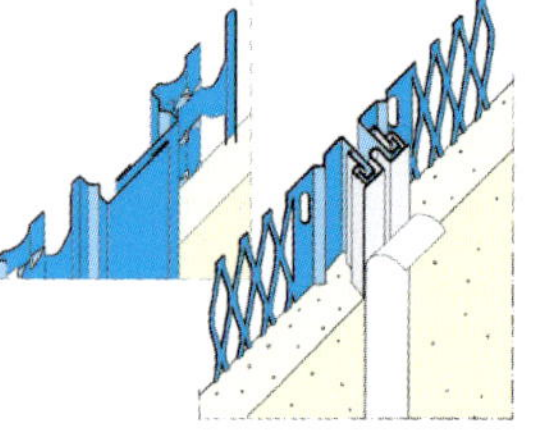

das **Dehn- und Bewegungsprofil**
le profilé à joint de mouvement / dilatation
profil kompensacyjno-dylatacyjny *m*
профиль предназначен для компенсации и деформационных швов *m*

das **Fensteranschlussprofil**
umg die **Anputzleiste**
le profilé d'arrêt de fenêtre
profil przyościeżnicowy *m*
рамный профиль для дверной или оконной рамы *m*

Putzweisen - Techniques de plâtrage - Techniki tynkowania - Способы штукатурки

der **Glättputz**
le plâtre tapissé
tynk gładko zatarty *m*
гладкая штукатурка *f*

der **Filzputz**
le plâtre sablé
tynk filcowany *m*
штукатурка затёртая с помощью войлочной накладки *f*

der **Reibeputz**
la finition talochée
tynk typu kornik *m*
декоративная штукатурка «Короед» *f*

der **Kellenwurfputz**
le plâtre à la truelle
rapówka *f*
декоративная штукатурка мастерком *f*

der **Modellierputz**
le plâtre modelé
tynk do modelowania *m*
штукатурка для моделирования *f*

der **Spritzputz**
la pulvérisation de plâtre
tynk natryskowy *m*
штукатурка с фактурной обработкой набрызгом *f*

der **Kratzputz**
la finition raclée
tynk cyklinowany *m*
декоративная штукатурка обработана циклей или проволочной щёткой *f*

der **Waschputz**
le plâtre brossé
tynk zmywany *m*
штукатурка с фактурной обработкой травлением и смыванием *f*

4.2.5 Trockenputzarbeiten - Les travaux de plâtre sec - Tynkowanie na sucho - Сухая штукатурка

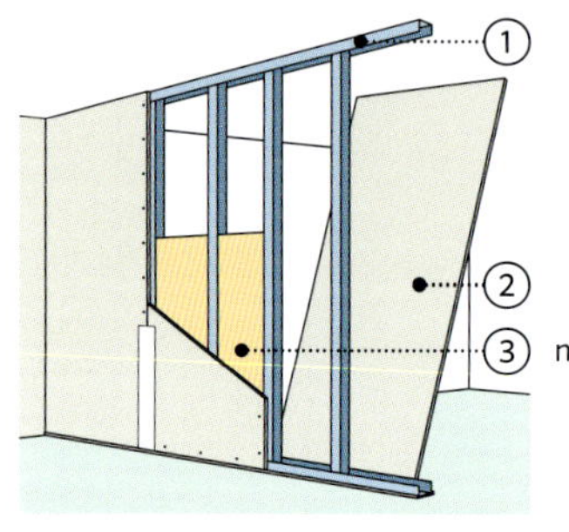

die **Montagewand**
la cloison sèche
ściana montażowa *f*
монтажная стена *f*

① der **Dämmstoff**
le panneau isolant
materiał izolacyjny *m*
изолирующий материал *m*

② die **Gipsplatte**
le panneau de plâtre
płyta gipsowo-kartonowa *f*
гипсокартонный лист *m*

③ die **Metallprofile**
le profilé en métal
profile metalowe *pl*
металлические профили *pl*

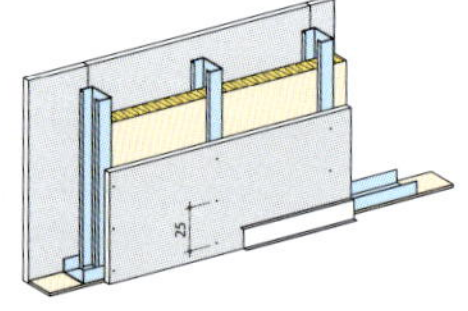

die **Einfachständerwand einlagig beplankt**
la cloison à montant simple avec une couche de plaques de plâtre (de chaque côté)
ścianka pojedyncza z okładziną jednowarstwową *f*
одиночная стена с однослойной облицовкой *f*

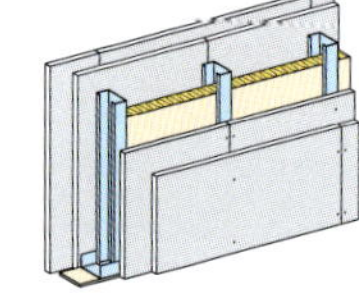

die **Einfachständerwand zweilagig beplankt**
la cloison à montant simple avec deux couches de plaques de plâtre (de chaque côté)
ścianka pojedyncza z okładziną dwuwarstwową *f*
одиночная стена с двухслойной облицовкой *f*

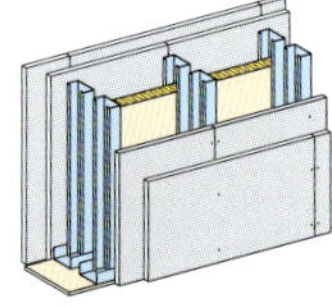

die **Doppelständerwand zweilagig beplankt**
le mur à montant double avec deux couches de plaques de plâtre (de chaque côté)
ścianka podwójna z okładziną dwuwarstwową *f*
двойная стена с двухслойной облицовкой *f*

die **Wand aus Gipswandplatten**
la cloison en carreaux de plâtre
ścianka z płyty gipsowo-kartonowej *f*
гипсокартонная стена *f*

die **Metallprofile**
le montant profilé
profile metalowe *pl*
металлические профили *pl*

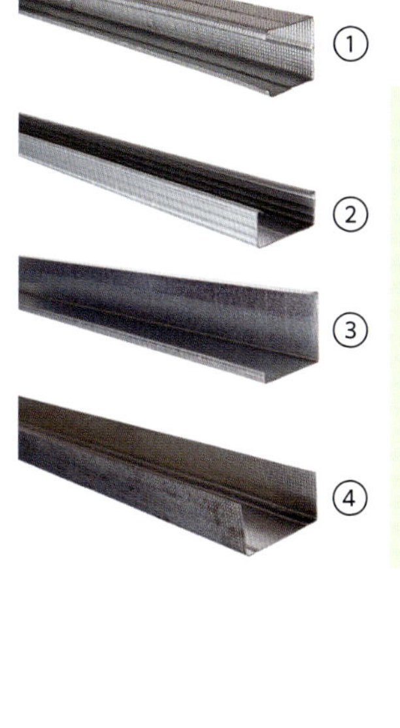

① das **CW-Wandprofil**
le montant profilé en C
profil ścienny CW *m*
стеновой профиль CW *m*

② das **UW-Anschlussprofil**
le rail mural
profil wykończeniowy UW *m*
отделочный профиль UW *m*

③ das **LWA-Wandaußeneckprofil**
la cornière externe (pour les murs)
profil kątowy zewnętrzny *m*
внешний угловой профиль *m*

④ das **CD-Deckenprofil**
le rail en C (pour les plafonds)
profil sufitowy CD *m*
потолочный профиль CD *m*

die **Kantenausbildung bei Gipsplatten**
les bords de plaques de plâtre
rodzaje krawędzi w płytach gipsowych *pl*
типы кромок гипсокартонных листов *pl*

① die **halbrunde abgeflachte Kante (HRAK)**
le bord atténué
krawędź półokrągła spłaszczona *f*
полукруглая утоненная кромка *f*

② die **volle Kante (VK)**
le bord carré
krawędź pełna *f*
прямая кромка *f*

③ die **Winkelkante (WK)**
le bord biseauté
krawędź kątowa *f*
скошенная кромка *f*

④ die **runde Kante (RK)**
le bord arrondi
krawędź okrągła *f*
закруглённая кромка *f*

⑤ die **halbrunde Kante (HRK)**
le bord demi-arrondi
krawędź półokrągła *f*
полукруглая кромка *f*

⑥ die **abgeflachte Kante (AK)**
le bord effilé
krawędź spłaszczona *f*
утоненная кромка *f*

4.3 HOLZBAU, DER ZIMMERER ▸ 6.1 - LA MENUISERIE, LA CHARPENTERIE - KONSTRUKCJE DREWNIANE, CIEŚLA - ДЕРЕВЯННЫЕ КОНСТРУКЦИИ, ПЛОТНИК

4.3.1 Handwerkzeuge des Zimmerers ▸ 6.3.1 - Les outils à main de charpentier - Ręczne narzędzia ciesielskie - Ручные плотничные инструменты

der **Zimmererhammer**
der **Latthammer**
le marteau de charpentier (style européen)
młotek ciesielski *m*
столярный молоток *m*

der **Winkel**
das **Winkeleisen**
l'équerre de charpentier
kątownik *m*
угольник *m*

das **Anreißgerät**
l'outil de traçage (Alpha Classic)
kątownik ciesielski *m*
угольник плотника *m*

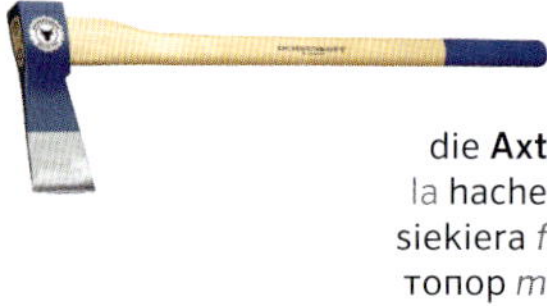

die **Axt**
la hache
siekiera *f*
топор *m*

das **Beil**
la hachette
topór *m*
плотницкий топор *m*

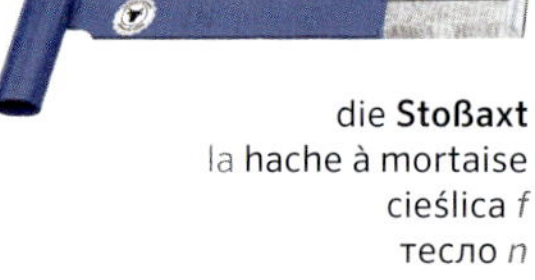

die **Stoßaxt**
la hache à mortaise
cieślica *f*
тесло *n*

das **Zugmesser**
la plane
ośnik *m*
скобель *m*

das **Nageleisen**
umg der **Kuhfuß**
le pied de biche
gwoździownica *f*
гвоздильня *f*

das **Stemmeisen**
der **Stemmbeitel**
le ciseau à bois
dłuto-dziobak *n*
стамеска по дереву *f*

4.3.2 Handmaschinen des Zimmerers ▸ 6.5.1 - Les outils électriques de charpentier - Ręczne maszyny ciesielskie - Плотничные электроинструменты

die **Kervenfräse**
la fraiseuse de charpente
frezarka do zaciosów *f*
фрезерный станок для врубки *m*

die **Kettensäge**
die **Motorsäge**
la tronçonneuse
piła łańcuchowa *f*
цепная пила *f*

der **Balkenhobel**
la raboteuse
strugarko-wyrówniarka *f*
ручная фуговально-строгальная машинка *f*

die **Kettenstemmmaschine**
la mortaiseuse à chaîne
dłutownica łańcuchowa *f*
пазорез *m*

der **Druckluftnagler**
le pistolet à clou pneumatique
gwoździarka pneumatyczna *f*
пневматическая гвоздильная машина *f*

der **Gasnagler**
le cloueur à air comprimé
gwoździarka gazowa *f*
газовая гвоздильная машина *f*

der **Kompressor**
le compresseur
sprężarka *f*
компрессор *m*

4.3.3 Computergestützte Abbundanlage - Les machines de menuiserie à commande numérique - Maszyna ciesielska CNC - деревообрабатывающий станок с ЧПУ

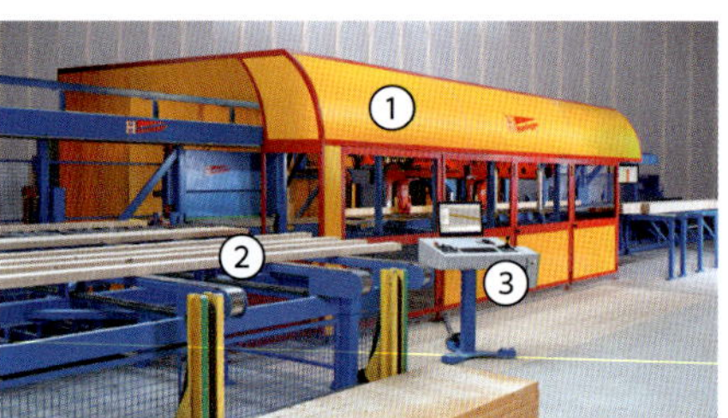

die **computergestützte Abbundanlage**
la machine de menuiserie CNC
maszyna ciesielska CNC *f*
деревообрабатывающий станок с ЧПУ *m*

① das **Bearbeitungszentrum**
le centre d'usinage
centrum obróbcze *n*
центр обработки *m*

② der **Aufgabequerförderer**
le convoyeur transversal
poprzeczny przenośnik podający *m*
приводной поперечный транспортёр *m*

③ der **Bedienungsstand**
la console de l'opérateur
stanowisko sterownicze *m*
пункт управления *m*

4.3.4 Werkstoffe ▸ 6.2 - Les matériaux - Materiały - Материалы

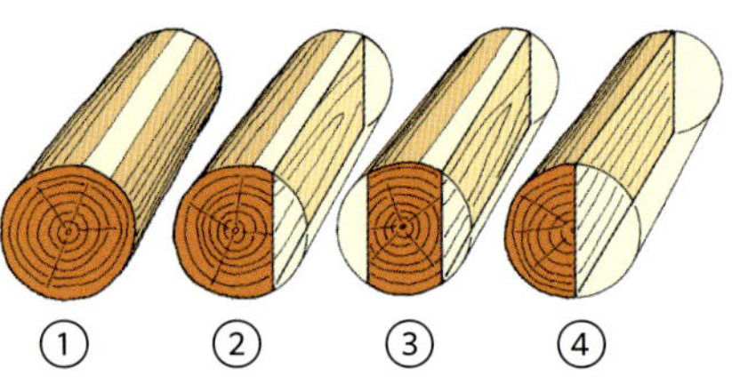

das **Rundholz**
le grume
drewno okrągłe *n*
круглый лес *m*

① **unbesäumt**
non débité
nieobrzynane
необрезной

② **einseitig besäumt**
avec section tangentielle unilatérale
z obrzynką jednostronną
окантованный с одной стороны

③ **zweiseitig besäumt**
avec section tangentielle bilatérale
z obrzynką dwustronną
окантованный с двух сторон

④ das **Halbrundholz**
le demi-grume
połowizna okrągła *f*
полукруглый лес *m*

Einschnittarten - Types de coupes - Rodzaje cięć - Разрезы древесины

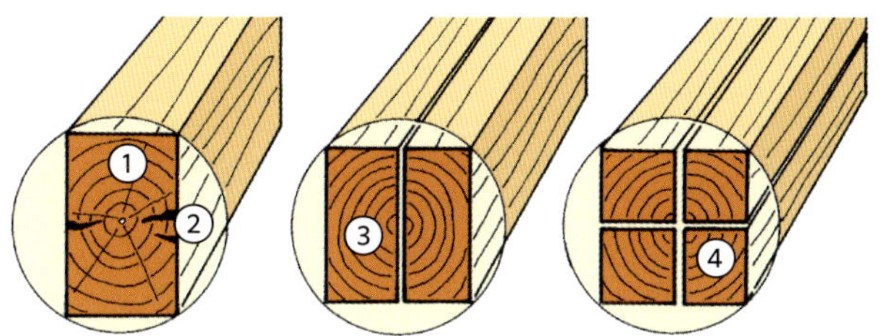

① das **Ganzholz**
le bois équarri
drewno lite *n*
целая древесина *f*

② die **Risse**
les fissures
pęknięcia *pl*
трещины *pl*

③ das **Halbholz**
les demi-bois
połowizna *f*
пластина *f*

④ das **Viertelholz**
das **Kreuzholz**
les bois en croix
krawędziak
ćwiartkowy *m*
брусок *m*

Schnittholz - Bois de sciage - Tarcica - Пиломатериалы

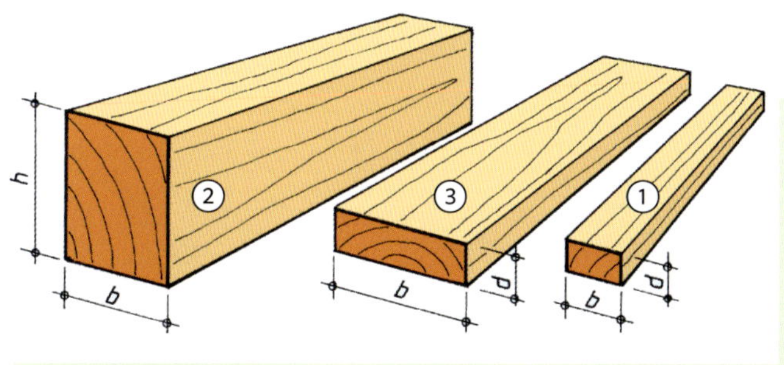

① die **Latte d < 40mm, b < 80mm**
la latte d < 40mm, b < 80mm
listwa d < 40mm, b < 80mm *f*
рейка d<40 мм, b<80 мм *f*

② das **Kantholz h<20cm**
la poutre h<20cm
krawędziak h<20cm *m*
брус h<20 см *m*

② der **Balken h>= 20cm**
la poutre h>=20cm
belka h>=20cm *f*
брус h>=20 см *m*

③ die **Bohle d>40mm**
la planche (d>40mm)
bal (d>40mm) *m*
брус (d>40 мм) *m*

③ das **Brett d<=40mm**
la planche (d<=40mm)
deska d<=40mm *f*
доска d<=40 мм *f*

4.3.5 Holzverbindungen ▸ 6.7.4 - Les assemblages de charpenterie - Połączenia drewniane - Соединение деревянных деталей

die **Längsverbindung**
l'assemblage à trait de Jupiter
połączenie podłużne *n*
соединение в длину *n*

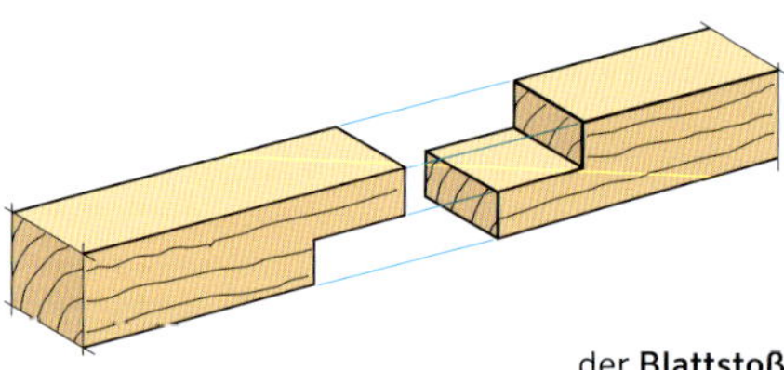

der **Blattstoß**
das **einfache Blatt**
l'enture à mi-bois
złącze stykowe na nakładkę *n*
соединение вполдерева *n*

die **Querverbindung**
l'assemblage d'angle
(tenon et mortaise)
połączenie poprzeczne *n*
соединение с шипом и гнездом *n*

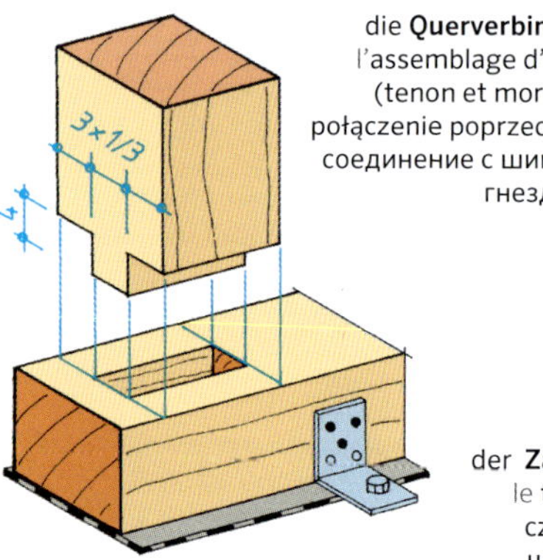

der **Zapfen**
le tenon
czop *m*
шип *m*

die **Eckverbindung**
l'enture à mi-bois au bout
połączenie kątowe *n*
угловое соединение вполдерева *n*

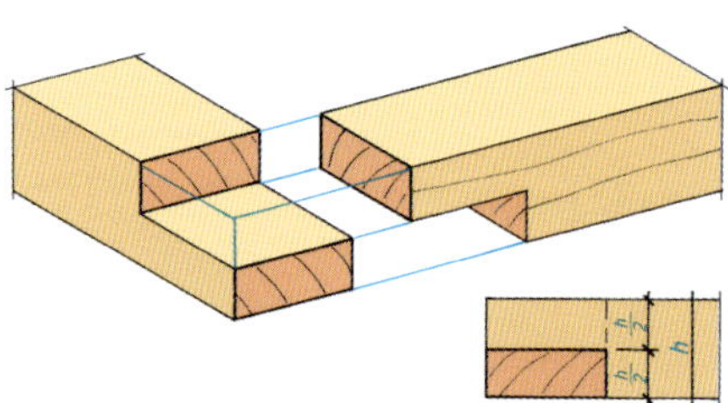

das **Eckblatt**
l'assemble à mi-bois d'angle
zakładka *f*
складка *f*

die **Schrägverbindung**
le joint oblique
połączenie ukośne *n*
диагональное соединение *n*

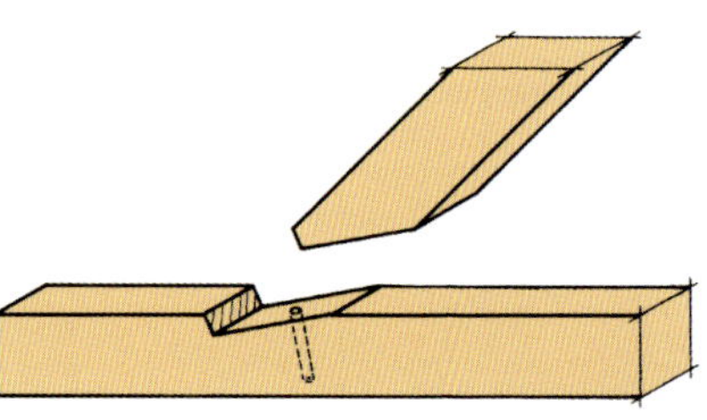

der **Versatz**
l'embrèvement simple
wrąb *m*
врубка *f*

4.3.6 Verbindungsmittel ▸ 6.7.5 - Les matériaux de fixation - Elementy łączące - Соединительные элементы

Die Nägel - Clous - Gwoździe - Гвозди

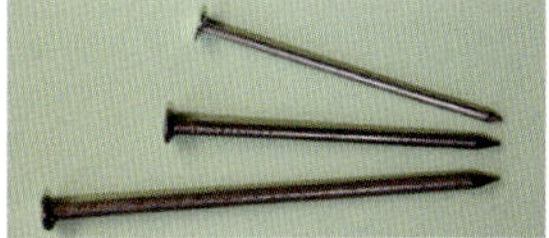

der **Drahtnagel**
le clou à tête droite
gwóźdź druciak *m*
проволочный гвоздь *m*

der **Kammnagel**
der **Rillennagel**
le clou rainuré
gwóźdź pierścieniowy *m*
ершеный гвоздь *m*

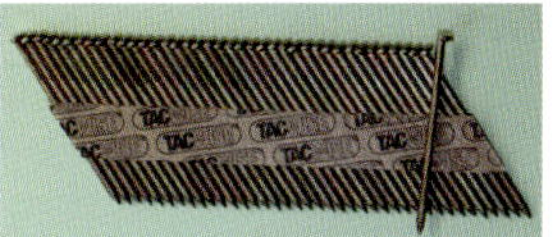

der **Maschinennagel**
le clou pistolet
gwóźdź maszynowy *m*
барабанный гвоздь *m*

Die Holzschrauben - Vis à bois - Wkręty do drewna - Саморезы по дереву

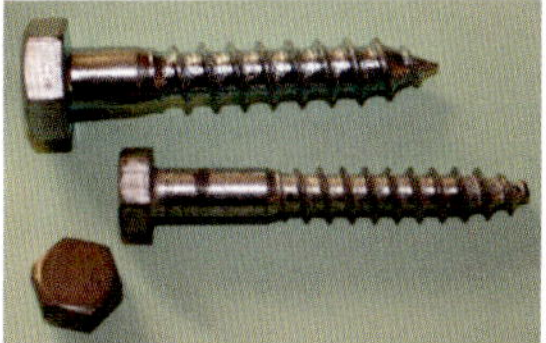

Sechskant
la vis à tête hexagonale
sześciokąt *m*
шестигранная головка *f*

Kreuzschlitz
la vis cruciforme
rowek krzyżowy *m*
крестообразный шлиц
Филлипс *m*

TORX
la vis Torx
Torx *m*
Torx *m*

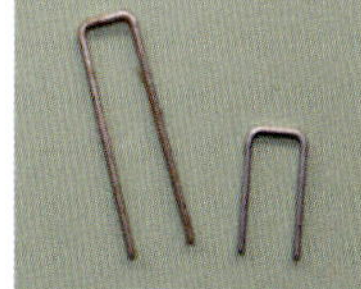

die **Klammer**
l'agrafe
zszywka *f*
скоба *f*

der **Bolzen**
le boulon
bolec *m*
болт *m*

der **Stabdübel**
la broche lisse
kołek rozprężny *m*
установочный штифт *m*,
дюбель *m*

Dübel - Chevilles et plaques - Kołki - Штифты

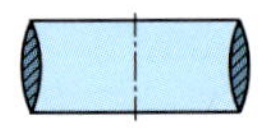
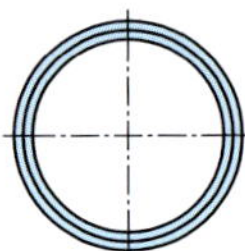

der **Ringdübel**
la broche creuse
pierścień gładki *m*
гладкое кольцо *n*

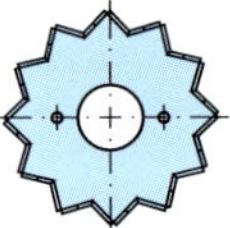

der **Scheibendübel mit Zähnen**
le crampon bulldog
podkładka zębata *f*
зубчатая шайба *f*

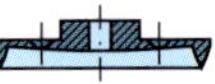
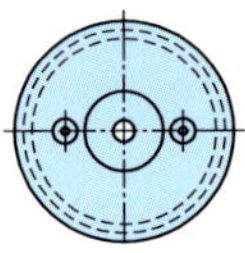

der **Scheibendübel (einseitig)**
la cheville de cisaillement simple
wkładka krążkowa (jednostronna) *f*
односторонняя гайка *f*

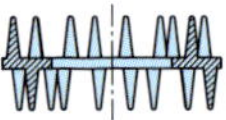
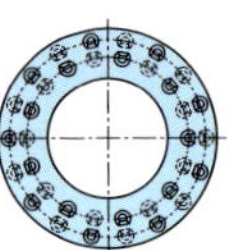

der **Scheibendübel mit Dornen**
le crampon à double denture
wkładka krążkowa perforowana *f*
двусторонняя гайка с шипами *f*

Blechformteile - Quincaillerie de charpenterie - Kształtki z blachy - Металлические крепления с перфорацией

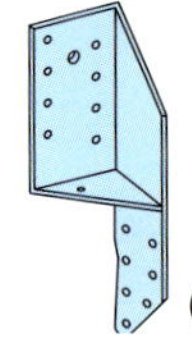

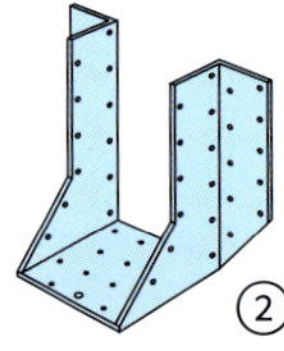

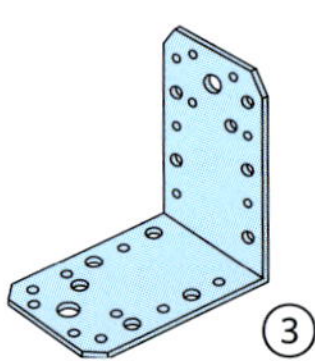

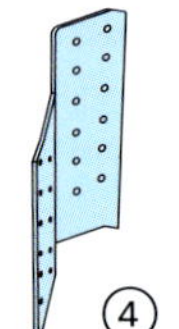

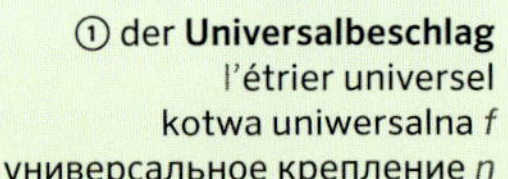

① der **Universalbeschlag**
l'étrier universel
kotwa uniwersalna *f*
универсальное крепление *n*

② der **Balkenschuh**
le sabot à ailes extérieures
wieszak belki *m*
крепление балок WB *n*

③ der **Winkelbeschlag**
l'équerre
okucie kątowe *n*
соединительный уголок KL *m*

④ der **Sparrenpfettenanker**
le connecteur de solives
kotwa do płatwi krokwiowych *f*
держатель балки DB *m*

⑤ der **Balkenschuh mit eingebogenen Schenkeln**
le sabot à ailes intérieures
wieszak belki zagięty *m*
внутреннее крепление балок *n*

4.3.7 Dachkonstruktionen - Les structures de toitures - Konstrukcje dachowe - Кровельные конструкции

Dachteile - Anatomie du toit - Elementy dachu - Кровельные элементы

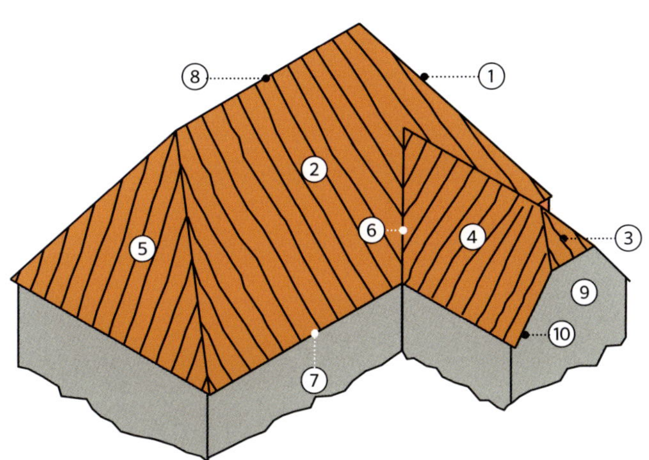

① der **Grat**
l'arête
naroże *n*
ребро *n*

② die **Hauptdachfläche**
le toit principal
powierzchnia dachu głównego *f*
основная кровля *f*

③ der **Krüppelwalm**
la demi-coupe
mała połać trójkątna dachu naczółkowego *f*
малая полувальма *f*

④ die **Nebendachfläche**
le toit latéral
powierzchnia dachu bocznego *f*
боковая кровля *f*

⑤ der **Walm**
la croupe
połać boczna trójkątna *f*
полувальма *f*

⑥ die **Kehle**
la noue
kosz dachowy *m*
ендова *f*

⑦ die **Traufe**
l'avant-toit
okap *m*
карнизный свес *m*

⑧ der **First**
le faîte
kalenica *f*
конёк *m*

⑨ der **Giebel**
le mur pignon
szczyt *m*
щипец *m*

⑩ der **Ortgang**
la bordure de rive
deska szczytowa *f*
лобовая доска *f*

Das Pfettendach - Le toit à pannes - Dach płatwiowy - Прогонная крыша

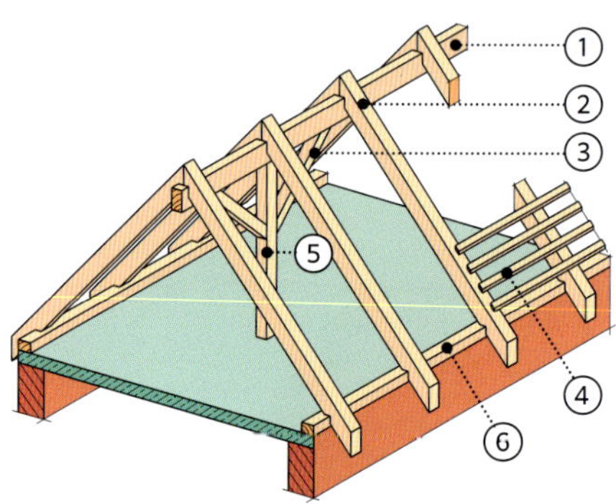

mit einfach stehendem Stuhl
avec fermes à poinçon
z więźbą krokwiową
со стропильной системой

① die **Firstpfette**
la panne faîtière
płatew kalenicowa *f*
конёк *m*

② der **Sparren**
le chevron
krokiew *f*
стропило *n*

③ das **Kopfband**
der **Bug**
le lien de faîtage
miecz *m*
подкос *m*

④ die **Lattung**
le liteau
łaty *pl*
обрешётка *f*

⑤ der **Pfosten**
le poinçon
słupek *m*
стойка *f*

⑥ die **Schwelle**
die **Fußpfette**
la panne sablière
podwalina *f*
мауэрлат *m*

der **mehrfach stehende Pfettendachstuhl**
la charpente à pannes à fermes combinées
więźba płatwiowa z wielokrotnym podparciem *f*
стропильная ферма с несколькими опорами *f*

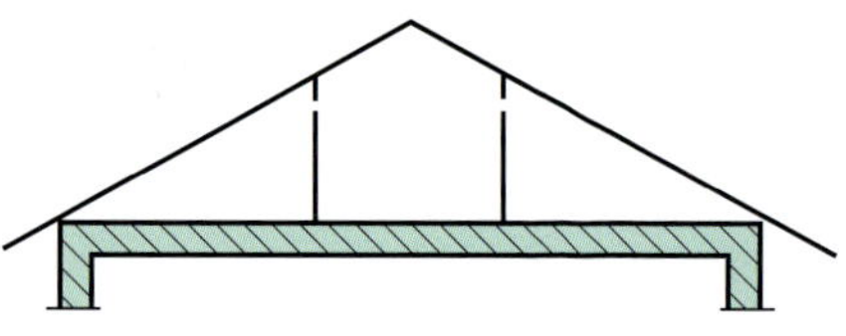

zweifach stehend
avec ferme à entrait retroussé
z podwójnym podparciem
с двойными опорами

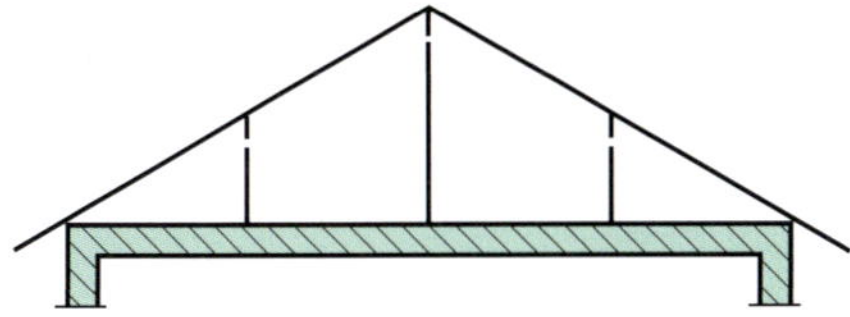

der **dreifach stehende Pfettendachstuhl**
la panne à triple poinçon
więźba płatwiowa z potrójnym podparciem *f*
стропильная ферма с тройными опорами *f*

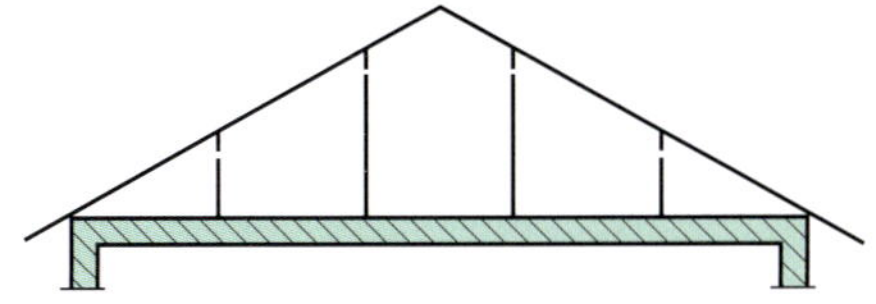

vierfach stehend
à quadruple poinçon
z poczwórnym podparciem
с четырёхкратными опорами

Das Sparrendach - Le toit en chevrons - Dach krokwiowy - Стропильная система крыши

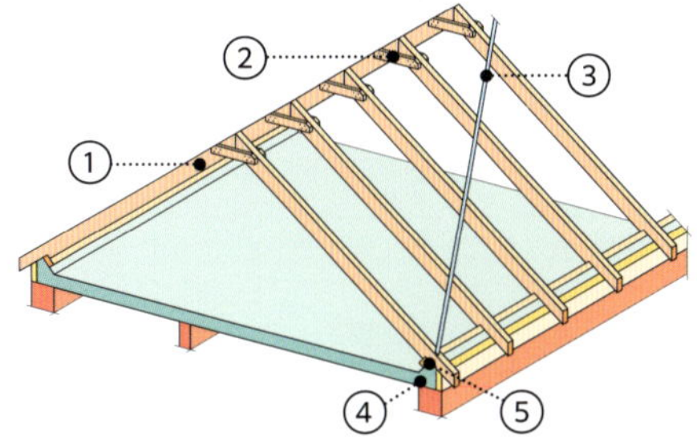

① der **Sparren**
le chevron
krokiew *f*
стропило *n*

② die **Firstlasche**
l'entrait supérieur
łącznik kalenicowy *m*
ригель *m*

③ das **Windrispenband**
le contreventement
wiatrownica *n*
ветровая скоба *f*

④ das **Stahlbetonwiderlager**
la poutre de rigidité en béton armé
podpora żelbetowa *f*
железобетонная опора *n*

⑤ die **Schwelle**
la panne sablière
podwalina *f*
мауэрлат *m*

Das Kehlbalkendach - La charpente à entraits - Dach jętkowy - Крыша с ригелями

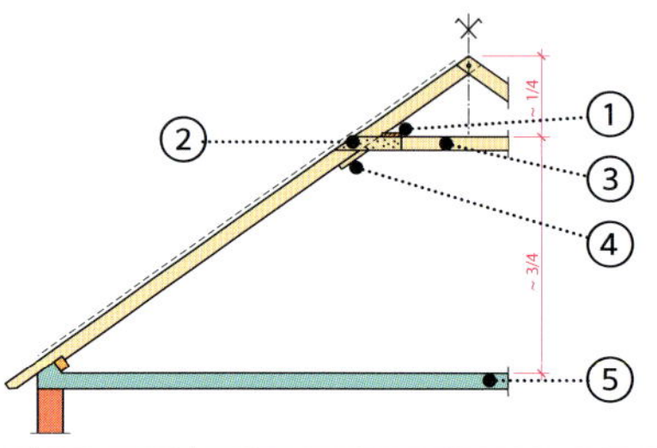

① das **Längsbrett**
la plaque
kleszcze *pl*
клещи *pl*

② die **Lasche**
la plaque de fixation
łącznik *m*
затяжка *n*

③ der **Kehlbalken**
l'entrait supérieur
jętka *f*
ригель *m*

④ die **Knagge**
le tasseau
knaga *f*
крепление ригеля *n*

⑤ die **Stahlbetondecke**
le sol en béton armé
strop żelbetowy *m*
железобетонное перекрытие *n*

Die Hallenbinder - Les fermes de toitures de halls - Wiązary o dużej rozpiętości - Фермы для перекрытия больших пролётов

der **Satteldachbinder mit tief liegendem Untergurt**
la ferme grange de toiture double pente
wiązar dachu dwuspadowego z głęboko umiejscowionym pasem dolnym *m*
стропило двускатной крыши с глубокой нижней планкой *n*

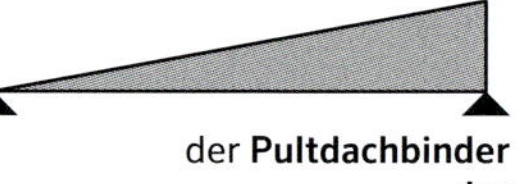

der **Pultdachbinder**
der
la ferme mono-pente
wiązar dachu pulpitowego *m*
стропило односкатной крыши *n*

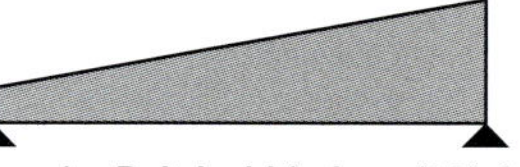

der **Pultdachbinder mit tief liegendem Untergurt**
der **Trapezbinder**
la ferme de toiture inclinée
wiązar dachu pulpitowego z głęboko umiejscowionym pasem dolnym *m*
стропило односкатной крыши с глубокой нижней планкой *n*

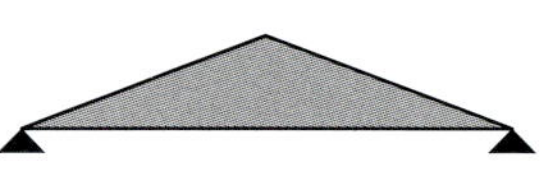

der **Satteldachbinder**
la ferme standard
wiązar dachu dwuspadowego *m*
стропило двускатной крыши *n*

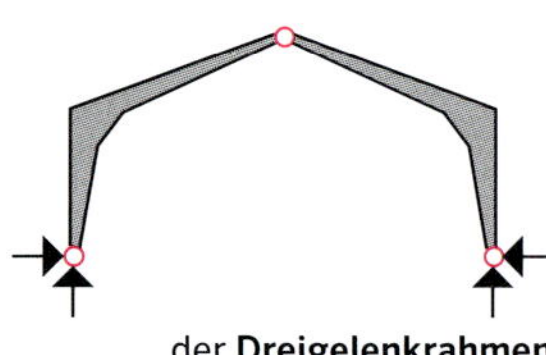

der **Dreigelenkrahmen**
la ferme à la mansart
rama trójprzegubowa *f*
трёхшарнирная рама *f*

der **Parallelbinder**
la ferme plate
wiązar równoległy *m*
параллельное стропило *n*

der **Brettschichtholzträger**
le cadre en bois lamellé-collé
dźwigar z drewna klejonego warstwowo *m*
балка с дерева клееного слоями *f*

der **Nagelplatten-Balkenbinder**
les poutres avec plaques à clous
wiązar belkowy z płytkami kolczastymi *m*
балочная ферма с колючими пластинами *f*

der **Fachwerkbinder**
der **Fachwerkträger**
la fermette
wiązar kratowy *m*
решётчатая ферма *f*

der **Nagelplattenbinder als Fachwerkbinder**
la poutre en treillis avec plaques à clous
wiązar z płytkami kolczastymi jako wiązar kratowy *m*
ферма с колючими пластинами в форме решётчатой фермы *f*

4.3.8 Treppenbau - La construction d'un escalier - Budowa schodów - Конструкция лестниц

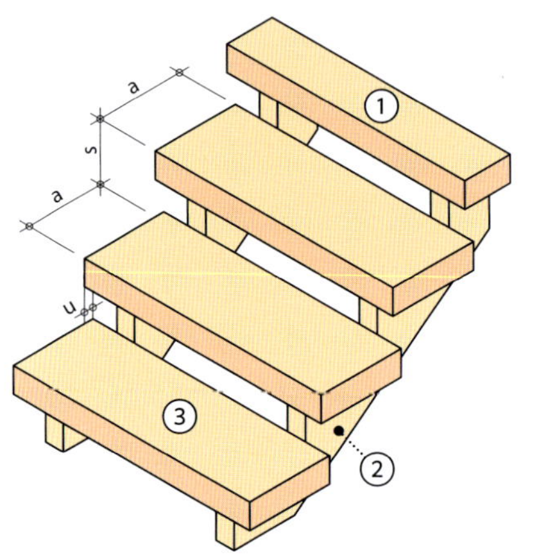

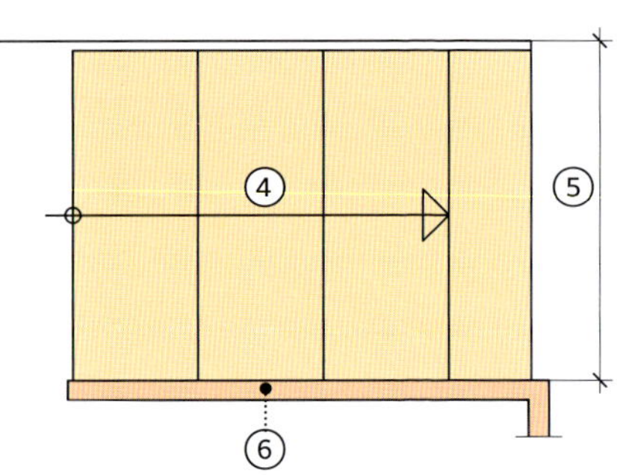

① die **Austrittstufe**
la marche du haut
najwyższy stopień *m*
наивысшая ступень *f*

② der **Treppenholm**
le limon (planche)
belka policzkowa *f*
тетива *f*

③ die **Antrittstufe**
la marche du bas
pierwszy stopień schodów *m*
первая ступень лестницы *f*

④ die **Lauflinie**
la ligne de foulée
linia biegu schodów *f*
линия хода лестницы *f*

⑤ die **Treppenbreite**
l'emmarchement
szerokość schodów *f*
ширина лестницы *f*

⑥ das **Treppengeländer**
la balustrade
balustrada *f*
балюстрада *f*

a - der **Auftritt**
le giron
stopnica *f*
проступь *f*

s - die **Steigung**
la hauteur de marche
pochylenie *n*
уклон *m*

u - die **Unterschneidung**
le nez (longueur)
podcięcie *n*
подрезка *f*

Holztreppen - Les escaliers en bois - Schody drewniane - Деревянная лестница

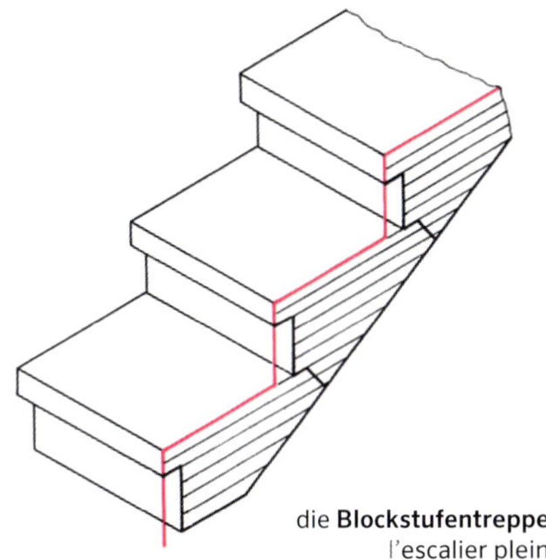

die **Blockstufentreppe**
l'escalier plein
schody blokowe *pl*
полнотелая лестница *f*

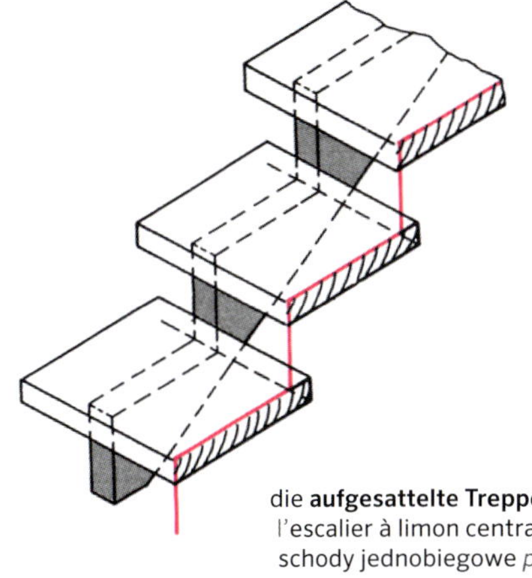

die **aufgesattelte Treppe**
l'escalier à limon central
schody jednobiegowe *pl*
одномаршевая лестница *f*

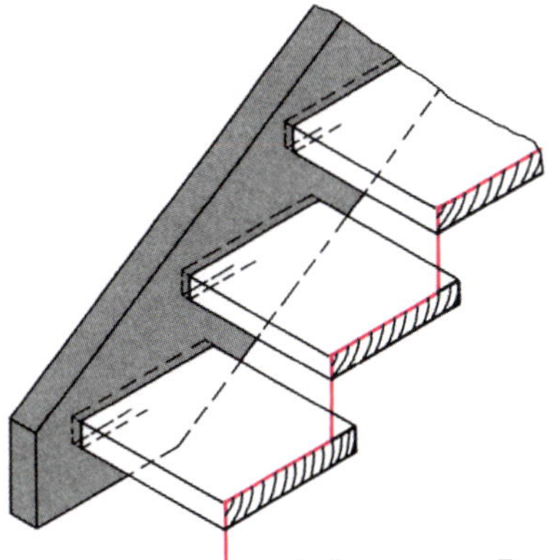

die **halbgestemmte Treppe**
l'escalier avec contremarches
schody zabiegowe *pl*
открытая лестница *f*

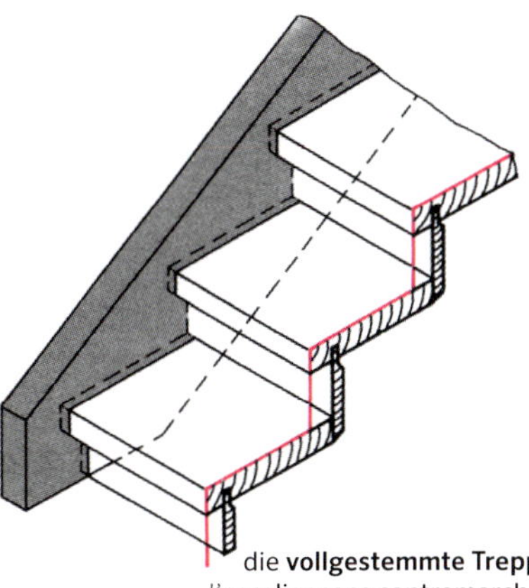

die **vollgestemmte Treppe**
l'escalier sans contremarches
schody pełne *pl*
закрытая лестница *f*

4.4 DACHDECKUNGEN - TRAVAUX DE COUVERTURE - PRACE DEKARSKIE - КРОВЕЛЬНЫЕ РАБОТЫ

4.4.1 Werkzeuge und Maschinen des Dachdeckers - Les outils et machines de couvreur - Narzędzia i maszyny dekarskie - Кровельные инструменты и машины

der **Schieferhammer**
le marteau à ardoise
młotek do łupka *m*
молоток для шифера *m*

die **Haubrücke**
l'enclume à ardoise
kowadełko *n*
наковальня *f*

das **Dachdecker-Nageleisen**
le tire-clou de couvreur
gwoździownica dekarska *f*
гвоздильня кровельщика *f*

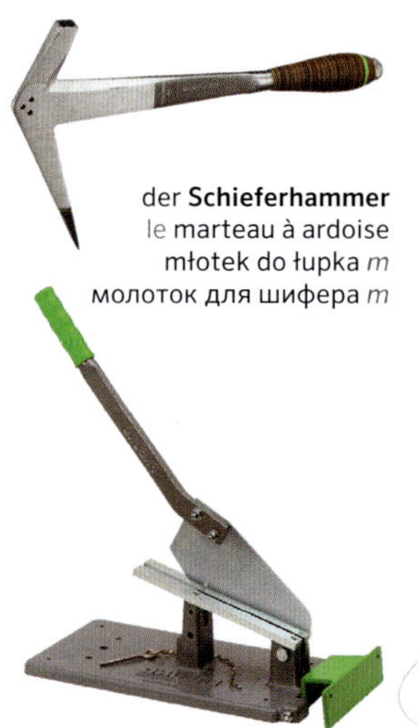

die **Schieferschere**
la guillotine à ardoise
nożyce do przycinania łupku *pl*
ножницы для шифера *pl*

das **Dachziegelschneidegerät**
le coupe-tuile
przecinarka do dachówki *f*
резак для черепицы *m*

die **Ziegelkneifzange**
les tenailles pour tuiles
kleszcze do dachówki *pl*
строительные клещи *pl*,
кусачки для плитки *pl*

die **Haukelle**
la truelle de couvreur façon Hanovre
kielnia dekarska typ hanowerski *f*
кельма кровельщика ганноверского типа *f*

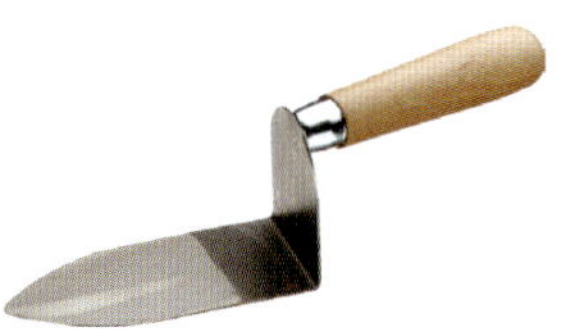

die **Berliner Dachkelle**
la truelle de couvreur façon Berlin
kielnia dekarska typ berliński *f*
кельма кровельщика берлинского типа *f*

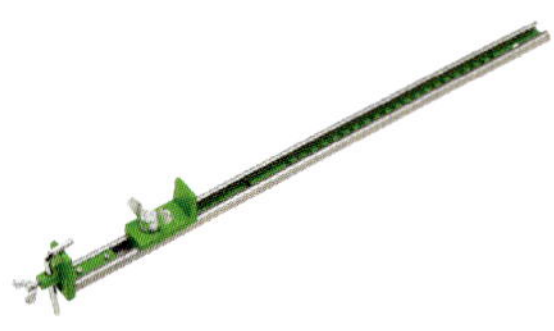

das **Lattenstichma**
la mesure d'écartement des latte
przymiar do regulowania rozstawu łat *n*
установочная мера для регулиров
ки расстояния между рейками

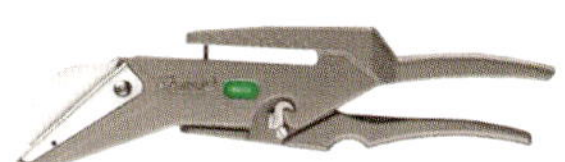

die **Dachdecker-Handschere**
les cisailles de couvreur
dekarskie nożyce ręczne *pl*
кровельные ручные ножницы *pl*

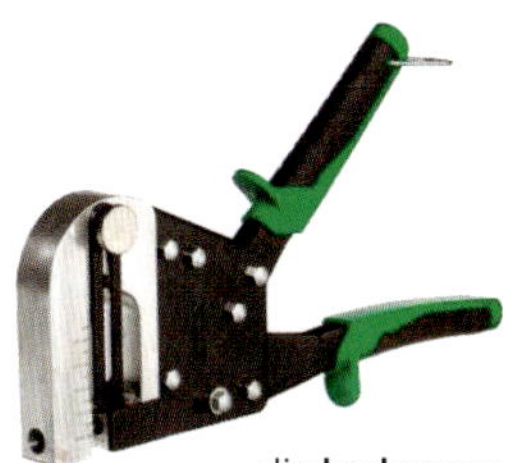

die **Lochzange**
la poinçonneuse manuelle
szczypce do dziurkowania *pl*
ручной дырокол *m*

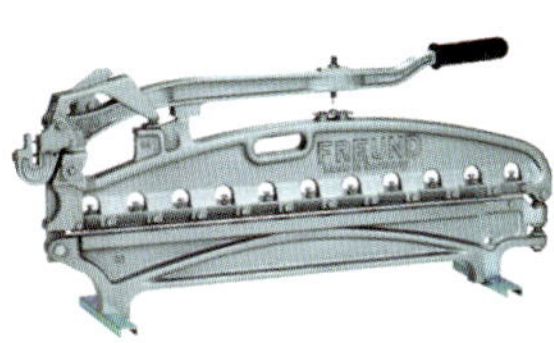

die **Schlagschere**
les cisailles guillotines
nożyce gilotynowe *pl*
гильотинные ножницы *pl*

der **Trennfräser**
la fraise de séparation
przecinarka *f*
угловая шлифовальная машина *f*, болгарка *f*

die **Ladestelle**
le point de ramassage
punkt załadowczy *m*
погрузочный пункт *m*

der **Dachdeckeraufzug**
le monte-matériaux
podnośnik dekarski *m*
кровельный подъёмник *m*

unten
le bas
dół *m*
низ *m*

oben
le haut
góra *f*
верх *m*

4.4.2 Dachziegel - Les tuiles en terre cuite - Dachówka ceramiczna - Керамическая черепица

der **Biberschwanzziegel**
la tuile type queue de castor
dachówka karpiówka *f*
плоская ленточная черепица *f*

der **Doppelmuldenfalzziegel**
la tuile mécanique à double dépression
dachówka falcowana z podwójną niecką *f*
черепица Мангалор *f*

der **Reformziegel**
la tuile de réforme
dachówka reformowana *f*
реформированная черепица *f*

der **Verschiebeziegel**
la tuile réglable (mécanique)
dachówka przesuwna *f*
раздвижная черепица *f*

der **Flachziegel**
la tuile plate
dachówka płaska *f*
плоская черепица *f*

der **Flachdachziegel**
la tuile plate mécanique
dachówka płaska zakładkowa *f*
плоская пазовая черепица *f*

4.4.3 Formziegel - Les tuiles moulées - Dachówka profilowana - Фасонная черепица

der **First- und Gratziegel**
la tuile faîtière
gąsior *m*
коньковая черепица *f*

der **Lüftungsziegel**
la tuile de ventilation / chatière
dachówka wentylacyjna *f*
вентиляционная черепица *f*

der **Dunstrohrdurchlassziegel**
le terminal de ventilation
dachówka z kominkiem wentylacyjnym *f*
черепица с вентиляционным камином *f*

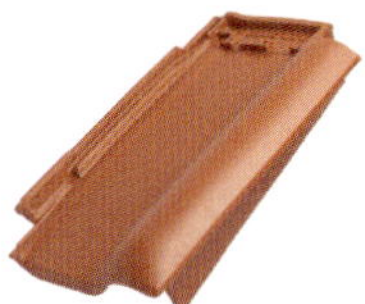

der **Ortgangziegel**
la tuile de rive
dachówka szczytowa *f*
крайняя черепица *f*

der **Schneefangziegel**
la tuile pare-neige
dachówka z śniegołapem *f*
снегозащитная черепица *f*

der **Pultdachziegel**
la tuile de toits en appentis
dachówka pulpitowa *f*
плоская черепица *f*, бобровый хвост *m*

4.4.4 Dachsteine - Les tuiles en béton - Dachówka cementowa - Бетонная черепица

im Biberformat
en queue de castor
typu karpiowego
плоская ленточная

mit ebener Oberfläche
plane
płaska
плоская

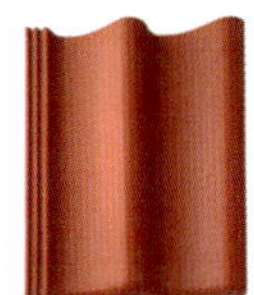

mit asymmetrischem Mittelwulst
à double panne
holenderska
голландская

mit symmetrischem Mittelwulst
à double romaine
rzymska podwójna
римская двойная

ohne Mittelwulst
à simple romaine
rzymska pojedyncza
римская одинарная

der **Formstein als Lüfterstein**
le ventilateur de tuile (moulé)
dachówka wywietrznikowa *f*
черепица с дефлектором *f*

4.4.5 Deckungen mit Dachziegeln - La couverture de tuiles en terre cuite - Krycie dachówką ceramiczną - Покрытие из керамической черепицы

die **Reformziegel**
les tuiles de réforme
dachówka reformowana *f*
реформированная черепица *f*

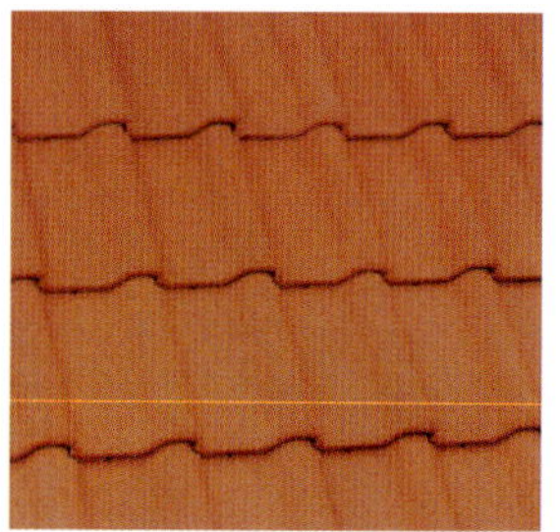

die **Flachdachziegel**
les tuiles mécaniques plates
dachówka płaska zakładkowa *f*
пазовая черепица *f*

die **Doppelmuldenfalzziegel**
les tuiles mécaniques à double dépression
dachówka falcowana z podwójną niecką *f*
черепица Мангалор *f*

4.4.6 Deckungen mit Dachsteinen - La couverture de tuiles en béton - Krycie dachówką cementową - Покрытие из бетонной черепицы

die **Dachsteine mit symmetrischem Mittelwulst**
les tuiles double romaines
dachówka rzymska podwójna *f*
двойная римская черепица *f*

mit asymmetrischem Mittelwulst
à double panne
holenderska
голландская *f*

mit ebener Oberfläche
plane
płaska
плоская *f*

4.4.7 Schieferdeckung - La couverture d'ardoises - Krycie łupkiem - Покрытие из шифера

die **Schieferplatte**
les tuiles en ardoise
płytka łupkowa *f*
сланцевая плитка *f*

die **Schieferdeckung**
la couverture d'ardoises
pokrycie dachowe łupkowe *n*
сланцевая кровля *f*

4.4.8 Faserzementdeckung - La couverture en fibres-ciment - Krycie płytami z cementu włóknistego - Покрытие из фиброцемента

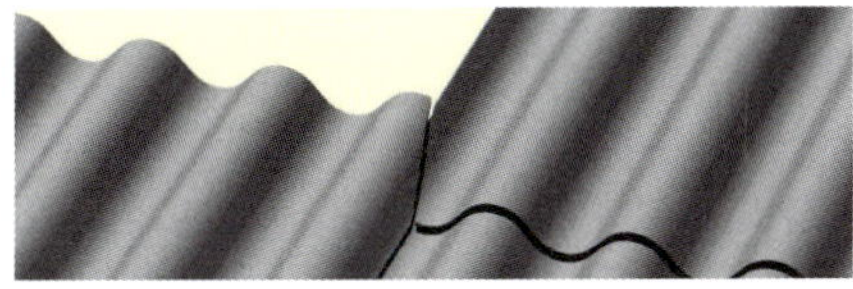

die **Faserzement-Wellplatte**
la couverture ondulée en fibres-ciment
profilowana płyta włóknisto-cementowa *f*
фиброцементный гофрированный лист *m*

die **Faserzementplatte**
les tuiles en fibres-ciment
płyta włóknisto-cementowa *f*
фиброцементная кровельная плита *f*

4.4.9 Holzschindeldeckung - Les bardeaux de bois - Krycie gontem - Покрытие из гонта

die **Holzschindeln**
les bardeaux en bois
gonty drewniane *pl*
деревянные гонты *pl*

die **Holzschindeldeckung**
la couverture en bardeaux de bois
pokrycie dachowe z gontów drewnianych *n*
гонтовая кровля *f*

4.4.10 Dachaufbauten - Les systèmes de toiture - Nadbudówki dachowe - Кровельные надстройки

die **Schleppdachgaube**
la lucarne rampante
lukarna jednospadowa *f*
односкатная люкарна *f*

die **Trapezgaube**
la lucarne en trapèze
lukarna szczupakowa *f*
трапециевидная люкарна *f*

die **Fledermausgaube**
la lucarne à joues galbées
wole oko *n*
бычий глаз *m*

die **Dreiecksgaube**
la lucarne triangulaire
lukarna trójkątna *f*
треугольная люкарна *f*

die **Flachdachgaube**
la lucarne plate (à chien assis)
lukarna z dachem płaskim *f*
люкарна с плоской крышей *f*

das **Dachflächenfenster**
le vasistas
okno dachowe *n*
слуховое окно *n*

4.4.11 Das Flachdach - Le toit plat - Dach płaski - Плоское покрытие

Dachflächen abdichten - Etanchéisation des surfaces de toit - Uszczelnianie powierzchni dachowych - Гидроизоляция крыши

die **Verarbeitung von Bitumenbahnen**
la pose de feuilles de bitume
obróbka powłok bitumicznych *f*
обработка битумных покрытий *f*

das **Schweißverfahren**
le soudage au chalumeau
spawanie *n*
сварка *f*

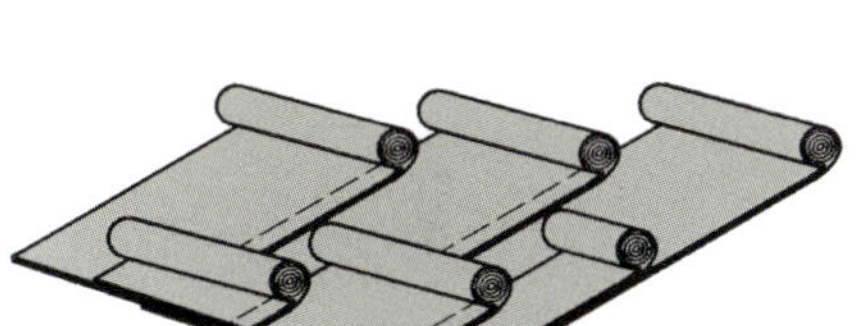

die **zweilagige Abdichtung**
le système à deux couches
system dwuwarstwowy *m*
двухслойная система *f*

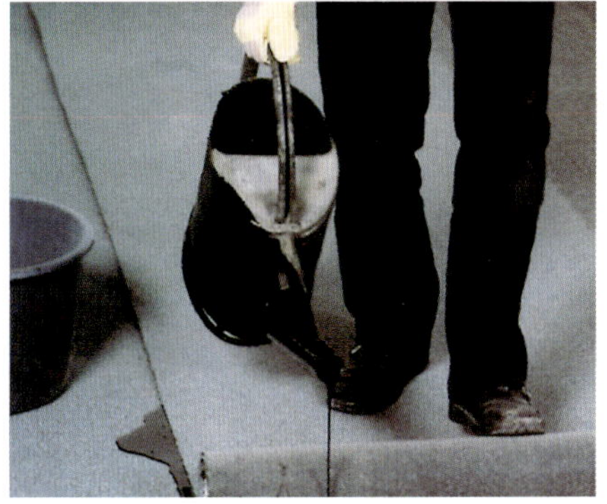

das **Gießverfahren**
le bitume coulé
lanie lepiku *n*
заливка кровельной мастики *f*

das **Kaltselbstklebeverfahren**
la pose à froid d'un film étanche auto-adhésif
samoklejenie na zimno *n*
холодный самоклеющийся процесс *m*

Konstruktionsarten - Les sections de toitures - Przekrój połaci dachowej - Сечение ската крыши

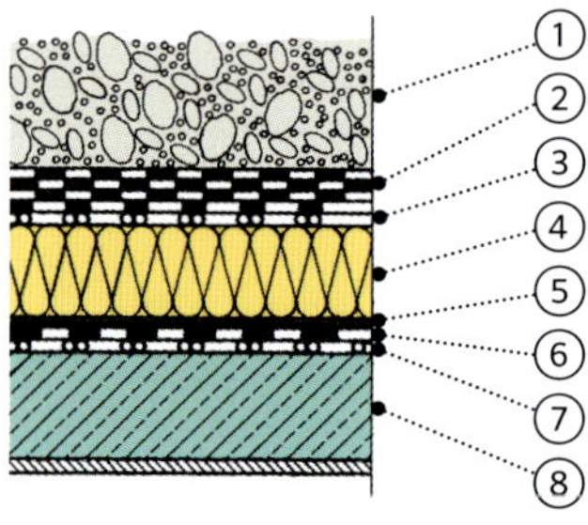

das **nicht belüftete Flachdach**
le toit plat non ventilé
dach płaski niewentylowany *m*
плоская крыша без вентиляции *f*

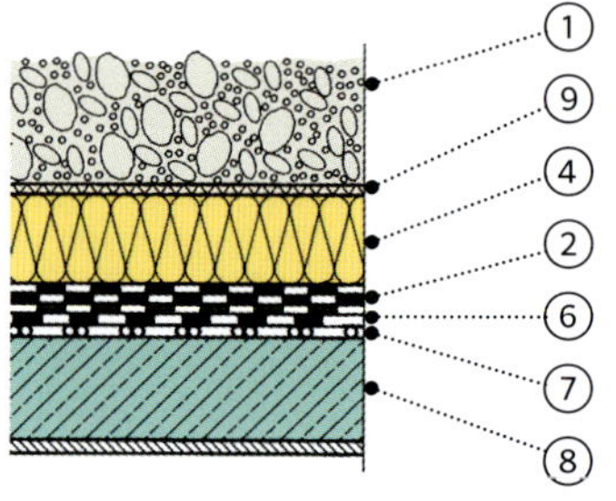

das **Umkehrdach**
le toit inversé
dach odwrócony *m*
инверсионная кровля *f*

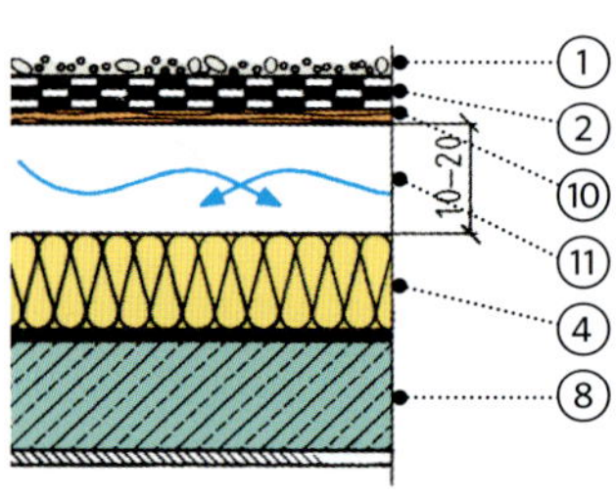

das **belüftete Dach**
le toit ventilé
dach wentylowany *m*
вентилируемая крыша *f*

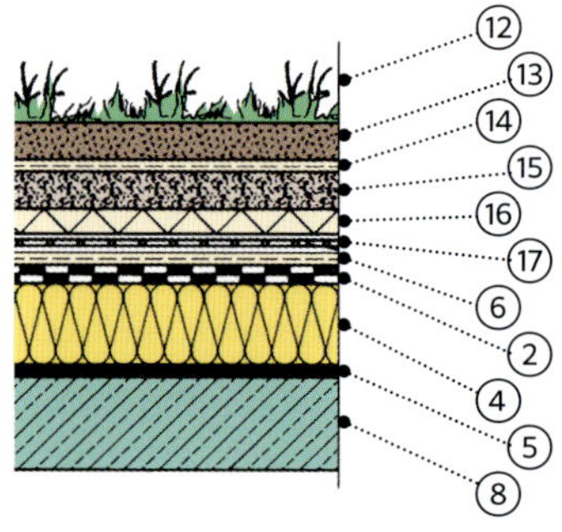

das **begrünte Dach**
le toit végétalisé
zielony dach *m*
зелёная крыша *f*

① der **Oberflächenschutz**
la protection de surface
warstwa ochronna *f*
защитный слой *m*

② die **Dachabdichtung**
l'étanchéisation
uszczelnienie dachu *n*
уплотнение крыши *n*

③ die **Dampfdruckausgleich-schicht**
le film pare-vapeur
warstwa regulacyjna pary wodnej *f*
слой контроля водного пара *m*

④ die **Wärmedämmschicht**
l'isolation
warstwa termoizolacyjna *f*
термоизоляционный слой *m*

⑤ die **Dampfsperre**
l'imperméabilisation
paroizolacja *f*
пароизоляция *f*

⑥ die **Trenn-und Ausgleich-schicht**
la couche de séparation et de nivellement
warstwa izolacyjno-wyrównawcza *f*
разделительный и выравнивающий слой *m*

⑦ die **Haftbrücke**
la couche de liaison
mostek szczepny *m*
связующий слой *m*

⑧ die **Tragschicht**
la couche de support
warstwa nośna *f*
несущий слой *m*

⑨ die **Trennschicht**
la couche de séparation
warstwa izolacyjna *f*
изоляционный слой *m*

⑩ die **Schalung**
le coffrage
deskowanie *n*
опалубка *f*

⑪ die **Belüftung**
la lame d'air
wentylacja *f*
вентиляция *f*

⑫ die **Bepflanzung**
la végétation
obsadzenie *n*
обсадка *f*

⑬ die **Vegetationsschicht**
le substrat
warstwa roślinna *f*
растительный слой *m*

⑭ das **Filtervlies**
la membrane filtrante
włókno filtracyjne *n*
фильтрующая мембрана *f*

⑮ die **Dränschicht**
la couche de drainage
warstwa drenażowa *f*
дренирующий слой *m*

⑯ die **Schutzschicht**
la couche protectrice
warstwa ochronna *f*
защитный слой *m*

⑰ die **Wurzelschutzschicht**
la barrière anti-racine
bariera przeciwkorzenna *f*
корневой барьер *m*

FARBTECHNIK

LA PEINTURE
MALOWANIE
ПОКРАСКА

5.1 BAUBEZOGENE BERUFE - LES MÉTIERS DE LA CONSTRUCTION - ZAWODY ZWIĄZANE Z BUDOWNICTWEM - ПРОФЕССИИ СВЯЗАННЫЕ СО СТРОИТЕЛЬСТВОМ

der (die) **Maler(in)**
le/la peintre-décorateur(-trice)
malarz *m*
маляр *m*

der (die) **Lackierer(in)**
le/la vernisseur(-euse)
lakiernik *m*
лакировщик *m*

der (die) **Raumaustatter(in)**
l'architecte d'intérieur
dekorator wnętrz *m*
дизайнер интерьера *m*

der (die) **Bodenleger(in)**
le/la solier(-ière)-moquettiste
parkieciarz *m*
паркетчик *m*

5.2 ARBEITSVERFAHREN UND WERKZEUGE - MÉTHODES DE TRAVAIL ET OUTILS - METODY PRACY I NARZĘDZIA - МЕТОДЫ РАБОТЫ И ИНСТРУМЕНТЫ

5.2.1 Reinigen - Le nettoyage - Czyszczenie - Чистка

der **Staubbesen**
la brosse à épousseter
miotełka *f*
щётка-смётка *f*

der **Staubsauger**
l'aspirateur
odkurzacz *m*
пылесос *m*

der **Hochdruckreiniger**
le pulvérisateur à pression d'eau
myjka ciśnieniowa *f*
очиститель высокого давления *m*

5.2.2 Trennen und Schaben - Couper, gratter, décaper - Cięcie i skrobanie - Резание и шабрение

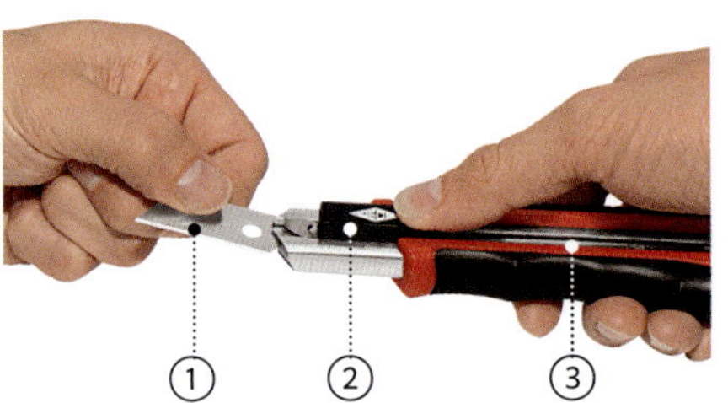

das **Cuttermesser**
umg das **Abbrechmesser**
le cutter à lame sécable
nóż introligatorski *m*
канцелярский нож *m*

① die **Klinge**
la lame
ostrze *n*
лезвие *n*

② die **Klingenarretierung**
le verrouillage de lame
blokada bezpieczeństwa *f*
блокировка лезвия *f*

③ der **Griff**
le manche
uchwyt *m*
корпус *m*

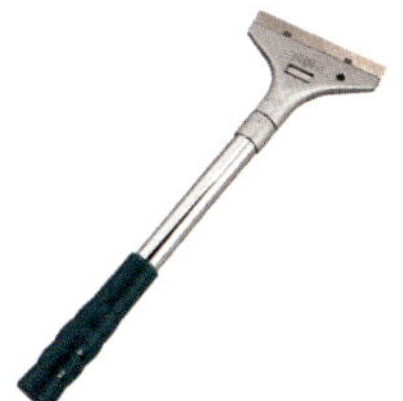

der **Handschaber**
le grattoir à main
skrobak ręczny *m*
ручной скребок *m*

der **Glasschaber**
le grattoir à vitre
skrobak do szkła *m*
скребок для стекла *m*

der **Flächenschaber**
le grattoir large
skrobak szeroki *m*
широкий скребок *m*

der **Farbschaber**
le grattoir à peinture
skrobak do farby *m*
скребок для краски *m*

die **Ziehklinge**
le grattoir à usage multiple
cyklina *f*
цикля *n*

der **Wand- und Deckenschaber**
le grattoir de plancher / de mur
skrobak do ścian/sufitów *m*
скребок для чистки стен/
потолков *m*

die **Drahtbürste**
la brosse métallique
szczotka druciana *f*
проволочная щётка *n*

Entschichten
le décapage
usuwanie powłoki *n*
удаление покрытия *n*

① die **Heißluftpistole**
le pistolet à air chaud
pistolet na gorące powietrze *m*
пистолет горячего воздуха *m*

② der **Dreikantschaber**
le grattoir triangle
skrobak trójkątny *m*
треугольный скребок *m*

5.2.3 Schleifen ▸ 6.3.8 - Le ponçage - Szlifowanie - Шлифование

Die Schleifgeräte - Les appareils à poncer - Narzędzia do szlifowania - Инструменты для шлифования

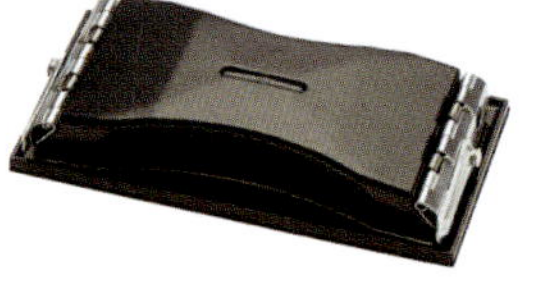

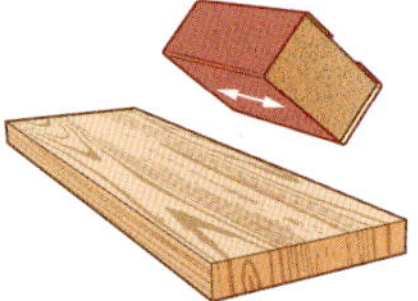

das **Handschleifgerät**
le papier abrasif et sabot
narzędzie do szlifowania ręcznego *n*
шлифок *m*

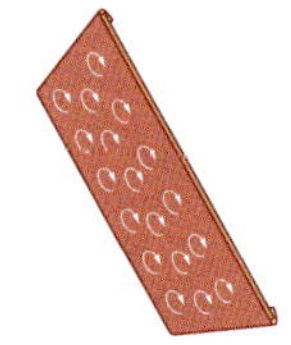

der **Schwingschleifer**
umg der **Rutscher**
la ponceuse orbitale
szlifierka oscylacyjna ręczna *f*
вибрационная шлифмашина *f*

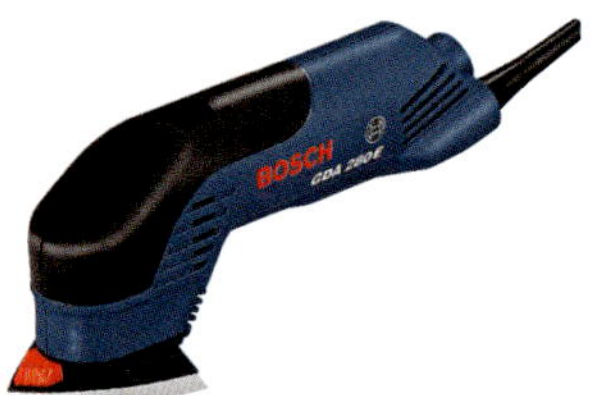

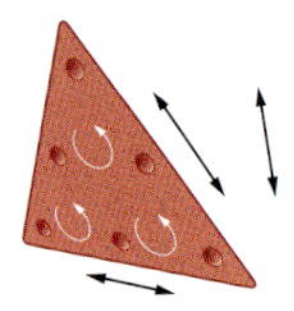

der **Deltaschleifer**
umg der **Dreieckschleifer**
la ponceuse d’angle
szlifierka delta *f*
дельташлифмашина *f*

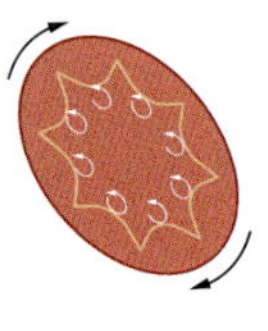

der **Exzenterschleifer**
la ponceuse roto-orbitale
szlifierka mimośrodowa *f*
эксцентриковая шлифмашина *f*

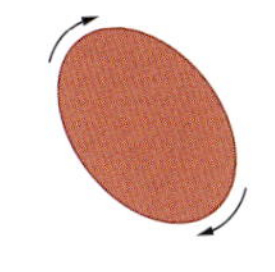

der **Rotationsschleifer**
la ponceuse rotative
szlifierka rotacyjna *f*
орбитальная шлифмашина *m*

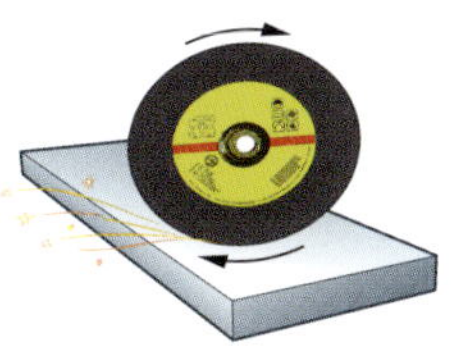

der **Winkelschleifer, Trennschleifer**
umg die **Flex**
la meuleuse d'angle
szlifierka kątowa *f*
угловая шлифмашина *f*

Das Schleifpapier - Le papier abrasif - Papier ścierny - Наждачная бумага

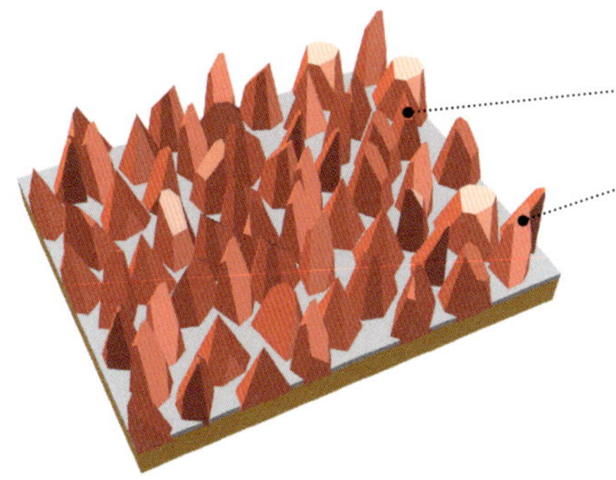

das **Schleifkorn**
le grain
ziarno ścierne *n*
абразивное зерно *n*

die **Korngrößen**
umg die **Körnung**
la taille de grain
frakcje granulometryczne *pl*
зернистость *f*

sehr grob P 12 - P 40
extra gros P 12 - P 40
bardzo grube P 12 - P 40
очень крупное P 12 - P 40

grob P 50 -P 80
gros P 50 - P 80
grube P 50 - P 80
крупное P 50 - P 80

mittel P 100 - P 180
moyen P 100 - P 180
średnie P 100 - P 180
среднее P 100 - P 180

fein P 220 - P 360
fin P 220 - P 360
drobne P 220 - P 360
мелкое P 220 - P 360

sehr fein P 400 - P 1200
extra fin P 400 - P 1200
bardzo drobne P 400 - P 1200
очень мелкое P 400 - P 1200

das **Schleifmittel**
l'abrasif
materiał ścierny *m*
абразивный материал *m*

das **Schleifpapier**
le papier abrasif
papier ścierny *m*
наждачная бумага *f*

die **Schleifarbeit**
le travail de ponçage
prace szlifierskie *pl*
шлифовальные работы *pl*

P 40 - P 180

das **Entschichten**
le travail de décapage
usuwanie powłoki *n*
удаление покрытия *n*

P 80 - P 120

der **Grobschliff**
le ponçage grossier
szlif zgrubny *m*
первичная шлифовка *f*

P 120 - P 320

der **Zwischenschliff**
le ponçage moyen
szlif pośredni *m*
промежуточная шлифовка *f*

P 360 - P 400

der **Feinschliff**
le ponçage fin
szlif właściwy *m*
финальная шлифовка *f*

das **Schleifvlies**
l'abrasif non-tissé
włóknina szlifierska *f*
нетканый абразивный материал *m*

S 1000 - S 4000

das **Polieren**
le polissage
polerowanie *n*
полирование *n*

die **Polierpaste**
la pâte à polir
pasta polerska *f*
полировальная паста *f*

5.2.4 Spachteln und Glätten - Enduire et lisser - Szpachlowanie i wygładzanie - Шпаклевание и сглаживание

der **Stoßspachtel**
umg die **Malerspachtel**
le couteau de peintre
szpachelka malarska *f*
малярный шпатель *m*

der **Stoßspachtel mit langer Klinge**
le couteau de peintre, lame longue
szpachelka malarska z długim ostrzem *f*
малярный шпатель с длинной лопаткой *m*

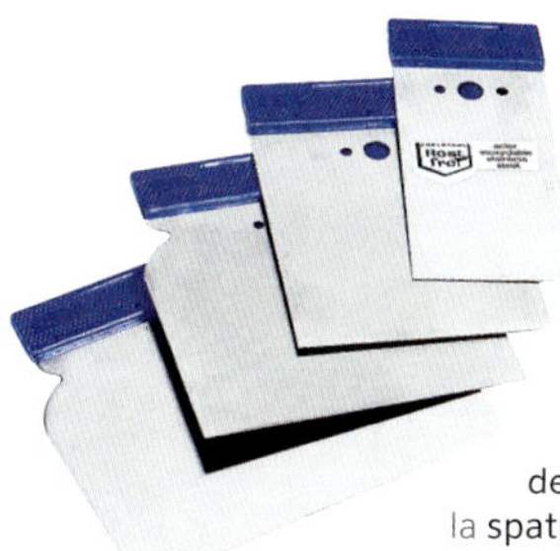

der **Japanspachtel**
la spatule de carrossier
szpachelka japonka *f*
поверхностный шпатель *m*

der **Doppelblattspachtel**
le grattoir à lame double
szpachelka z podwójnym ostrzem *f*
шпатель с двойной лопаткой *m*

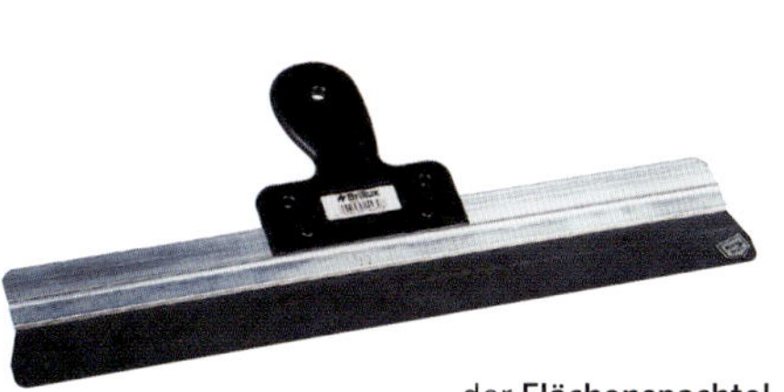

der **Flächenspachtel**
le couteau à enduire
szpachla powierzchniowa *f*
фасадный шпатель *m*

die **Aufziehplatte**
le platoir suisse
paca tynkarska *f*
штукатурная тёрка *f*

5.2.5 Beschichtungs-Hilfsmittel - Les outils de peinture - Oprzyrządowanie do malowania - Инструменты для покраски

der **Farbeimer**
le seau de peinture
wiadro z farbą *n*
ведро с краской *m*

die **Lackdose**
le pot de peinture
puszka z lakierem *f*
банка с краской *f*

das **Klebeband**
le ruban de masquage
taśma klejąca *f*
малярная лента *f*

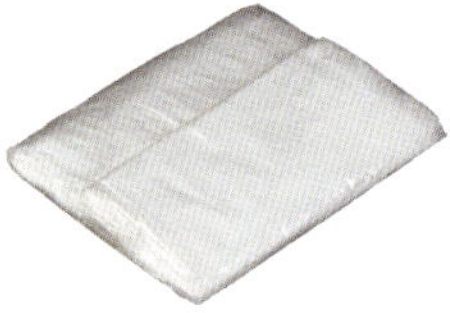

die **Abdeckplane**
la bâche de protection polyéthylène
folia malarska *f*
укрывная плёнка *f*

das **Abdeckvlies**
umg das **Malervlies**
la feutrine étanche absorbante
włóknina malarska *f*
малярный флизелин *m*

die **Farbwanne**
le bac à peinture
kuweta malarska *f*
ванночка для краски *f*

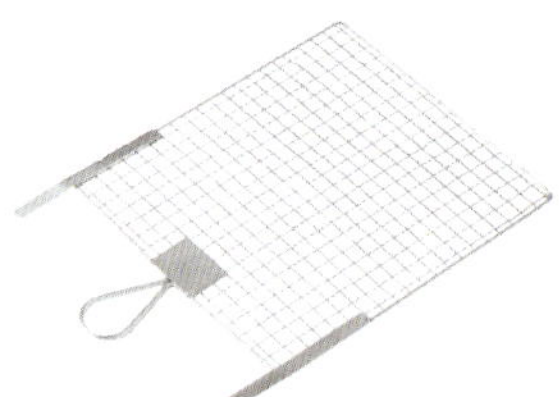

das **Abstreifgitter**
la grille de peintre
kratka malarska *f*
решётка для краски *f*

der **Rührstab**
le bâton de mélange (de peinture)
pręt mieszający *m*
палочка для перемешивания краски *f*

der **Farb- und Mörtelrührer**
le malaxeur de mortier et peinture
mieszarka do farb i zapraw *f*
смеситель для красок и растворов *m*

5.2.6 Streichen mit Pinsel und Bürste - La peinture au pinceau - Malowanie pędzlem - Окрашивание кистью

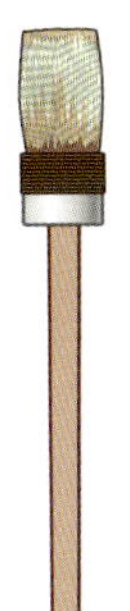

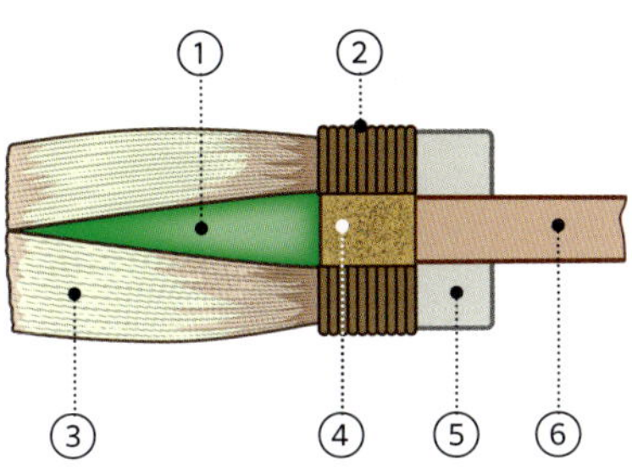

der **Pinselaufbau**
l'anatomie du pinceau
budowa pędzla *f*
строение кисти *n*

① der **Hohlraum zur Farbaufnahme**
la cavité de remplissage
główka *f*
головка *f*

② der **Vorbund**
les liens *pl*
oprawa *f*
обойма *f*

③ die **Haare**
la touffe
włosie *n*
волос *m*

④ der **Kork**
le bouchon
korek *m*
пробка *f*

⑤ die **Zwinge**
la virole
skuwka *f*
кольцо *n*

⑥ der **Stiel**
le manche
trzonek *m*
рукоятка *f*

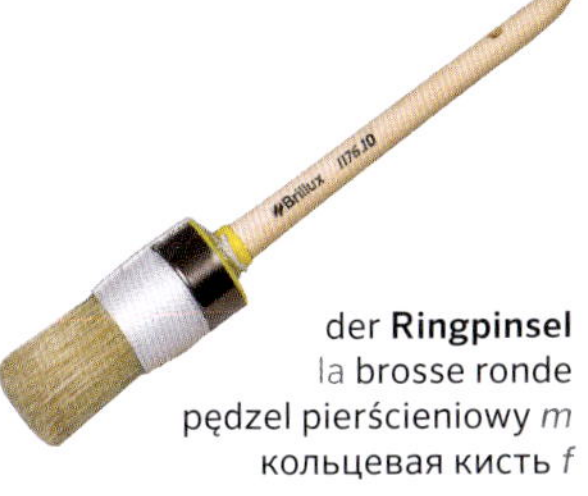

der **Ringpinsel**
la brosse ronde
pędzel pierścieniowy *m*
кольцевая кисть *f*

der **Flachpinsel**
la brosse plate
pędzel płaski *m*
флейцевая кисть *f*

der **Plattpinsel**
la brosse coudée
pędzel spłaszczony *m*
кисть с длинной рукояткой *f*

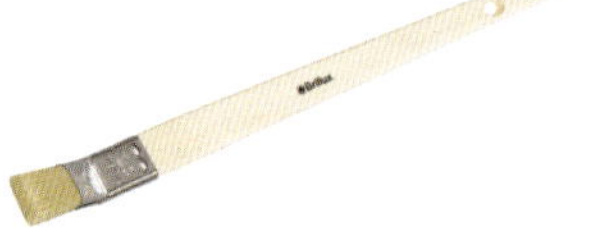

der **Heizkörperpinsel**
la brosse radiateur coudée
pędzel kaloryferowy *m*
радиаторная кисть *f*

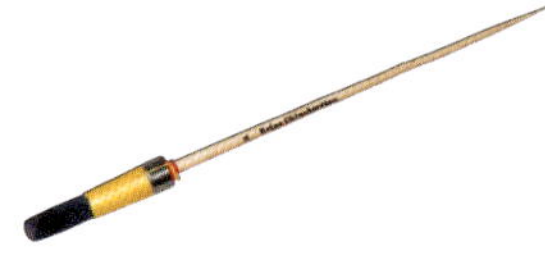

der **Ringstrichzieher**
la brosse fine ronde
pędzel okrągły do kresek *m*
круглая кисть для рисования линий *f*

der **Schrägstrichzieher**
la brosse fine coudée
krzywak *m*
кисть с угловым срезом *f*

der **Schablonierpinsel**
der **Stupfpinsel**
le pinceau pochoir
pędzel do szablonów *m*
трафаретная кисть *f*

der **Modler**
le pinceau plat étroit
pędzel syntetyczny *m*
синтетическая кисть *f*

der **Dachsvertreiber**
le balai blaireau
pędzel z włosia borsuka *m*
кисть из барсучьего волоса *f*

der **Zackenpinsel**
le pinceau dentelé multi-tête
pędzel do mazerowania *m*
кисть для имитации структуры дерева *f*

die **Streichbürste**
la brosse rectangulaire
szczotka malarska *f*
малярная щётка *f*

der **Flächenstreicher**
le pinceau plat
pędzel szeroki *m*
широкая кисть *f*

die **Deckenbürste**
la brosse à plafond
pędzel do sufitów *m*
потолочная щётка *f*, макловица *f*

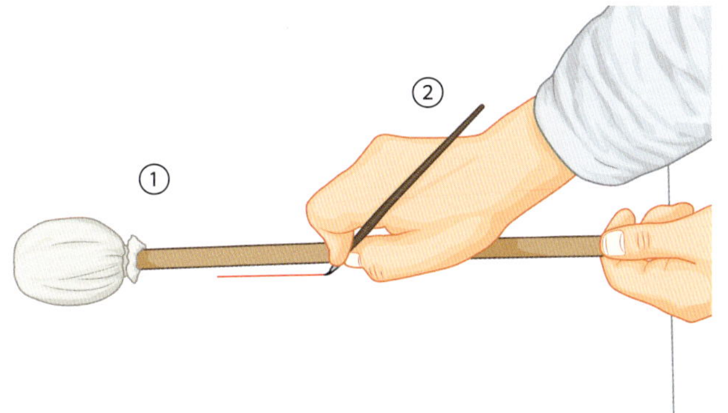

das **Strichziehen**
la méthode de traçage
malowanie kresek *n*
рисование линий *n*

① der **Malstock**
l'appuie-main
laska malarska *f*
муштабель *m*

② der **Ringstrichzieher**
le pinceau rond
pędzel okrągły do kresek *m*
круглая кисть для штрихов *f*

5.2.7 Streichen mit Rollen und Walzen - La peinture au rouleau - Malowanie wałkiem - Окрашивание валиком

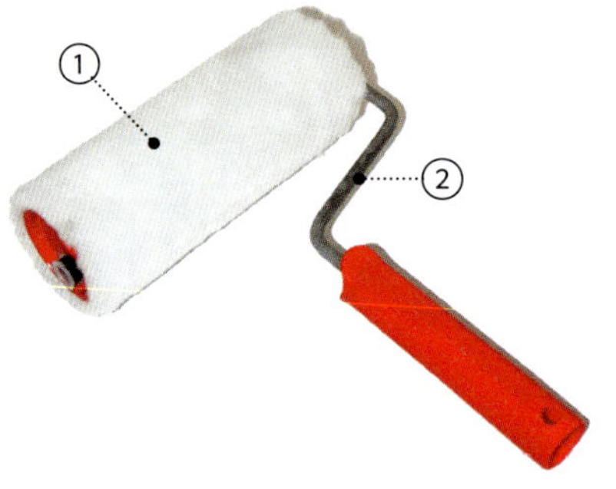

der **Farbroller**
le rouleau de peintre
wałek malarski *m*
малярный валик *m*

① die **Walze**
le manchon
wałek *m*
валик *m*

② der **Rollenbügel**
le manche
rączka *f*
рукоятка *f*

die **Lackierrolle für Acryllacke**
le manchon pour peinture acrylique
wałek do farb akrylowych *m*
валик для акриловых красок *m*

der **Rohrroller**
le rouleau à manche long
wałek do malowania rur *m*
валик для покраски труб *m*

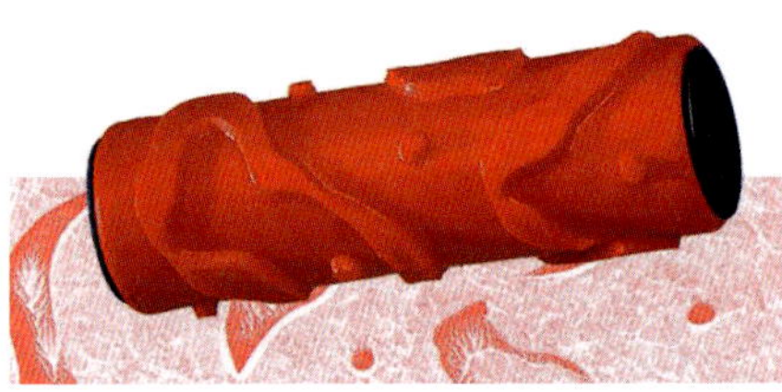

die **Strukturwalze**
le manchon de gaufrage
wałek strukturalny *m*
структурный валик *m*

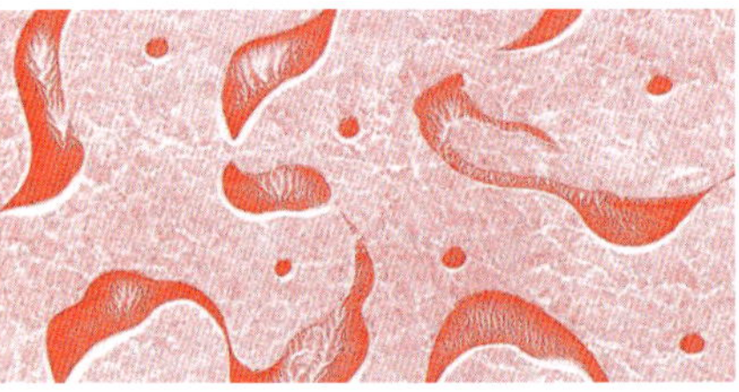

das **Strukturbild**
le motif
wzór strukturalny *m*
фактурный образец *m*

5.2.8 Spritzen, Sprühen und Fluten - La pulvérisation et l'application d'un revêtement - Natrysk i powlekanie - Окрашивание распылением

Die Spritzpistole - Pistolet à peinture - Pistolet natryskowy - Распылительный пистолет

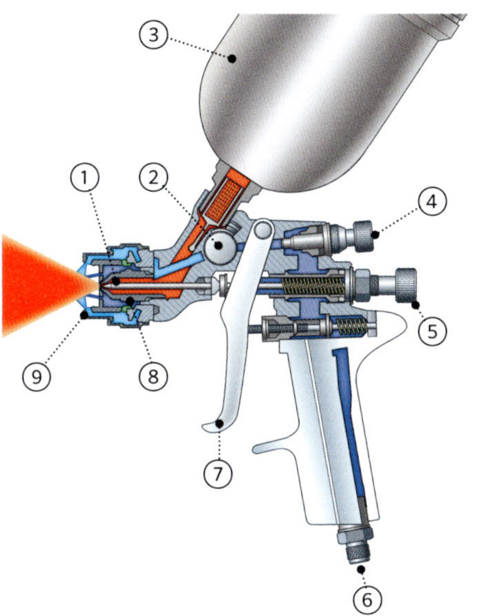

die **Funktionsweise beim Fließsystem**
avec alimentation par gravité
zasada działania systemu grawitacyjnego *f*
принцип действия гравитационной системы *m*

① die **Farbnadel**
l'aiguille de pulvérisation
igła *f*
игла *f*

② die **Strahlregulierung**
le contrôle de pulvérisation
regulacja strumienia *f*
регулирование потока *n*

③ der **Materialbecher**
le réservoir
zbiornik *m*
контейнер для краски *m*, воронка *f*

④ der **Pressluftmikrometer**
le micromètre à air
mikrometr sprężonego powietrza *m*
микрометр сжатого воздуха *m*

⑤ die **Materialmengenregulierung**
le régulateur de fluide
regulacja przepływu *f*
регулирование входного потока *n*

⑥ die **Druckluft**
l'air comprimé
sprężone powietrze *n*
сжатый воздух *m*

⑦ der **Abzugsbügel**
la gâchette
spust *m*
спусковой механизм *m*

⑧ die **Farbdüse**
la buse de fluide
dysza farby *f*
сопло для краски *n*

⑨ der **Luftkopf**
le chapeau d'air
głowica powietrza *f*
пневматическая головка *f*

Der Düsensatz - Jeu de buses - Zestaw filierowy - Набор сопел

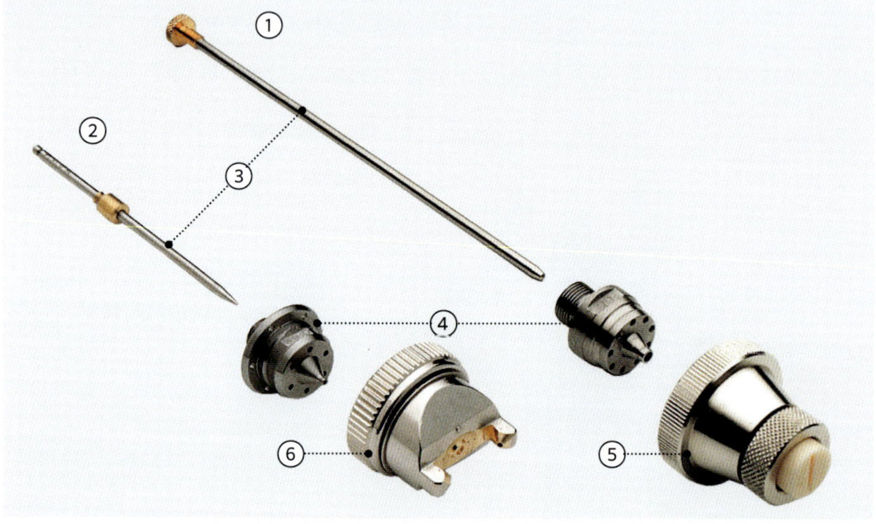

① das **Innenmischsystem**
le système interne
wewnętrzny system mieszania *m*
внутренняя система смешивания *f*

② das **Außenmischsystem**
le système externe
zewnętrzny system mieszania *m*
внешняя система смешивания *f*

③ die **Farbnadel**
l'aiguille de pulvérisation
igła *f*
игла *f*

④ die **Farbdüse**
la buse de pulvérisation
dysza farby *f*
распылительное сопло *n*

⑤ die **Innenmischkammer**
la chambre de mélange
wewnętrzna komora mieszania *f*
внутренняя камера смешивания *f*

⑥ die **Luftdüse**
la buse à air
dysza ciśnieniowa *f*
сопло для воздуха *n*

Materialzufuhrsysteme - Systèmes d'alimentation - Systemy dostarczania materiału - Системы подачи материала

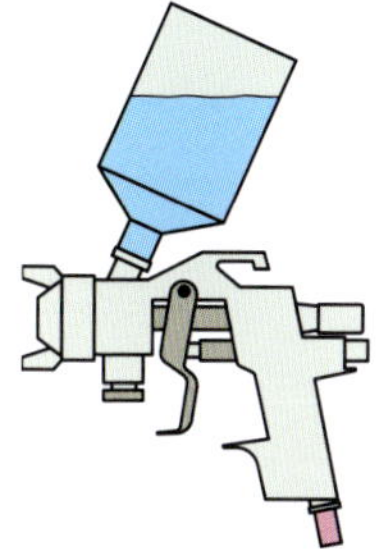

das **Fließsystem**
l'alimentation par gravitation
system przepływu *m*
гравитационная подача *m*

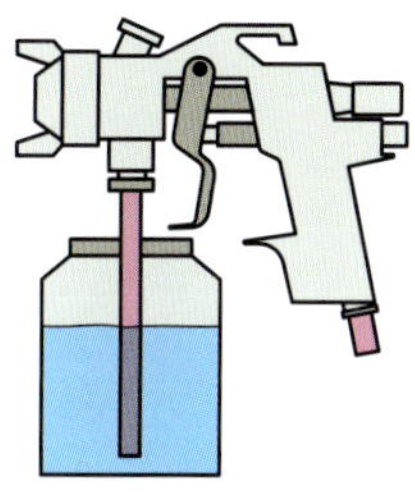

das **Saugsystem**
l'alimentation par aspiration
system ssący *m*
всасывающая система *f*

das **Drucksystem**
l'alimentation par pression
system ciśnieniowy *m*
подача под давлением *f*

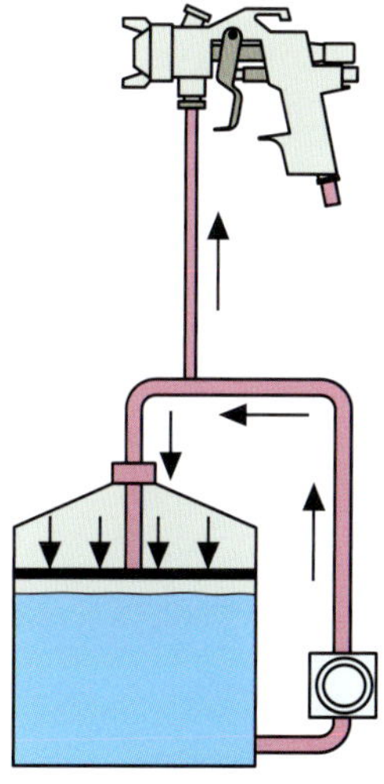

das **Umlaufsystem**
le système à recyclage
system obiegu *m*
система циркуляции *f*

Sprühdose (Grundprinzip) - Bombe aérosol (principes de base) - Aerozol (podstawy) - Аэрозоль (основы)

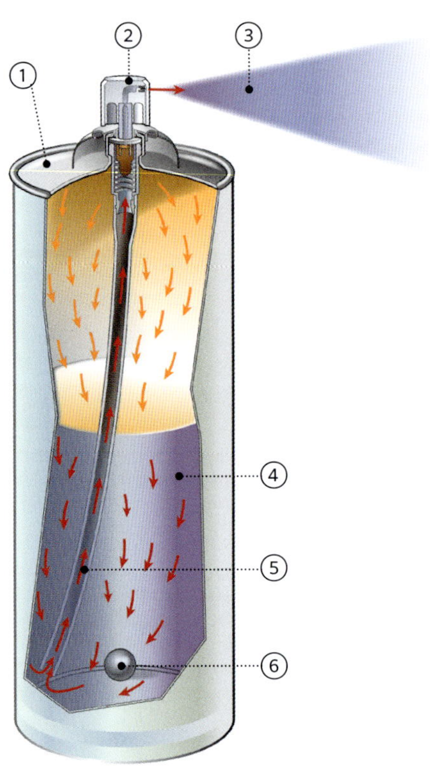

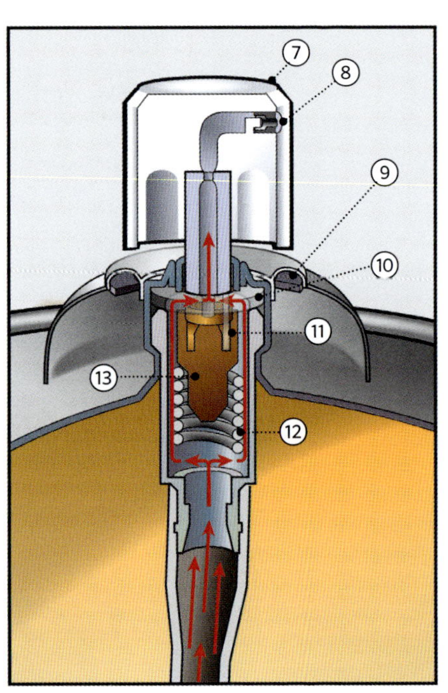

der **Ventilaufbau**
l'anatomie du pulvérisateur
budowa zaworu *f*
конструкция клапана *f*

① das **Dosengehäuse**
le réservoir
obudowa puszki *f*
сосуд *m*

② der **Druckkopf**
le diffuseur
główka ciśnieniowa *f*
распылительная головка *f*, пускатель *m*

③ **Lack und Verdünnung**
la peinture et le diluant
lakier i rozcieńczalnik
лак и растворитель

④ das **Treibgas**
le gaz propulseur
gaz nośny *m*
газ-носитель *m*

⑤ der **Eintauchschlauch**
le tube plongeur
rurka *f*
трубка *f*

⑥ die **Mischkugel**
l'agitateur
mieszadło *n*
мешалка *f*

⑦ der **Sprühkopf**
le diffuseur
główka rozpryskowa *f*
распылительная головка *f*

⑧ der **Sprüheinsatz**
l'orifice de pulvérisation
rozpylacz *m*
распылитель *m*

⑨ der **Dichtungsring**
le joint (de tige)
pierścień uszczelniający *m*
уплотнительное кольцо *n*

⑩ der **Ventilteller**
la coupelle de montage
talerz zaworu *m*
диск клапана *m*

⑪ der **Druckkopfstiel**
la tige
łącznik *m*
соединительный элемент *m*

⑫ die **Feder**
le ressort de soupape
sprężyna *f*
пружина *f*

⑬ die **Federkappe**
la coupelle de ressort
kapturek sprężyny *m*
колпачок пружины *m*

Elektrostatisches Spritzen (Grundprinzip) - La pulvérisation électrostatique (bases) - Natrysk elektrostatyczny (podstawy) - Электростатическое напыление (основы)

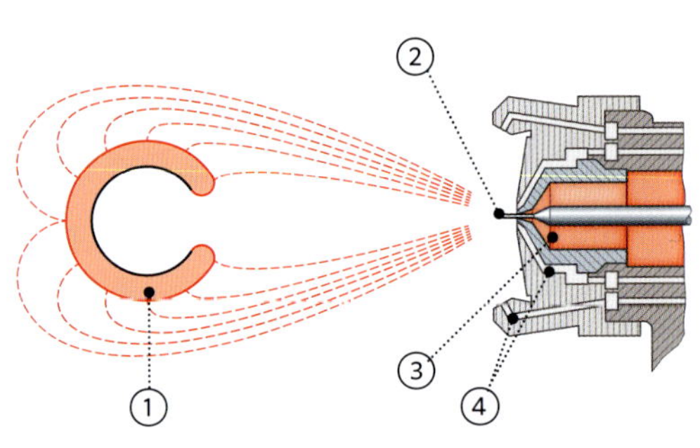

① das **Werkstück**
la pièce à traiter
element obrabiany *m*
обрабатываемая деталь *f*

② die **Hochspannungselektrode**
l'électrode haute tension
elektroda wysokonapięciowa *f*
высоковольтный электрод *m*

③ die **Farbe**
la peinture
farba *f*
краска *f*

④ die **Luft**
l'air
powietrze *n*
воздух *m*

Überdeckung beim Spritzen (Kreuzgang) - La pulvérisation croisée en deux phases - Natrysk krzyżowy - Крестообразное нанесение

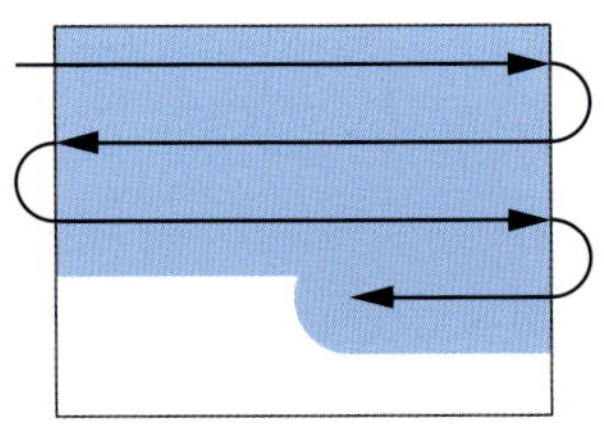

der **waagrechte Spritzgang**
la pulvérisation horizontale
poziomy kierunek natrysku *m*
горизонтальное распыление *n*

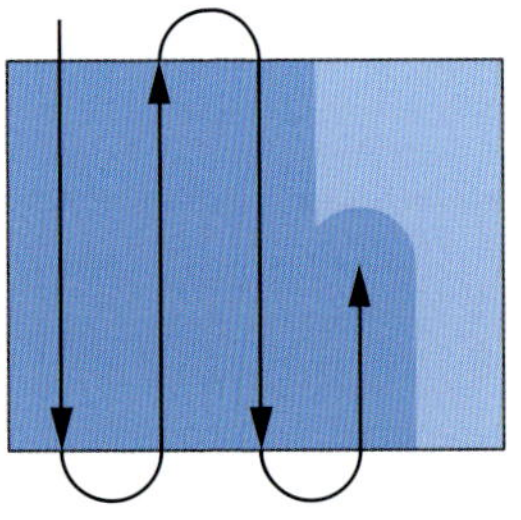

der **senkrechte Spritzgang**
la pulvérisation verticale
pionowy kierunek natrysku *m*
вертикальное распыление *n*

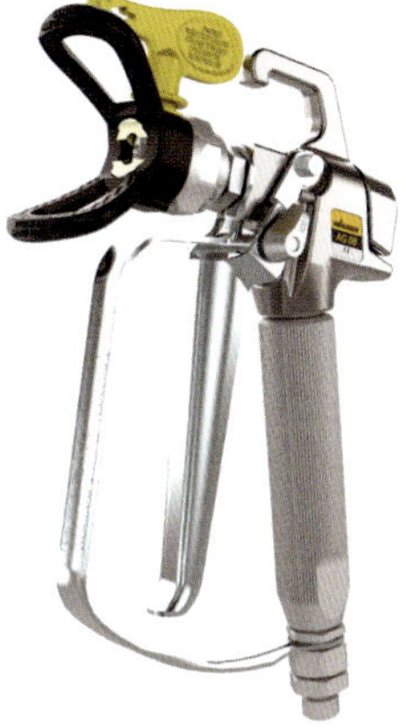

die **Airless-Spritzpistole**
le pistolet de pulvérisation sans air
pistolet malarski airless *m*
безвоздушный пистолет-распылитель *m*

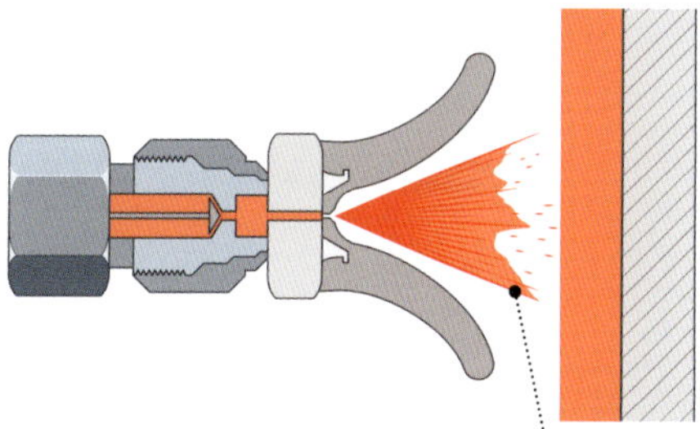

die **Zerstäubung**
l'atomisation
rozpylanie *n*
распыление *n*

das **Farbsprühgerät**
le pulvérisateur de peinture
agregat malarski *m*
малярный агрегат *m*

das **Fluten**
le revêtement par aspersion
zatapianie *n*
проточное покрытие *n*

5.2.9 Vergolden - Le dorage - Pozłacanie - Золочение

das **Blattmetall**
la dorure en métal
cienka folia metalowa *f*
металлическая фольга *f*

das **Vergolderkissen**
le coussin à dorer
poduszka pozłotnicza *f*
золочёная подушка *f*

der **Anschusspinsel**
umg der **Anschießer**
la palette à dorer
pędzel formierski *m*
лампемзель *m*

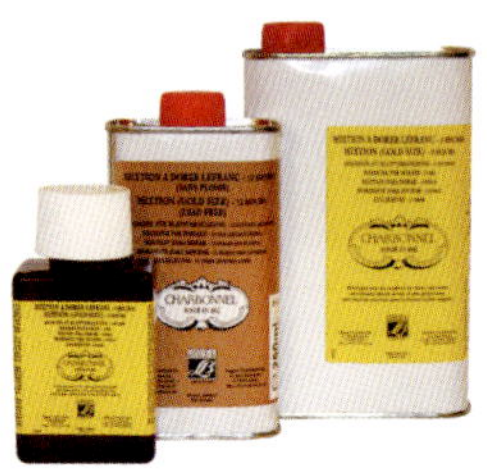

das **Anlegeöl**
die **Mixtion**
la mixtion à dorer
mikstion *m*
вещество для склеивания сусального золота *n*

das **Vergoldermesser**
le couteau à dorer
nożyk pozłotniczy *m*
нож позолотчика *m*

der **Vergolderpinsel**
le pinceau mouilleur à dorer
pędzel pozłotniczy *m*
кисть позолотчика *f*

der **Achatstein**
le polisseur d'agate
agat polerski *m*
полировочный инструмент из агата *m*, агатовый зубок *m*

5.2.10 Auftragen - Application - Aplikacja - Прикладные инструменты

die **Venezianische Glättkelle**
la taloche vénitienne
wenecka kielnia wygładzająca *f*
тёрка гладилка *f*

der **Stuckateurspachtel**
la truelle stucateur
szpachla sztukatorska *f*
штукатурная кельма-шпатель *f*

das **Reibebrett**
la taloche à plâtre
paca do zacierania *f*
тёрка *f*

die **Zahnkelle**
la taloche crantée
kielnia z ząbkami *f*
зубчатая кельма *f*

der **Zahnspachtel**
la spatule dentée
szpachla zębata *f*
зубчатый шпатель *m*

der **Zahnflächenspachtel**
la raclette crantée à colle
szpachla zębata powierzchniowa *f*
зубчатый шпатель для разбрасывания клея *m*

5.2.11 Tapezieren - La pose de papier peint - Tapetowanie - Оклейка обоями

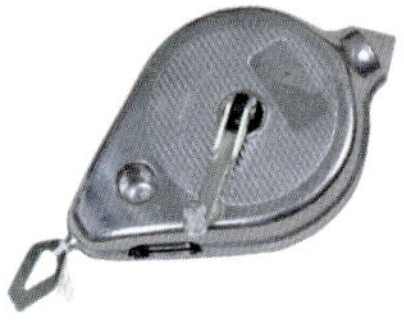

der **Schlagschnurfärber**
le cordeau traceur
linka traserska *f*
разметочная верёвка *f*

die **Deckenbürste**
la brosse à plafond
szczotka do sufitów *f*
щётка для потолков *f*

die **Tapetenschere**
(la) les (paire de) ciseaux à papier peint *pl*
nożyce do tapet *pl*
ножницы для обоев *pl*

der **Tapeten-Andrückspachtel**
la spatule à papier peint
szpachla dociskowa do tapet *f*
шпатель для разглаживания обоев *m*

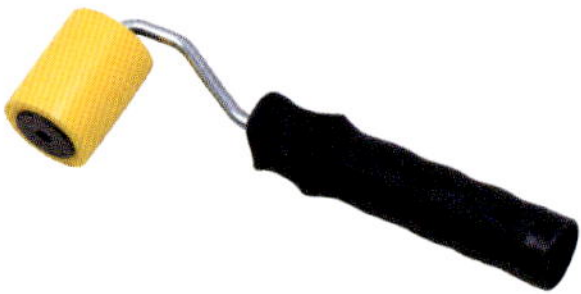

der **Tapeten-Nahtroller**
la roulette à joint pour papier peint
wałek do spoin tapet *m*
валик для стыков обоев *m*

die **Tapeten-Andrückwalze**
le rouleau souple pour papier peint
wałek dociskowy do tapet *m*
прижимной валик для обоев *m*

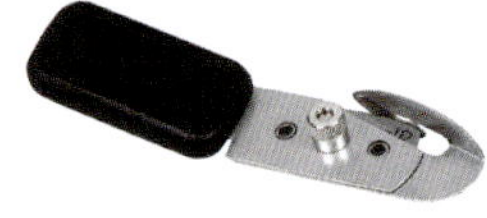

das **Tapeten-Ziehschnittmesser**
le coupe-bordure
nożyk hakowy do tapet *m*
нож для обоев *m*

die **Tapezierschiene**
le profilé pour papier peint
szyna do przycinania tapet *f*
обойная рейка *f*

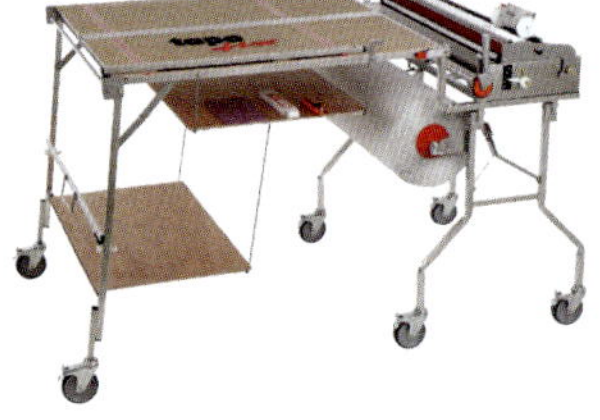

das **Tapeziergerät**
la table et encolleuse
urządzenie do tapetowania *n*
устройство для нанесения клея на обои *n*

die **Tapezierbürste**
la brosse à encoller
szczotka do tapet *f*
щётка для обоев *f*

der **Tapetenwischer**
le balai à encoller
szczotka do wygładzania tapet *f*
сглаживающая щётка для обоев *f*

5.2.12 Verlegen von Bodenbelägen - La pose de revêtement de sol - Układanie wykładziny podłogowej - Укладка напольных покрытий

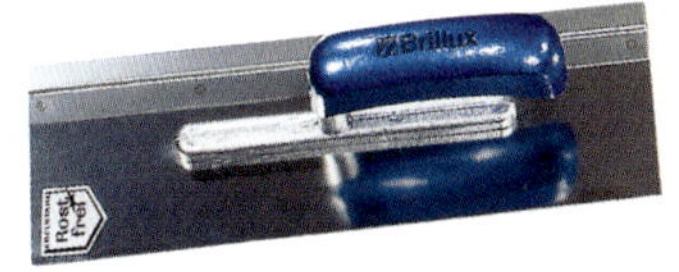

die **Zahnleisten-Verteilerkelle**
la taloche à double insert dentelé
kielnia zębata rozprowadzająca *f*
зубчатый распределительный шпатель *m*

die **Zahnkelle**
la taloche dentée
kielnia zębata *f*
зубчатый шпатель *m*

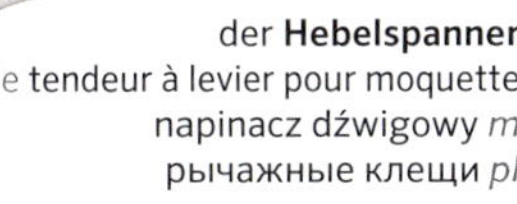

der **Hebelspanner**
le tendeur à levier pour moquette
napinacz dźwigowy *m*
рычажные клещи *pl*

der **Kniespanner**
le tendeur à genoux
napinacz kolanowy *m*
коленный стретчер *m*

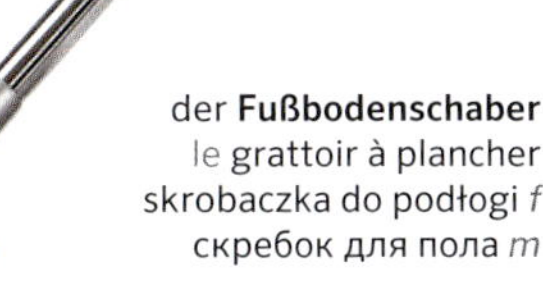

der **Fußbodenschaber**
le grattoir à plancher
skrobaczka do podłogi *f*
скребок для пола *m*

5.3 WERKSTOFFE UND BAUSTOFFE - TECHNOLOGIE ET MATÉRIAUX DE CONSTRUCTION - TWORZYWA I MATERIAŁY BUDOWLANE - СТРОИТЕЛЬНЫЕ МАТЕРИАЛЫ

5.3.1 Untergrundbeschaffenheit - La qualité du substrat - Właściwości podłoża - Свойства основания

Die Saugfähigkeit - La capacité d'absorption - Chłonność - Впитывающая способность

die **Porosität**
la porosité
porowatość *f*
пористость *f*

die **Rauhheit**
la rugosité (de surface)
chropowatość *f*
шершавость *f*

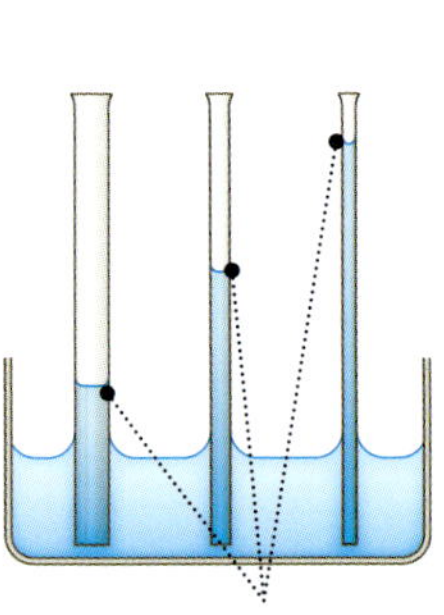

die **Kapillarwirkung**
l'action capillaire
kapilarność *f*
капиллярность *f*

der **Baustein**
le matériau de construction
budulec *m*
стройматериал *m*

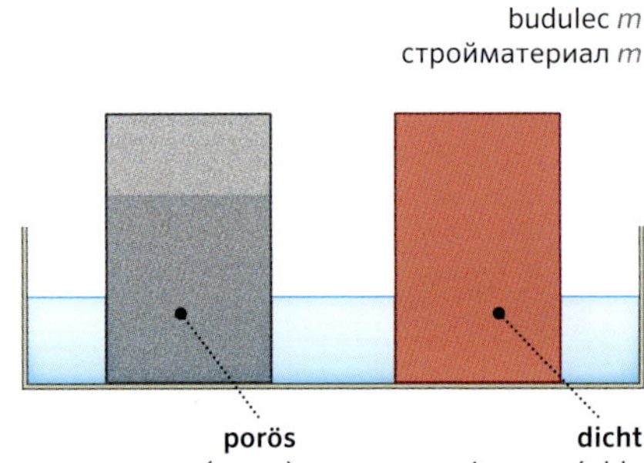

porös
poreux(-euse)
porowaty
пористый

dicht
imperméable
gęsty
густой

5.3.2 Untergrundschäden - Les défauts du substrat et les dommages - Uszkodzenia podłoża - Дефекты и повреждения основания

die **Blasen**
la boursouflure
pęcherzenie *n*
образование пузырей *n*

die **Abplatzung**
l'effritement
odpadanie *n*
отпадание *n*

der **Riss**
la fissure
pękanie *n*
растрескивание *n*

die **Verschmutzung**
l'encrassement
zabrudzenie *n*
загрязнение *n*

der **Betonschaden**
la dégradation de l'enduit
korozja betonu *f*
коррозия бетона *f*

der **Rost auf Stahl**
la rouille sur le métal
rdza na stali *f*
ржавчина на стали *f*

5.3.3 Untergrundpüfung - Tester le substrat - Badanie podłoża - Испытание основания

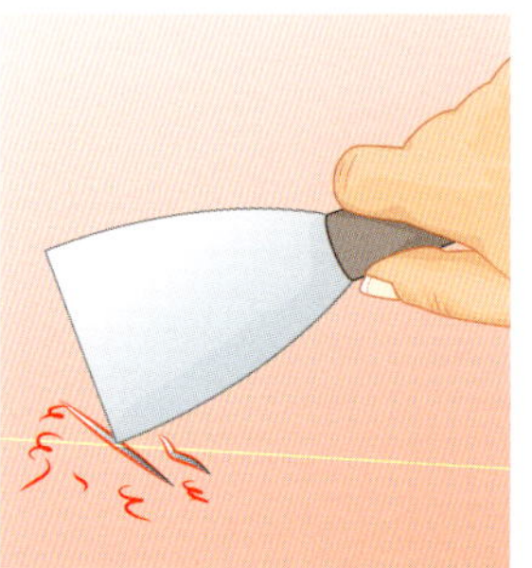

die **Kratzprobe**
le test de raclage
test zarysowania *m*
тест на царапины *m*

die **Abrissprobe**
umg der **Klebebandtest**
le test d'arrachement
test odrywający *m*
тест на прочность *m*

die **Anlöseprobe**
le test de résistance au solvant
test rozpuszczalności *m*
тест на устойчивость к растворителям *m*

das **Lösemittel** ①
umg die **Verdünnung**
le solvant
rozpuszczalnik *m*
растворитель *m*

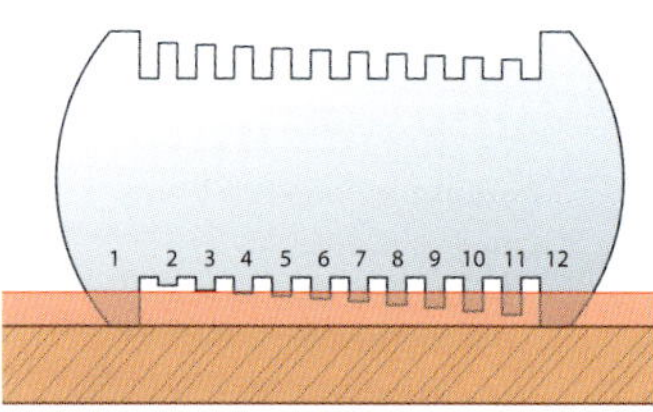

die **Schichtdickenmessung**
la mesure de l'épaisseur
pomiar grubości powłok *n*
измерение толщины покрытия *n*

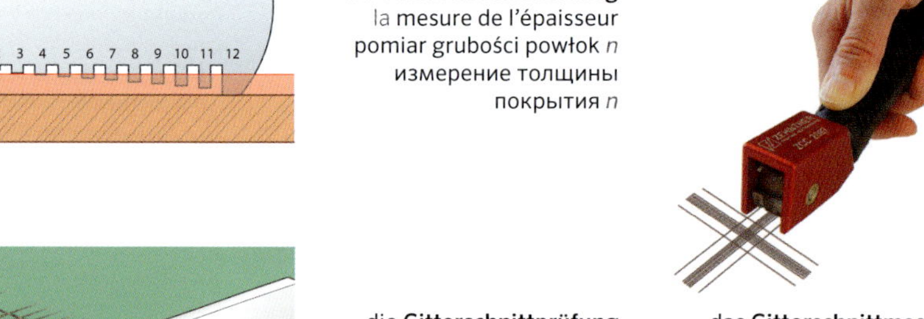

die **Gitterschnittprüfung**
le test en croix
badanie metodą siatki nacięć *n*
тест адгезии покрытий методом решетчатых надрезов *m*

das **Gitterschnittmesser**
le peigne de quadrillage
nóż do siatki nacięć *m*
нож для решетчатых надрезов *m*

5.3.4 Beschichtung - Les revêtements (peintures, vernis) - Nakładanie powłok - Нанесение покрытия

Bestandteile von Beschichtungsstoffen - La composition du revêtement - Składniki materiałów powłokowych - Компоненты лакокрасочных материалов

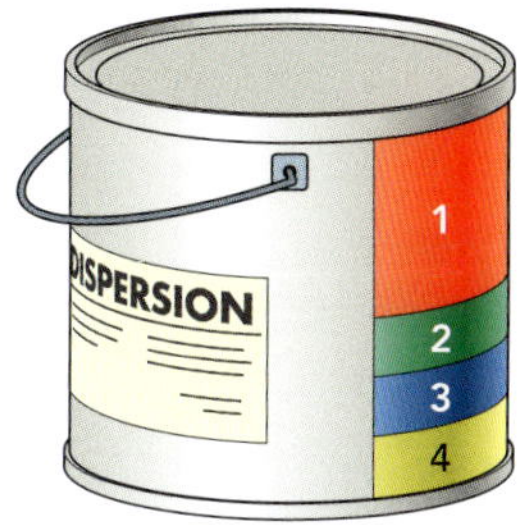

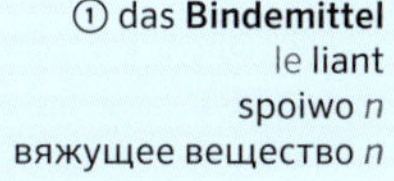

① das **Bindemittel**	② die **Additive**	③ das **Lösemittel**	④ die **Pigmente**
le liant	*umg* das **Zusatzmittel**	le solvant	le pigment
spoiwo *n*	l'additif	rozpuszczalnik *m*	pigmenty *pl*
вяжущее вещество *n*	dodatek *m*	растворитель *m*	пигменты *pl*
	добавка *f*		

Wirkungsweise der Bestandteile - Les effet des constituants - Działanie składników - Действия компонентов

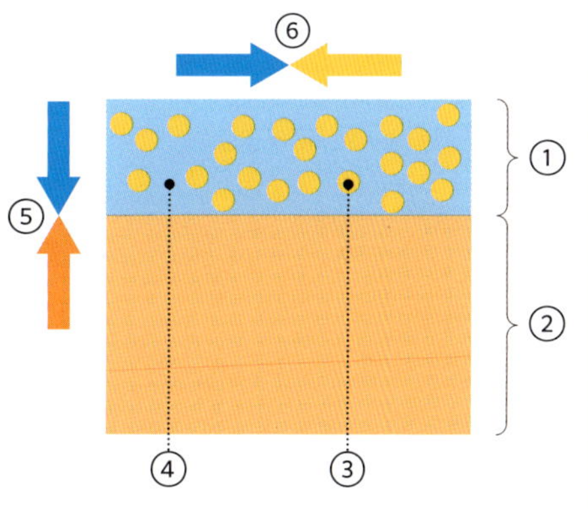

① die **Beschichtung**	② der **Untergrund**
le revêtement	le substrat
powłoka *f*	podłoże *n*
покрытие *n*	основа *f*
③ das **Pigment**	④ das **Bindemittel**
le pigment	le liant
pigment *m*	spoiwo *n*
пигмент *m*	вяжущее вещество *n*
⑤ die **Haftfähigkeit**	⑥ die **Bindefähigkeit**
la capacité d'accrochage	la force de liaison
przyczepność *f*	zdolność wiązania *f*
адгезия *f*	вяжущая способность *f*

Beschichtungsaufbau auf Metall - Les systèmes de revêtement des métaux - Systemy powłokowe do metalu - Системы покрытия металла

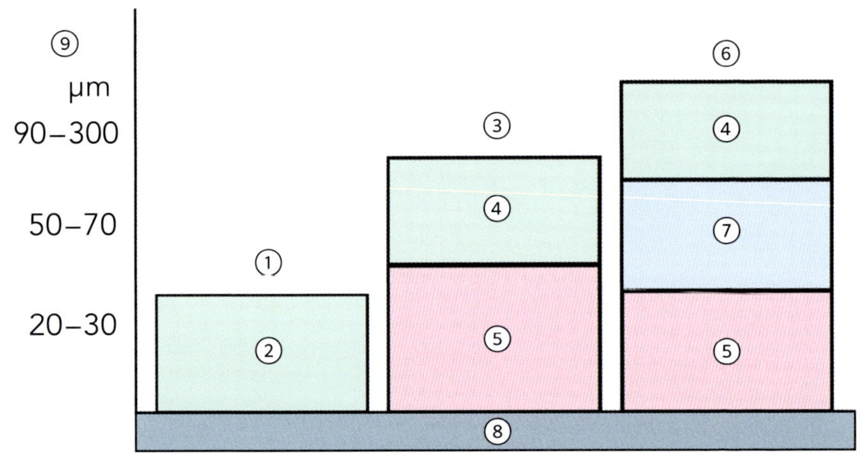

① die **Einschichtlackierung**
la finition monocouche
lakierowanie jednowarstwowe *n*
однослойное покрытие *n*

② die **Industrie-Einbrennlackierung**
le vernis de cuisson de qualité industrielle
przemysłowe lakierowanie piecowe *n*
лакировка *f*

③ die **Zweischichtlackierung**
la finition à deux couches
lakierowanie dwuwarstwowe *n*
двухслойное покрытие *n*

④ der **Decklack**
la couche de finition
lakier kryjący *m*
покровный лак *m*

⑤ die **Grundierung, Grundierfüller**
l'apprêt (enduit)
podkład *m*
грунтовка *f*

⑥ die **Dreischichtlackierung**
la finition à trois couches
lakierowanie trójwarstwowe *n*
трёхслойное покрытие *n*

⑦ der **Zwischenlack, Füller**
la couche intermédiaire
wypełniacz *m*
заполнитель *m*

⑧ das **Metall**
le métal (substrat)
metal *m*
металл *m*

⑨ die **Schichtdicke**
l'épaisseur du revêtement
grubość powłoki *f*
толщина покрытия *f*

Beschichtungsaufbau auf Holz - Les systèmes de revêtement du bois - Systemy powłokowe do drewna - Системы покрытия древесины

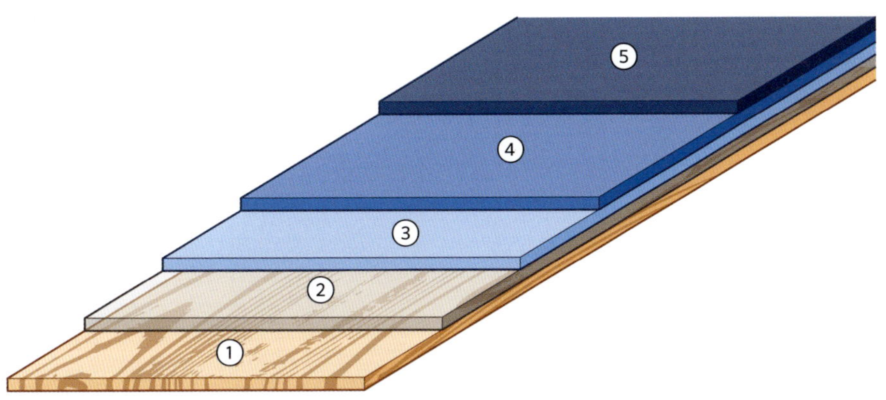

① der **Untergrund**
le substrat
podłoże *n*
основа *f*

② die **Imprägnierung**
l'imprégnation
impregnacja *f*
импрегнирование *n*

③ die **Grundierung**
l'apprêt
gruntowanie *n*
грунтование *n*

④ die **Zwischenbeschichtung**
la couche intermédiaire
warstwa pośrednia *f*
промежуточное покрытие *n*

⑤ die **Schlussbeschichtung**
la finition
warstwa wierzchnia *f*
верхний слой *m*

5.3.5 Wandbekleidungen - L'habillage des murs - Pokrycia ścian - Настенные покрытия

der **Tapetenkleister**
la colle à papier peint
klej do tapet *m*
клей для обоев *m*

die **Mustertapete**
le papier peint à motifs
tapeta z wzorem *f*
обои с рисунком *pl*

die **Raufasertapete**
le papier peint crépi
tapeta typu raufaza *f*
обои с древесной стружкой *pl*

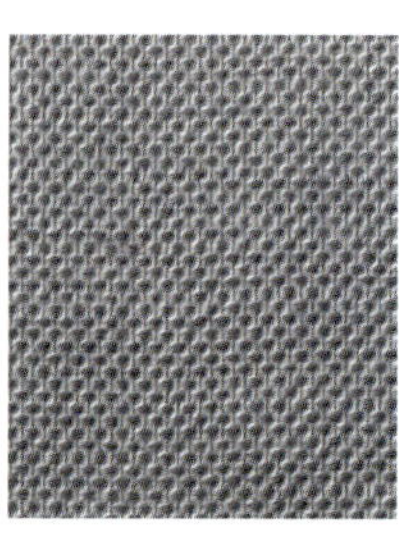

das **Glasfaservlies**
la fibre de verre
tapeta z włókna szklanego *f*
обои из стекловолокна *pl*, стеклообои *pl*

Kennzeichnung von Tapeten - Les labels de papier peint - Oznakowanie tapet - Маркировка обоев

das **Gütezeichen**
le label de qualité
znak jakości *m*
знак качества *m*

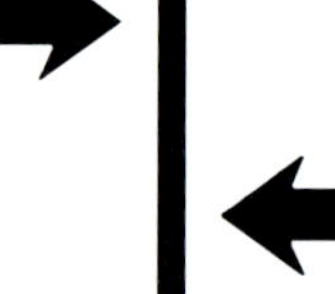

der **versetzte Ansatz**
le raccord sauté
przesunięcie wzoru *n*
смещенное расположение рисунка *n*

5.3.6 Bodenbeläge - L'habillage des sols - Wykładziny podłogowe - Напольные покрытия

die **Plattenware**
les plaques *pl*
płytki dywanowe *pl*
ковровые плитки *pl*

die **Bahnenware**
le tapis à dérouler
wykładziny rolkowe *pl*
ковровое покрытие *n*

die **Fertigware**
le produit fini
produkt gotowy *m*
готовый продукт *m*

Weiche Bodenbeläge - Les revêtements de sol souples - Miękkie wykładziny podłogowe - Мягкие напольные покрытия

der **Textile Bodenbelag**
umg der **Teppich**
le revêtement de sol textile
wykładzina tekstylna *f*
текстильное покрытие для пола *n*

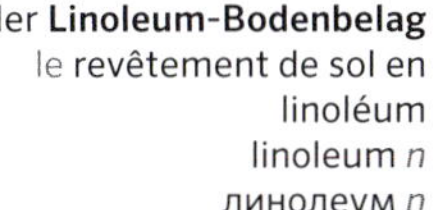

der **Linoleum-Bodenbelag**
le revêtement de sol en linoléum
linoleum *n*
линолеум *n*

① die **Nutzschicht**
la couche d'usure
warstwa użytkowa *f*
износостойкий слой *m*

② die **Trägerschicht**
le support
warstwa nośna *f*
поддерживающий слой *m*, подложка *f*

der **PVC-Bodenbelag**
le revêtement de sol en PVC
PCV *n*
напольное покрытие ПВХ *n*

Harte Bodenbeläge - Les revêtements de sol durs - Twarde wykładziny podłogowe - Твёрдые напольные покрытия

der **Laminat-Bodenbelag**
le revêtement de sol stratifié
panele *pl*
ламинированное покрытие для пола *n*

die **Platten mit Nut und Feder**
les planches à rainure et languette
płyty pióro-wpust *pl*
плиты шип-раз *pl*

die **verklebten Schichten (Laminat)**
les couches liées (stratifié)
klejone warstwy (panele) *pl*
ламинат для пола *m*

das **Parkett**
le parquet
parkiet *m*
паркет *m*

das **Hochkantlamellenparkett**
le parquet industriel
parkiet przemysłowy *m*
индустриальный паркет *m*

der **Stabparkett-Parallelverband**
le parquet en pont de bateau
parkiet klepkowy z łączeniem równoległym *m*
паркетная доска, параллельная укладка *f*

der **Stabparkett-Fischgrätverband**
le parquet à bâtons rompus
parkiet klepkowy z łączeniem w jodełkę *m*
паркетная доска, укладка в ёлку *f*

das **Hirnholzparkett**
le parquet en bois debout
parkiet z drewna o przekroju czołowym *m*
торцевой паркет *m*

5.4 FARBGESTALTUNG - COULEURS - KOLORYSTYKA - КОЛОРИСТИКА

5.4.1 Farbordnung - Nuancier chromatique - Paleta kolorów - Палитра цветов

Der Buntton - Teinte - Odcień - Цветовой тон

das **Gelb**
le jaune
żółty
жёлтый

das **Gelborange**
le jaune orangé
żółto-pomarańczowy
желто-оранжевый

das **Orange**
l'orange
pomarańczowy
оранжевый

das **Rotorange**
le rouge orangé
czerwono-pomarańczowy
красно-оранжевый

das **Rot**
le rouge
czerwony
красный

das **Rotviolett**
le rouge violacé
fioletowo-czerwony
красно-фиолетовый

das **Violett**
le violet
fioletowy
фиолетовый

das **Blauviolett**
le bleu violacé
fioletowo-niebieski
сине-фиолетовый

das **Blau**
le bleu
niebieski
синий

das **Blaugrün**
le bleu vert
niebiesko-zielony
сине-зелёный

das **Grün**
le vert
zielony
зелёный

das **Gelbgrün**
le vert jaunâtre
zielono-żółty
жёлто-зелёный

Der Farbkreis - Roue chromatique - Koło barw - Цветовой круг

der **Farbkreis**
la roue chromatique
koło barw *n*
цветовой круг *m*

Die Farbmischung - Mélange des couleurs - Mieszanie kolorów - Смешивание цветов

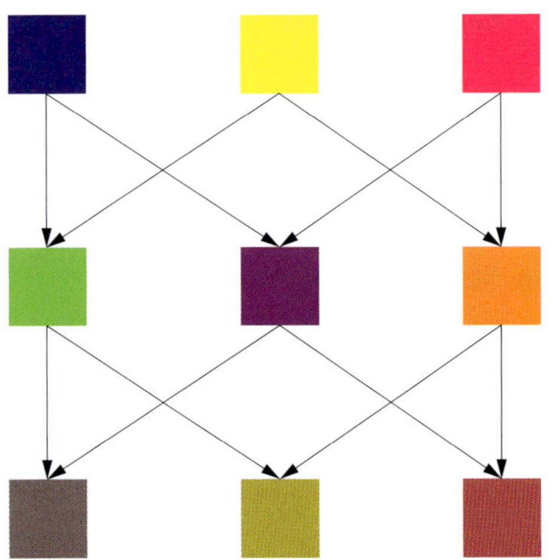

die **Primärfarben**
les couleurs primaires
barwy podstawowe *pl*
первичные цвета *pl*

die **Sekundärfarben**
les couleurs secondaires
barwy drugorzędowe *pl*
вторичные цвета *pl*

die **Tertiärfarben**
les couleurs tertiaires
barwy trzeciorzędowe *pl*
третичные цвета *pl*

Die Aufhellung - Eclaircissement - Rozjaśnianie - Повышение яркости

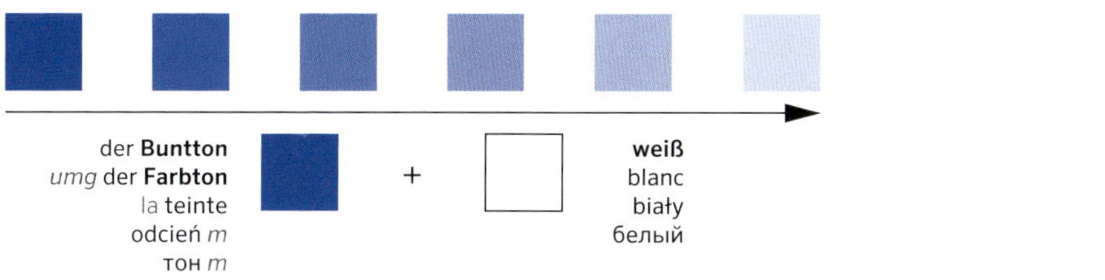

der **Buntton**
umg der **Farbton**
la teinte
odcień *m*
тон *m*

+

weiß
blanc
biały
белый

Die Abdunkelung - Obscurcissement - Przyciemnianie - Притемнение

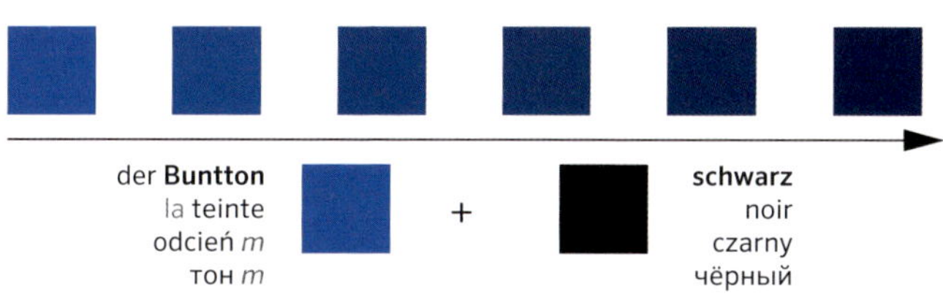

der **Buntton**
la teinte
odcień *m*
тон *m*

+

schwarz
noir
czarny
чёрный

Die Buntheit - Saturation - Saturacja - Насыщенность

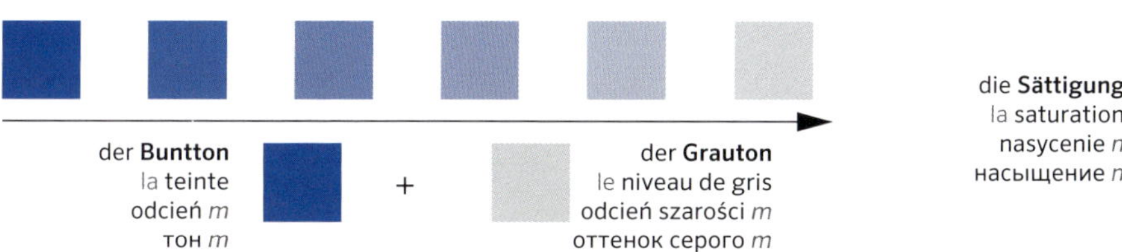

die **Sättigung**
la saturation
nasycenie *n*
насыщение *n*

der **Buntton**
la teinte
odcień *m*
тон *m*

+

der **Grauton**
le niveau de gris
odcień szarości *m*
оттенок серого *m*

Die Graureihe - Echelle des gris - Skala szarości - Серая шкала

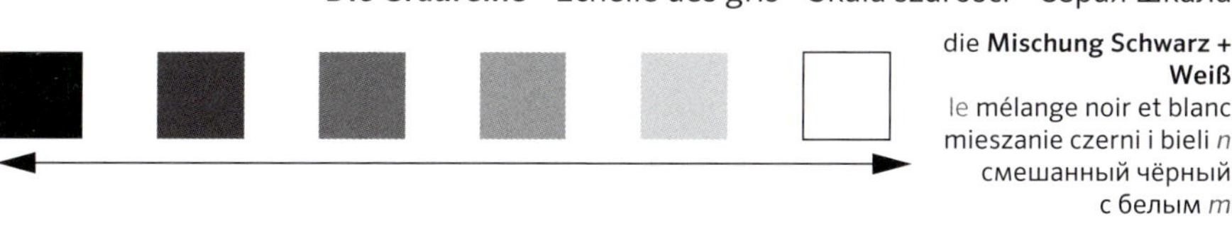

die **Mischung Schwarz + Weiß**
le mélange noir et blanc
mieszanie czerni i bieli *n*
смешанный чёрный с белым *m*

5.4.2 Oberflächenbeschaffenheit - Finition de surface - Właściwości powierzchni - Свойства поверхности

glänzend
brillant
błyszczący
глянцевый

matt
mat
matowy
матовый

5.4.3 Deckfähigkeit der Beschichtung - Capacité couvrante - Zdolność krycia - Кроющая способность

Die Beschichtungen - Peintures et enduits - Rodzaje powłok - Виды покрытий

transparent
transparent
przezroczysty
прозрачный

lasierend
lasuré
z połyskiem
с глянцем

deckend
opaque
kryjący
кроющий

5.4.4 Werkzeuge zum Gestalten - Outils des couleurs - Narzędzia kolorystyczne - Инструменты цвета

das **Farbmuster**
l'échantillon de couleur
próbka koloru *f*
образец цвета *m*

der **Farbfächer**
le nuancier de couleurs (éventail)
próbnik kolorów *m*
каталог образцов цвета *m*

der **Farbatlas**
le nuancier de couleurs (album)
atlas kolorów *m*
атлас цветов *m*

der **Probeanstrich**
la couche d'essai
warstwa próbna *f*
пробный слой *m*

5.4.5 Farbplanung - Modélisation de la couleur - Wybieranie kolorów - Подбор цветов

die **Fotografie**
la photographie
zdjęcie *n*
фотография *f*

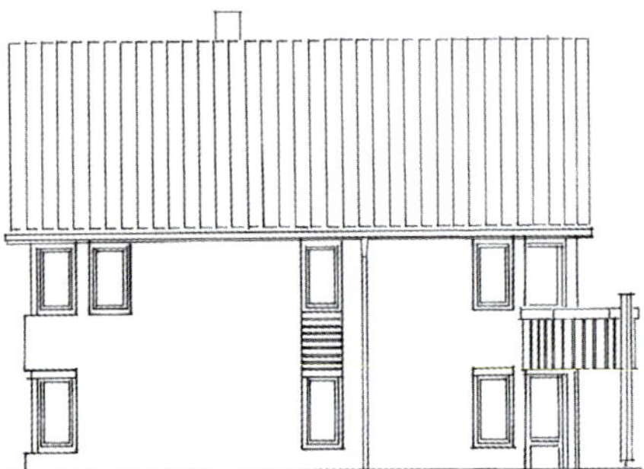

der **Ansichtsplan**
le plan d'élévation
widok elewacji *m*
чертёж фасада *m*

Vorschlag 1

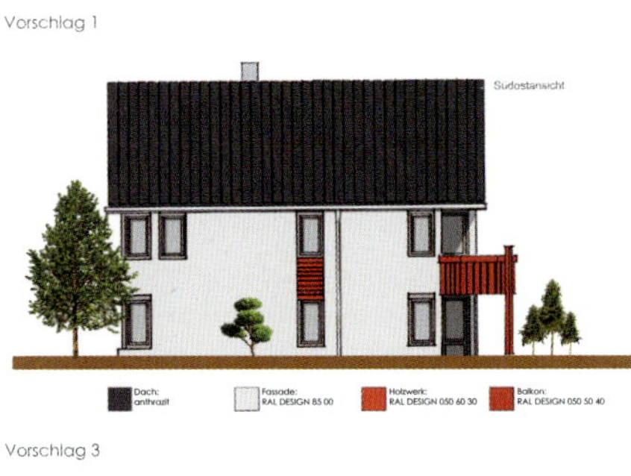

Vorschlag 2

Vorschlag 3

das **Farbkonzept**
la modélisation des couleurs
koncepcja kolorystyczna *f*
цветовая концепция *f*

5.4.6 Bauteilbezeichnungen - Éléments de la construction - Nazwy elementów konstrukcji - Элементы конструкции

Das Fachwerkhaus - Maison à colombages - Mur pruski - Фахверк

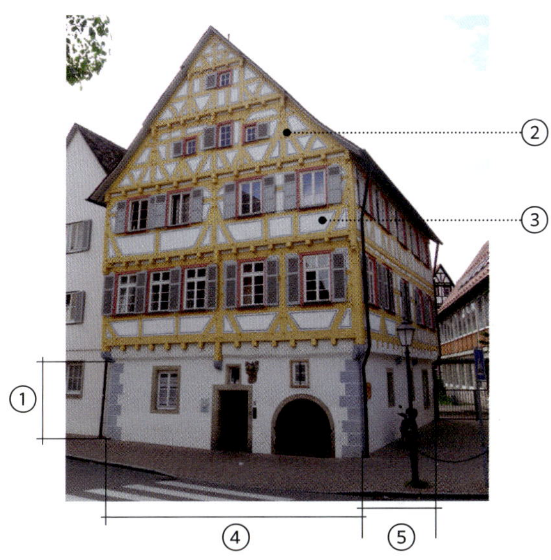

① das **Sockelgeschoss**
le rez-de-chaussée en pierre
dolna kondygnacja *f*
цокольный этаж *m*

② das **Fachwerk**
le cadre en bois
szkielet drewniany *m*
деревянный каркас *m*

③ das **Gefach**
la section
przestrzeń między elementami konstrukcyjnymi *f*
пространство между элементами конструкций *n*

④ die **Giebelseite**
le pignon
strona szczytowa *f*
фронтальная сторона *f*

⑤ die **Traufseite**
la façade latérale
strona okapowa *f*
карнизная сторона *f*

Die Fassade - Façade - Fasada - Фасад

① der **First**
le faîte
kalenica *f*
конёк *m*

② der **Giebel**
le pignon
szczyt *m*
щипец *m*

③ das **Fallrohr**
la descente d'eau pluviale (DEP)
rura spustowa *f*
водосточная труба *f*

④ der **Schornsteinkopf**
la sortie de cheminée
szczyt komina *m*
оголовок дымохода *m*

⑤ das **Dach**
le toit
dach *m*
крыша *f*

⑥ die **Dachgaube**
la lucarne
gibel *m*
дормер *m*

⑦ die **Traufe**
l'avant-toit
okap *m*
карнизный свес *m*

⑧ die **Regenrinne**
la gouttière
rynna *f*
водосточная труба *f*

⑨ die **Wand**
le mur
ściana *f*
стена *f*

⑩ der **Fensterladen**
le volet (de fenêtre)
okiennica *f*
оконные ставни *pl*

⑪ das **Fenster**
la fenêtre
okno *n*
окно *n*

⑫ der **Sockel**
le mur de fondation
cokół *m*
цоколь *m*

Der Innenraum - Intérieur - Wnętrze - Интерьер

① die **Deckenrosette**
la rosette de plafond
rozeta sufitowa *f*
потолочная розетка *f*

② die **Decke**
le plafond
sufit *m*
потолок *m*

③ der **Deckenfries**
la moulure de plafond
listwa przysufitowa *f*
потолочный фриз *m*

④ die **Deckenleuchte**
le plafonnier
lampa wisząca *f*
люстра *f*

⑤ die **Wand**
le mur
ściana *f*
стена *f*

⑥ die **Wandleuchte**
l'applique
kinkiet *m*
бра *n*

⑦ die **Treppe**
les escaliers
schody *pl*
лестница *f*

⑧ die **Lamperie**
umg die **Lambris**
le panneau à plate-bande
lamperia *f*
стеновая панель *f*

⑨ der **Sockel**
la plinthe
listwa przypodłogowa *f*
плинтус *m*

⑩ das **Fenster**
la fenêtre
okno *n*
окно *n*

⑪ die **Tür**
la porte
drzwi *pl*
дверь *f*

⑫ der **Boden**
le sol
podłoga *f*
пол *m*

① der **Handlauf**
la main courante
poręcz balustrady *f*
поручень *m*

② der **Geländerstab**
la rampe
słupek poręczy *m*
балясина *f*

③ die **Treppenwange**
le limon
policzek schodów *m*
тетива *f*

④ die **Setzstufe**
la contre-marche
podstopnica *f*
подступенок *m*

⑤ die **Trittstufe**
la marche
stopnica *f*
ступень *f*

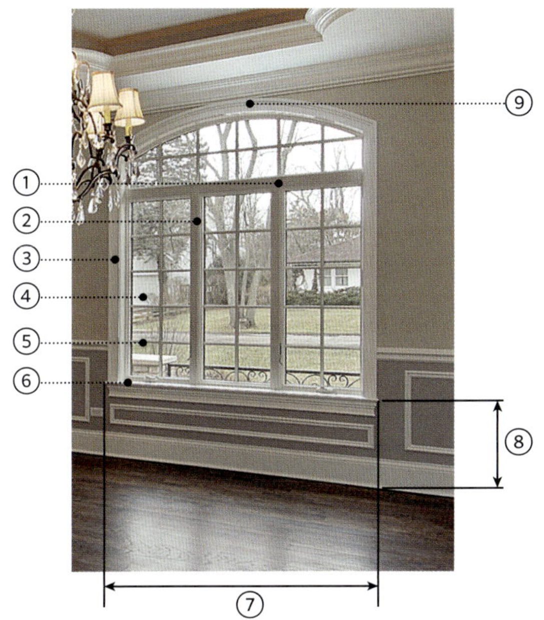

① der **Riegel**
umg der **Kämpfer**
la traverse
rygiel *m*
ригель *m*

② der **Fensterpfosten**
le meneau
słupek okienny *m*
оконный импост *m*

③ der **Fensterrahmen**
le cadre de fenêtre
rama okienna *f*
оконная рама *f*

④ die **Verglasung**
le vitrage
oszklenie *n*
остекление *n*

⑤ die **Fenstersprosse**
le croisillon
szczeblina okienna *f*
горбылёк *m*

⑥ die **Fensterbank**
umg die **Sohlbank**
le rebord de fenêtre
podokiennik *m*
подоконник *m*

⑦ die **Brüstung**
le parapet (de fenêtre)
parapet *m*
подоконник *m*

⑧ die **Brüstungshöhe**
la hauteur de parapet
wysokość parapetu *f*
высота подоконника *f*

⑨ der **Fenstersturz**
le linteau (de fenêtre)
nadproże okienne *n*
перемычка *f*

5.4.7 Werkzeugreinigung - Le nettoyage des outils - Czyszczenie narzędzi - Очистка инструментов

die **Wasch-und Spaltanlage**
la laveuse automatique (avec traitement de l'eau)
myjka automatyczna *f*
автоматическая мойка *f*

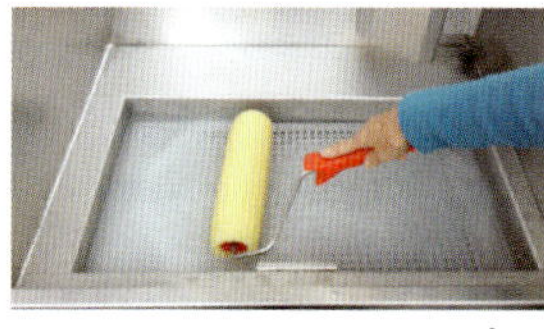

vorwaschen
le prélavage
myć wstępnie
подготовка к мытью

auswaschen
le lavage
wymyć, wypłukać
мытьё, полоскание

das **Reinigungsbecken**
le bassin de nettoyage
komora do czyszczenia *f*
моечная кабина *f*

① der **Rollenreiniger**
le nettoyeur de rouleau
myjka do wałków *f*
мойка для малярных валиков *f*

② der **Spritzschutz**
le pare-éclaboussures
osłona przed chlapaniem *f*
защита от брызг *f*

③ das **Reinigungsbecken**
le bassin
komora do czyszczenia *f*
камера очистки *f*

④ die **Spritzpistole**
le pistolet à jet de pression
pistolet natryskowy *m*
распылительный пистолет *m*

⑤ der **Sammelbehälter**
le réservoir
pojemnik zbiorczy *m*
сборный резервуар *m*

5.4.8 Umweltschutz - La protection de l'environnement - Ochrona środowiska - Охрана окружающей среды

schadstoffarm
la faible teneur en substances dangereuses
o niskiej zawartości substancji szkodliwych
с низким содержанием вредных веществ

das **Umweltzeichen**
l'écolabel
ekoetykieta *f*
эко-маркировка *f*

das **EU-Ecolabel**
l'Ecolabel UE
ekoetykieta UE *f*
эко-маркировка ЕС *f*

Die Abfallvermeidung - La minimisation des déchets - Minimalizacja odpadów - Минимизация отходов

der **wieder verwendbare Eimer**
le seau réutilisable (peinture)
wiadro wielokrotnego użytku *n*
ведро многоразового использования *n*

das **mehrfach verwendbare Abdeckvlies**
la feutrine absorbante à usages multiples
włóknina malarska wielokrotnego użytku *f*
малярный флизелин многоразового использования *m*

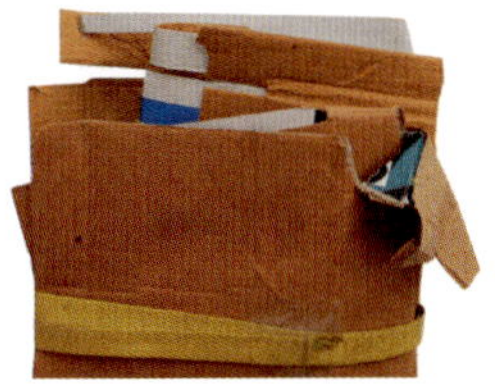

die **gesammelte Kartonage**
le carton collecté
zebrane kartony *pl*
собранные картоны *pl*

HOLZTECHNIK

LA MENUISERIE

TECHNOLOGIA DREWNA

ТЕХНОЛОГИЯ ДЕРЕВООБРАБОТКИ

6.1 BERUFE ▸ 4.3 - LES MÉTIERS - ZAWODY - ПРОФЕССИИ

stemmen
mortaiser
dłutować
долбить

die **Schreinerin/Tischlerin**
le menuisier
stolarz *m*
столяр *m*

sägen
scier
piłować
пилить, резать

der **Schreiner/Tischler**
le charpentier
stolarz *m*
столяр *m*

6.2 WERKSTOFFE ▸ 4.3.4 - LES MATÉRIAUX - MATERIAŁY - МАТЕРИАЛЫ

6.2.1 Holz - Le bois - Drewno - Лесоматериалы, древесина

Laubhölzer, Hartholz - Les bois durs - Drewno twarde - Твёрдая древесина

die **Eiche**
le chêne
dąb *m*
дуб *m*

die **Buche**
le hêtre
buk *m*
бук *m*

der **Ahorn**
l'érable
klon *m*
клён *m*

die **Kirsche**
le cerisier
wiśnia *f*
вишня *f*

der **Nussbaum**
le noyer
orzech włoski *m*
орех *m*

die **Esche**
le frêne
jesion *m*
ясень *m*

der **Birnbaum**
le poirier
grusza *f*
груша *f*

die **Ulme**
l'orme
wiąz *m*
вяз *m*

die **Birke**
le bouleau
brzoza *f*
берёза *f*

die **Akazie/Robinie**
l'acacia
akacja *f*
акация *f*

die **Linde**
le tilleul
lipa *f*
липа *f*

das **Mahagoni**
l'acajou
mahoń *m*
махагони *n*, махагон *m*

Nadelhölzer, Weichholz - Les bois tendres - Drewno miękkie - Мягкая древесина

die **Fichte**
l'épicéa
świerk *m*
ель *f*

die **Kiefer**
le pin
sosna *f*
сосна *f*

die **Lärche**
le mélèze
modrzew *m*
лиственница *f*

die **Douglasie**
le sapin de douglas
daglezja zielona *f*
псевдотсуга Мензиса *f*

die **Tanne**
le sapin
jodła *f*
пихта *f*

die **Eibe**
le bois d'if
cis *m*
тис *m*

Aufbau des Holzes - Structures du bois - Struktura drewna - Структура древесины

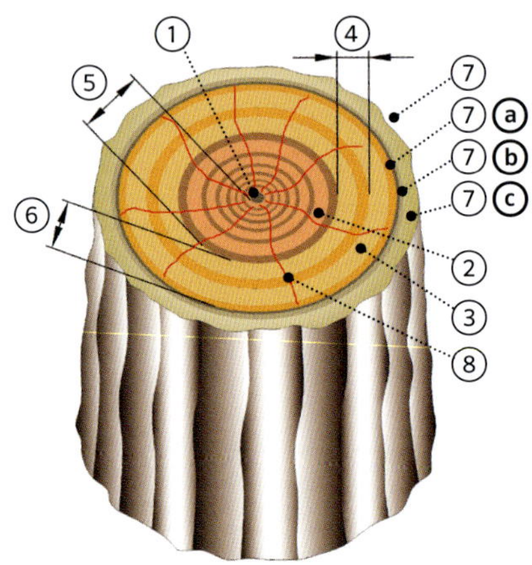

① die **Markröhre**
le cœur
rdzeń *m*
сердцевина *f*

② das **Frühholz**
le bois initial
drewno wczesne *n*
ранняя древесина *f*

③ das **Spätholz**
le bois final
drewno późne *n*
поздняя древесина *f*

④ die **Jahresringe**
les anneaux de croissance
słoje *pl*
годичные кольца *pl*

⑤ das **Kernholz**
le duramen
twardziel *f*
ядро *n*

⑥ das **Splintholz**
l'aubier
drewno bielaste *n*
заболонь *f*, подкорье *n*

⑦ die **Rinde**
l'écorce externe
kora wtórna *f*
пробка *f*

⑦ ⓐ das **Kambium**
le cambium (vasculaire)
kambium *n*
камбий *m*

⑦ ⓑ der **Bast**
le phloème
łyko *n*
лубяной слой *m*

⑦ ⓒ die **Borke**
l'écorce interne
kora pierwotna *f*
луб *m*

⑧ die **Markstrahlen, Holzstrahlen**
les rayons médullaires
promienie rdzeniowe *pl*
сердцевинные лучи *pl*

Erkennungsmerkmale von Holz - Les caractéristiques du bois - Cechy drewna - Свойства древесины

grobporig
à grain large
gruboporowate
крупнопористые

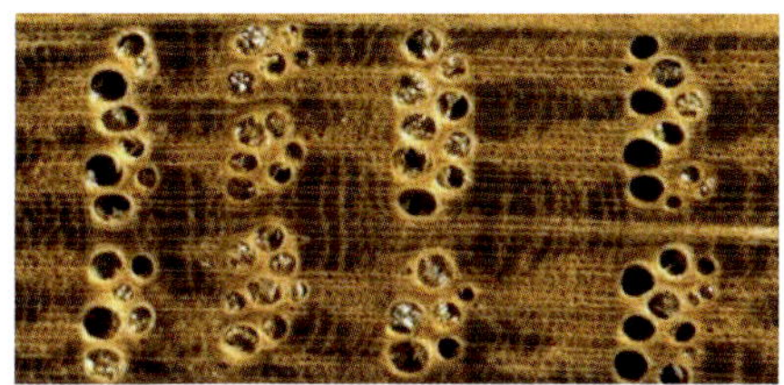

ringporig
à porosité annulaire
pierścieniowonaczyniowe
кольцесосудистые

feinporig
à grain fin
drobnoporowate
мелкопористые

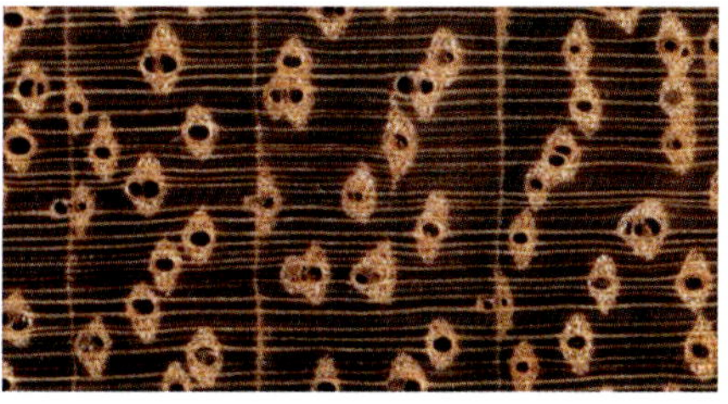

zerstreutporig
à porosité diffuse
o rozproszonych porach
рассеянные

das **Harz**
la résine
żywica *f*
смола *f*

die **Harzgalle**
la poche de résine
pęcherz żywiczny *m*
смоляной пузырь *m*

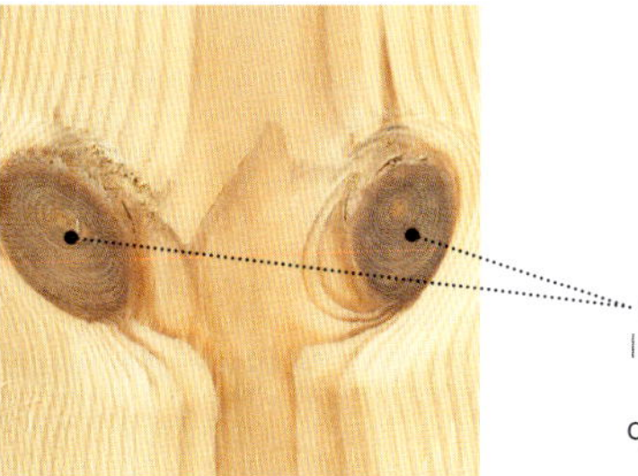

der **Ast**
le nœud
sęk *m*
сучок *m*

Das Arbeiten des Holzes - Le fil du bois - Zmiana właściwości drewna - Изменение физических свойств древесины

die **Wuchs- und Schwundrichtungen**
la croissance et la contraction
kurczenie i pęcznienie *n*
усушка и разбухание *f/n*

① **tangential**
tangentielle
styczne
тангенциальное

② **radial**
radiale
promieniowe
радиальное

③ **longitudinal, axial**
longitudinale, axiale
podłużne, wzdłużne
продольное

die **Verformung**
le gauchissement
odkształcenie *n*
коробление *n*

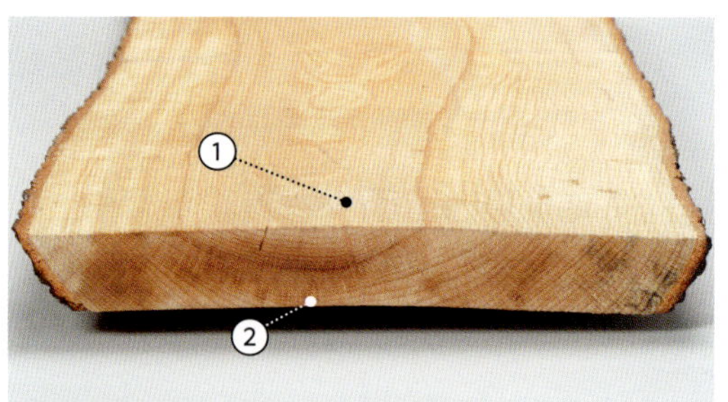

① **rechte Seite rund**
la face interne convexe
strona wewnętrzna wypukła *f*
выпуклая внутренняя сторона *f*

② **linke Seite hohl**
le côté externe concave
strona zewnętrzna wklęsła *f*
вогнутая наружная сторона *f*

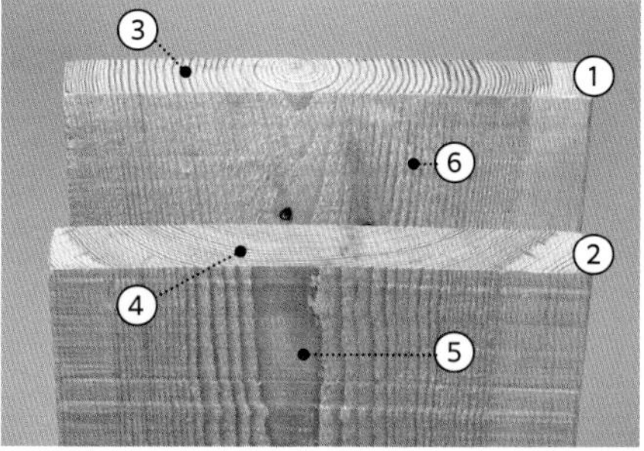

① das **Kernbrett, Mittelbrett**
le plateau sur quartier, sur faux-quartier
deska rdzeniowa *f*
центральная доска *f*

② das **Seitenbrett**
la dosse
deska boczna *f*
боковая доска *f*

die **Jahrringe**
les anneaux de croissance
słoje *pl*
годичные кольца *pl*

③ **stehend**
le débit radial
poprzeczne
поперечные

④ **liegend**
le débit sur la tangente
podłużne
продольные

die **Maserung**
le grain
rysunek słojów *m*
рисунок годичных колец *m*

⑤ **blumig, gefladert**
veiné
wzorzyste
узорчатый

⑥ **streifig**
le débit longitudinal
prążkowane
полосатые

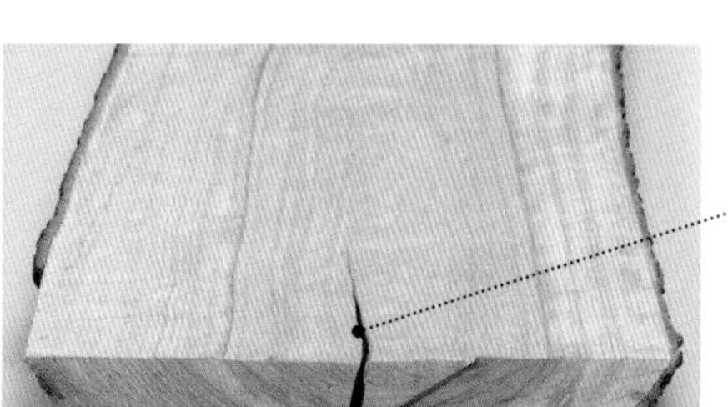

der **Trocknungsriss**
la fissure de séchage
pęknięcie skurczowe *n*
усадочная трещина *f*

6.2.2 Furnier - Le placage - Okleina - Облицовочная фанера

Arten von Furnier - Les types de placages - Rodzaje oklein - Виды облицовочной фанеры

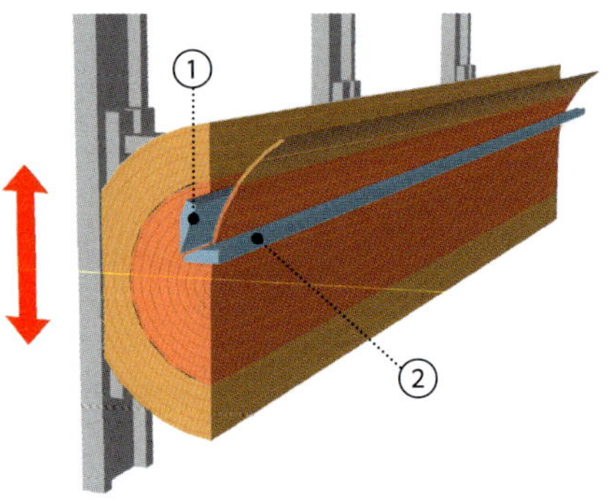

das **Messerfurnier**
le tranchage
fornir płasko skrawany *m*
строганый шпон *m*, ножевая фанера *f*

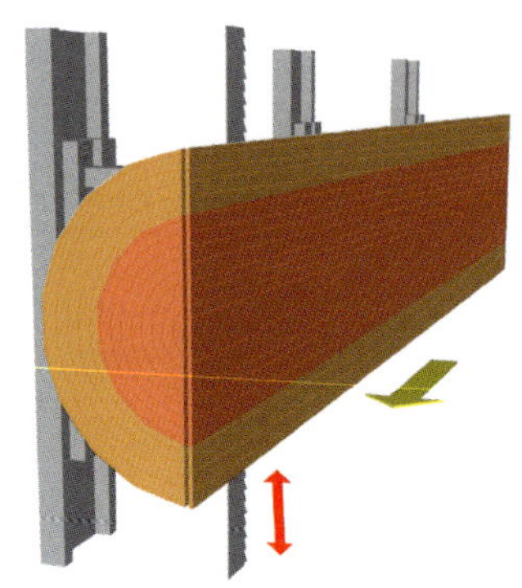

das **Sägefurnier**
le sciage
fornir skrawany *m*
строганый шпон *m*

① der **Messerbalken**
le couteau (à placage)
belka nożowa *f*
ножевая балка *f*

② der **Druckbalken**
la barre de pression
belka zgniatająca *f*
прижимная балка *f*

③ die **abgetrennte Furnierbahn**
le tranchage déroulé
pas forniru łuszczonego *m*
слой лущёного шпона *m*

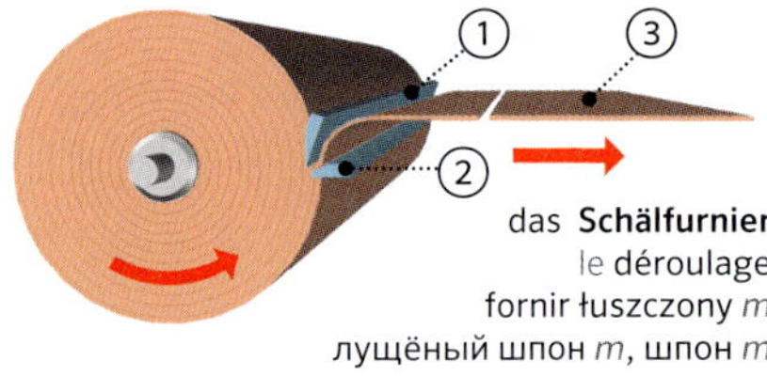

das **Schälfurnier**
le déroulage
fornir łuszczony *m*
лущёный шпон *m*, шпон *m*

Zusammensetzen von Furnieren - Les motifs de placage - Wzory oklein - Узоры шпона

das **Stürzen**
l'agencement à plat retourné
dopasowanie „na książkę" *n*
набор книжкой *m*

das **Drehen**
l'agencement à plat inversé
toczenie *n*
тангенциальный шпон с обратным согласованием *m*

die **Kreuzfuge**
le placage jointé
klejenie krzyżowe *n*
набор из четырёх частей *m*

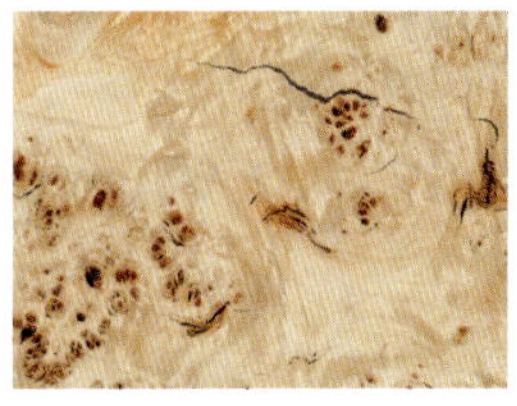

das **Vogelaugenahornfurnier**
le placage en érable piqué
fornir klon ptasie oczko *m*
шпон клён «птичий глаз» *m*

das **Schieben**
le placage affiné
dopasowanie ślizgowe *n*
типичный тангенциальный шпон *m*

die **Intarsie, Marketerie**
la marqueterie
markieteria *f*
маркетри *n*, деревянная мозаика *f*

6.2.3 Holzwerkstoffe - Le bois transformé - Tworzywa drzewne - Инженерная древесина

Spanwerkstoffe - Les agglomérés - Drewno prasowane - Прессованная древесина

die **kunstharzgebundene Flachpressplatte (P1-P7)**
umg die **Spanplatte**
le panneau d'aggloméré (P1-P7)
płyta wiórowa (P1-P7) *f*
древесно-стружечная плита ДСП *f*

das **OSB (oriented strand board)**
umg die **Langspanplatte**
l'OSB (panneau à copeaux orientés)
płyta OSB (oriented-strand board) *f*
ориентированно-стружечная плита *f*

die **kunststoffbeschichtete Spanplatte (MFB)**
le panneau de mélaminé (MFB)
płyta melaminowana (MFB) *f*
древесно-стружечная плита *f*

die **Strangpressplatte (ET/ES)**
umg die **Röhrenspanplatte**
le panneau de particules de bois extrudé
tubowa płyta wiórowa (ET/ES) *f*
ламинированная древесно-стружечная плита *f*

Sperrholz und Lagenwerkstoffe - Les contreplaqués et stratifiés - Sklejka i drewno warstwowe - Фанера и слоисто прессованная древесина

die **Leimholzplatte (einlagige SWP-Platte)**
le panneau en bois lamellé-collé
płyta klejona (jednowarstwowa płyta SWP) *f*
однослойная клеёная массивная плита *f*

die **Dreischichtplatte (dreilagige SWP-Platte)**
le panneau en bois massif stratifié à trois épaisseurs
płyta trójwarstwowa (trójwarstwowa płyta SWP) *f*
трёхслойная массивная плита *f*

das **Furniersperrholz (VP)**
umg das **Sperrholz**
le contreplaqué
sklejka fornirowana (VP) *f*
шпонированная фанера *f*

die **Multiplexplatte**
umg das **Multiplex**
le panneau multiplex
płyta multiplex *f*
многослойная фанера *f*

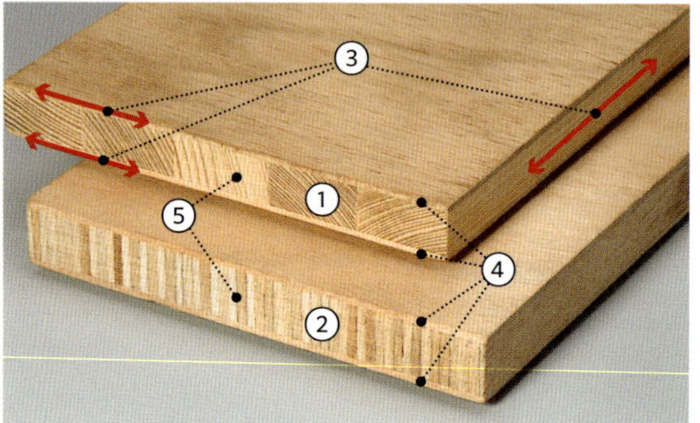

① die **Stabsperrholzplatte (ST)**
umg die **Tischlerplatte**
le panneau latté
płyta stolarska (ST) *f*
столярная плита со стержнем *f*

② die **Stäbchensperrholzplatte (STAE)**
umg die **Tischlerplatte**
le contreplaqué lamellé
płyta stolarska (STAE) *f*
столярная плита с серединкой из реек *f*

das **Absperrfurnier**
le contreplaqué
obłóg *m*
шпон *m*

③ der **Absperreffekt**
l'effet de contreplacage
efekt ochrony przed kurczeniem i pęcznieniem *m*
эффект защиты от усадки и набухания *m*

④ die **Decklage**
le plaqué extérieur
warstwa zewnętrzna *f*
внешний слой *m*

⑤ die **Mittellage**
la couche centrale
warstwa środkowa *f*
средний слой *m*

die **Siebdruckplatte**
le panneau contreplaqué phénolique
sklejka z filmem fenolowym *f*
фенольная фанера *f*

Holzfaserwerkstoffe - Les matériaux à base de fibre de bois - Płyty pilśniowe - Древесноволокнистые плиты

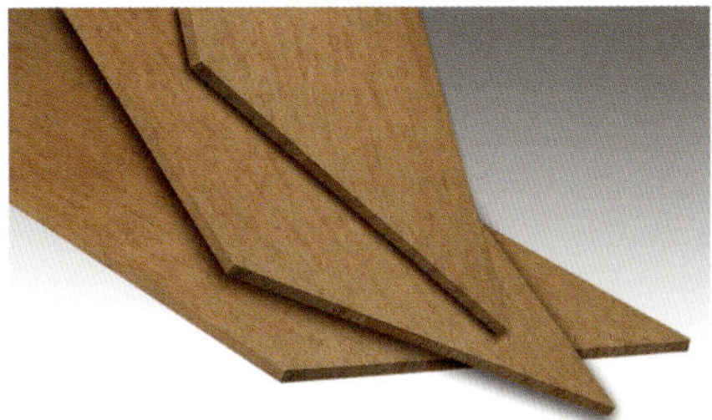

die **harte Holzfaserplatte (HB)**
umg die **Hartfaserplatte**
le panneau dur
płyta pilśniowa twarda (HB) *f*
древесноволокнистая плита *f*

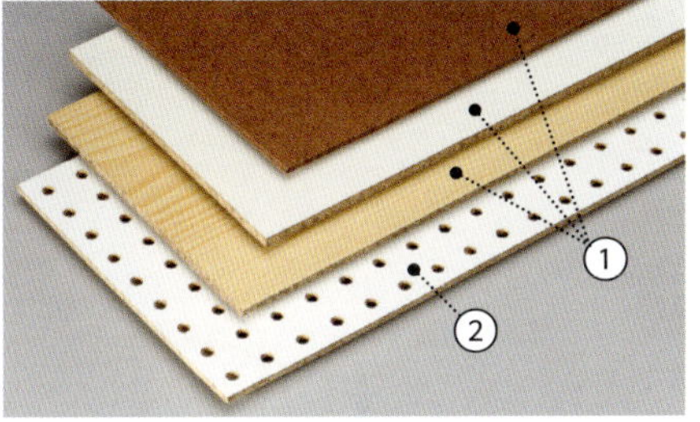

die **harte Holzfaserplatte**
le panneau en fibre de bois
płyta pilśniowa twarda *f*
древесноволокнистая плита *f*

① **beschichtet**
laminé
laminowana
ламинированная

② **gelocht**
perforé
perforowana
перфорированная

die **mitteldichte Faserplatte**
umg das **MDF**
le panneau en fibre à densité moyenne (MDF)
płyta MDF *f*
древесноволокнистая плита средней плотности *f*

die **poröse Holzfaserplatte (SB)**
umg die **Weichfaserplatte**
le panneau à fibres poreuses
płyta pilśniowa porowata *f*
пористая древесноволокнистая плита *f*

6.2.4 Kunststoffe - Les plastiques - Plastik - Пластик

der **duroplastische Kunststoff, Duroplast**
le plastique thermodurcissable
tworzywo duroplastyczne *n*
реактопласт *m*

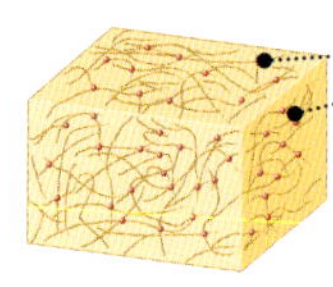

die **eng vernetzte Molekülstruktur**
la densité de réticulation élevée
gęsto usieciowana struktura cząsteczkowa *f*
плотно сшитая сетка молекулярной структуры *f*

der **thermoplastische Kunststoff, Thermoplast**
le thermoplastique
tworzywo termoplastyczne *n*
термопласт *f m*

die **unvernetzten Molekülfäden**
les chaînes moléculaires non réticulées
nieusieciowane łańcuchy cząsteczkowe *pl*
несшитые молекулярные цепи *pl*

der **elastomere Kunststoff, Elastomer**
l'élastomère
elastomer *m*
эластомер *m*

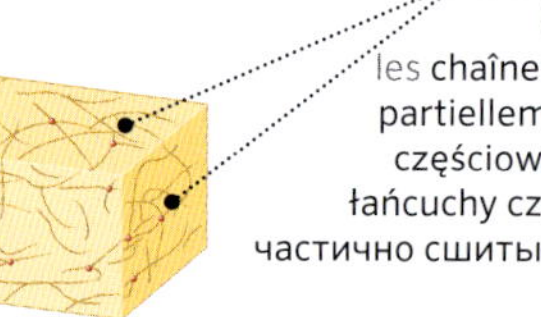

die **teilvernetzten Molekülfäden**
les chaînes moléculaires partiellement réticulées
częściowo usieciowane łańcuchy cząsteczkowe *pl*
частично сшитые молекулярные цепи *pl*

6.2.5 Metalle - Les métaux - Metale - Металлы

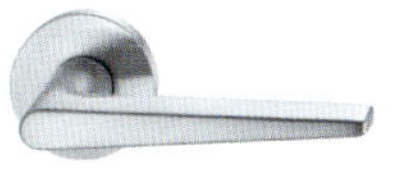

der **Edelstahl**
l'acier inoxydable
stal szlachetna *f*
нержавеющая сталь *f*

das **Kupfer**
le cuivre
miedź *f*
медь *f*

der **Stahl**
l'acier
stal *f*
сталь *f*

das **Zink**
le zinc
cynk *m*
цинк *m*

das **Aluminium**
l'aluminium
aluminium *n*
алюминий *m*

das **Blei**
le plomb
ołów *m*
свинец *m*

die **Kupfer-Zinn-Legierung**
umg die **Bronze**
l'alliage cuivre-étain
stop miedzi z cyną *m*
сплав меди с оловом *m*

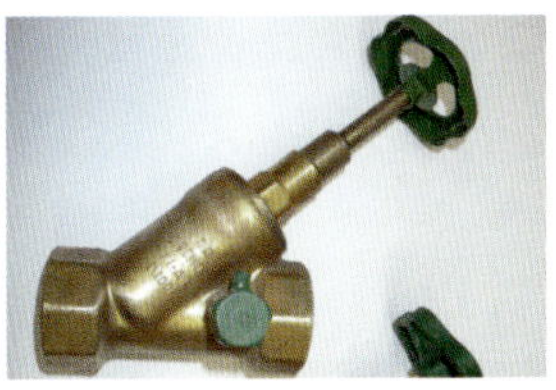

die **Kupfer-Zink-Legierung**
umg das **Messing**
l'alliage zinc-étain
stop miedzi z cynkiem *m*
сплав меди с цинком *m*

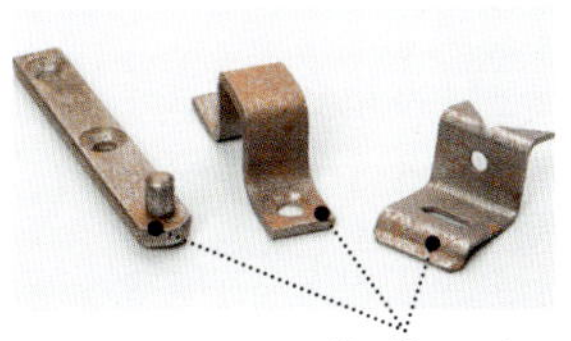

die **Korrosion**
umg der **Rost**
la corrosion
korozja *f*
коррозия *f*, ржавчина *f*

6.2.6 Glas - Le verre - Szkło - Стекло

Das Flachglas - Le verre plat - Szkło płaskie - Плоское стекло

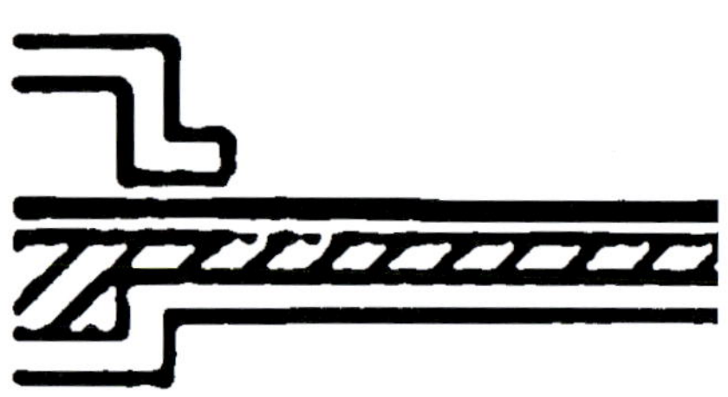

das **Floatglas**
le verre flotté
szkło typu float *n*
термополированное стекло *n*

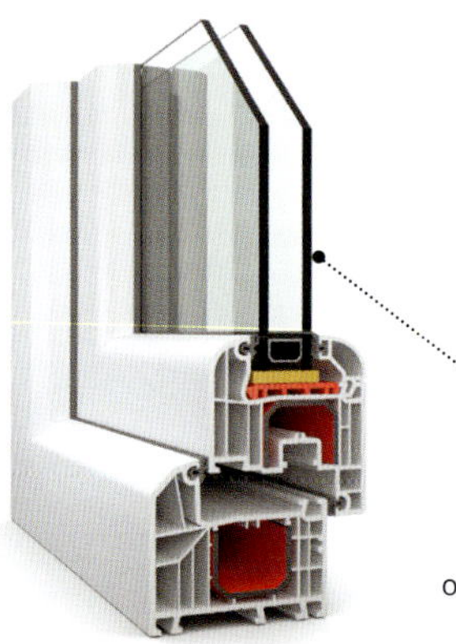

das **Fensterglas**
le vitrage
szkło okienne *n*
оконное стекло *n*

das **Guss-Walzglas**
le verre coulé
szkło lane walcowane *n*
прокатное стекло *n*

das **Ornamentglas**
le verre imprimé
szkło ornamentowe *n*
узорчатое стекло *n*

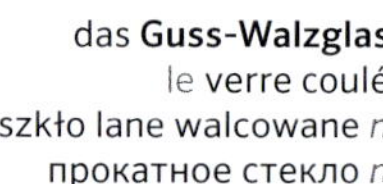

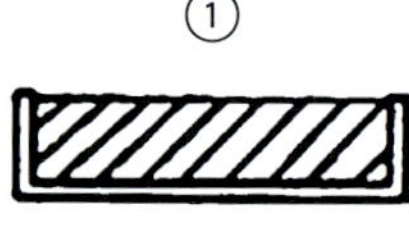

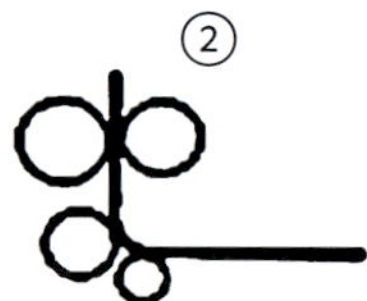

① **gießen**
mouler
odlewać
отливать

② **walzen**
laminer
walcować
прокатывать

das **Drahtglas**
le verre armé
szkło zbrojone *n*
армированное стекло *n*

6.2.7 Hilfsstoffe - Les auxiliaires - Materiały pomocnicze - Вспомогательные материалы

Klebstoffe und Beize - Les colles et teintures - Kleje i bejce - Клеи и морилки

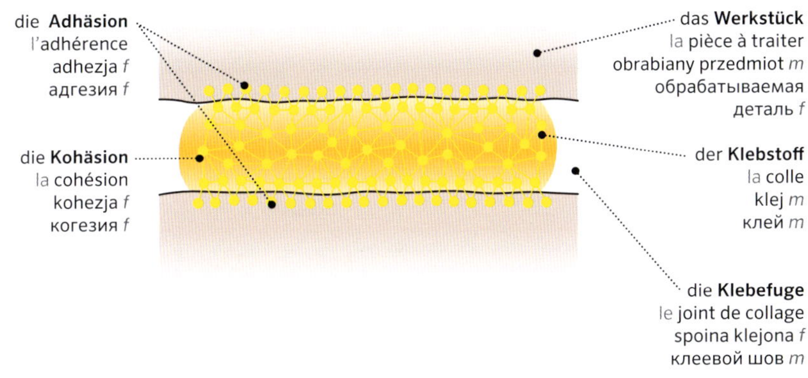

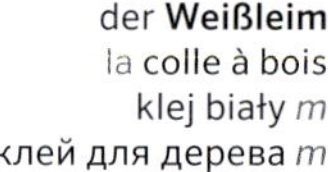

der **Weißleim**
la colle à bois
klej biały *m*
клей для дерева *m*

der **PUR-Leim**
umg der **Schaumleim**
la colle à bois polyuréthane
klej PUR *m*
полиуретановый клей *m*

die **Beize**
la teinture pour bois
bejca *f*
морилка *f*, бейц *m*

das **Beizen**
la teinture du bois
bejcowanie *n*
морение *n*, бейцовка *f*

das **Beizbild**
la finition de la teinture
obraz bejcy *m*
изображение морилки *n*

das **positive Beizbild**
le rendu du grain non inversé
pozytywowy obraz bejcy *m*
позитивное *n*

das **negative Beizbild**
le rendu du grain inversé
negatywowy obraz bejcy *m*
негативное *n*

6.3 HANDWERKZEUGE - LES OUTILS MANUELS - NARZĘDZIA RĘCZNE - РУЧНЫЕ ИНСТРУМЕНТЫ

6.3.1 Hämmer und Stemmeisen ▶ 4.3.1 - Les marteaux et ciseaux - Młotki i dłuta - Молотки и долота

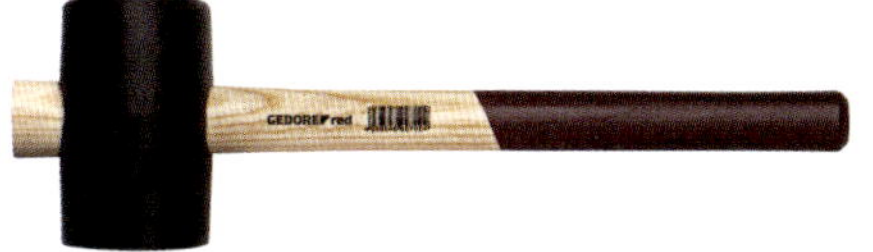

der **Gummihammer**
le maillet en caoutchouc
młotek gumowy *m*
резиновая киянка *f*

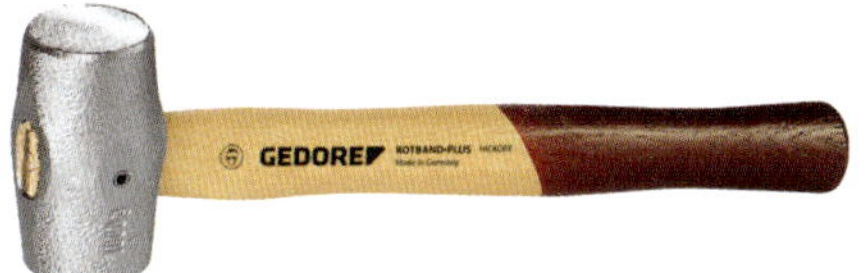

der **Bleihammer**
le maillet en plomb
młotek ołowiany *m*
свинцовый молоток *n*

der **Klüpfelhammer**
umg der **Holzhammer**
le maillet en bois
młotek drewniany *m*
деревянная киянка *f*

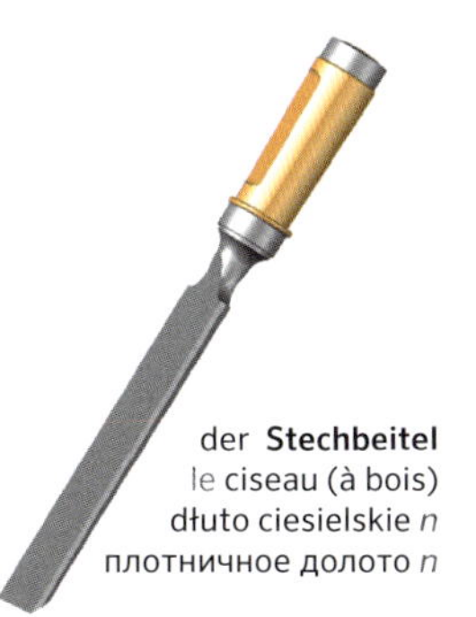

der **Stechbeitel**
le ciseau (à bois)
dłuto ciesielskie *n*
плотничное долото *n*

der **Lochbeitel**
la bédane
przysiek *m*
шиповое долото *n*

der **Hohlbeitel**
la gouge
żłobak *m*
желобчатое долото *n*

6.3.2 Feilen und Raspeln - Les limes et râpes - Pilniki i tarniki - Напильники и рашпили

① die **Halbrundfeile**
la lime demi-ronde
pilnik półokrągły *m*
полукруглый напильник *m*

② die **Dreikantfeile**
la lime triangulaire
pilnik trójkątny *m*
треугольный напильник *m*

③ die **Flachfeile**
la lime plate
pilnik płaski *m*
плоский напильник *m*

④ die **Vierkantfeile**
la lime carrée
pilnik kwadratowy *m*
квадратный напильник *m*

⑤ die **Rundfeile**
la lime ronde
pilnik okrągły *m*
круглый напильник *m*

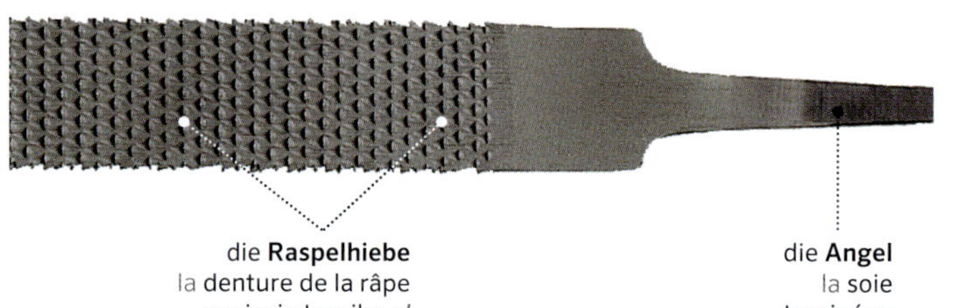

die **Raspel**
la râpe
tarnik *m*
рашпиль *m*

die **Raspelhiebe**
la denture de la râpe
nacięcia tarnika *pl*
рашпильная насечка *f*

die **Angel**
la soie
trzpień *m*
хвостовик *m*

6.3.3 Handsägen - Les scies à main - Piły ręczne - Ручные пилы

Gestellsäge - La scie à bûche - Piła kabłąkowa - Бугельная пила

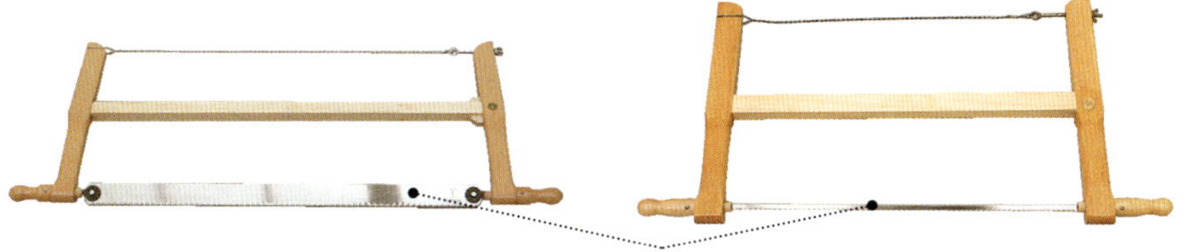

mit breitem Sägeblatt
umg die **Absetzsäge**
à lame marge
z szerokim brzeszczotem
с широким лезвием

das **Sägeblatt**
la lame de scie
brzeszczot *m*
лезвие пилы *n*

mit dünnem Sägeblatt
umg die **Schweifsäge**
à lame fine
z cienkim brzeszczotem
с узким лезвием

die **Schränkung**
les configurations d'avoyage
rozwarcie zębów piły *n*
разводка зубьев пилы *f*

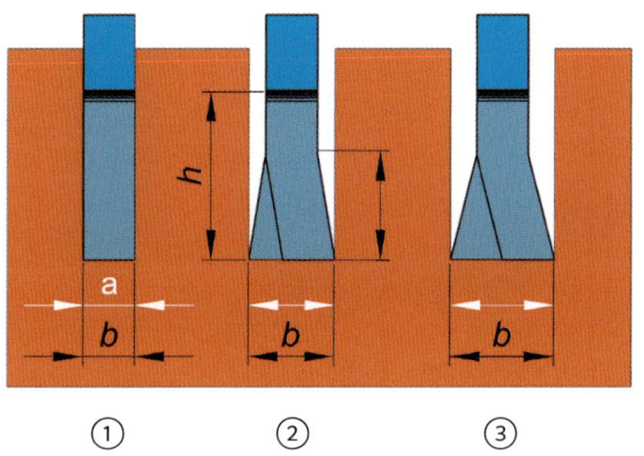

① **ungeschränkt**
sans avoyage
bez rozstawu zębów
без разводки

② **schwach geschränkt**
l'avoyage étroit
z wąskim rozstawem zębów
с узкой разводкой

③ **stark geschränkt**
l'avoyage large
z szerokim rozstawem zębów
с широкой разводкой

die **Gratsäge**
la scie à cheville
narznica *f*
нагрядка *f*

die **Japanische Zugsäge**
umg die **Japansäge**
la scie japonaise
piła japońska dwustronna *f*
японская пила *f*

6.3.4 Zangen - Les pinces - Obcęgi - Щипцы, клещи

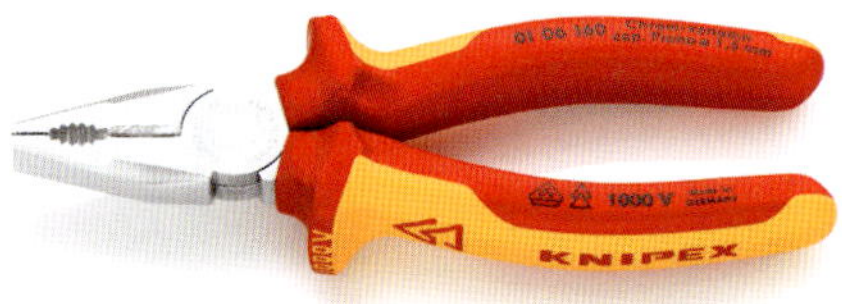

die **Kombizange**
la pince universelle
kombinerki *pl*
плоскогубцы комбинированные *pl*

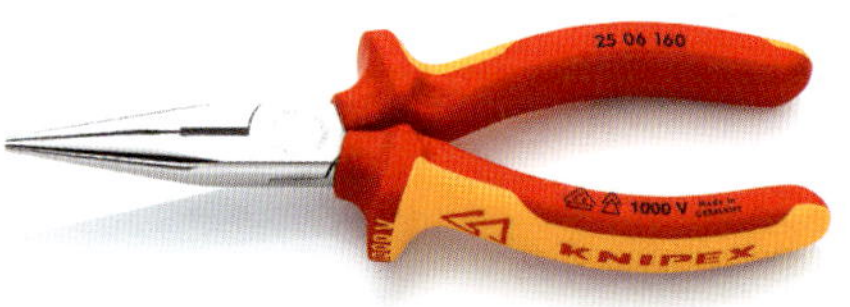

die **Spitzzange**
la pince à bec
szczypce ze zwężonymi końcami *pl*
плоскогубцы *pl*

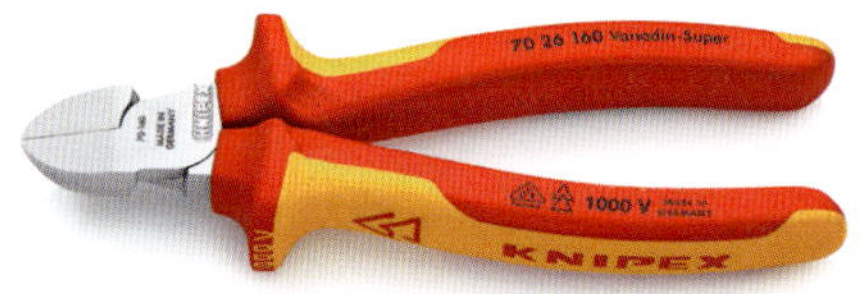

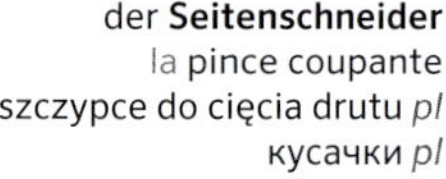

der **Seitenschneider**
la pince coupante
szczypce do cięcia drutu *pl*
кусачки *pl*

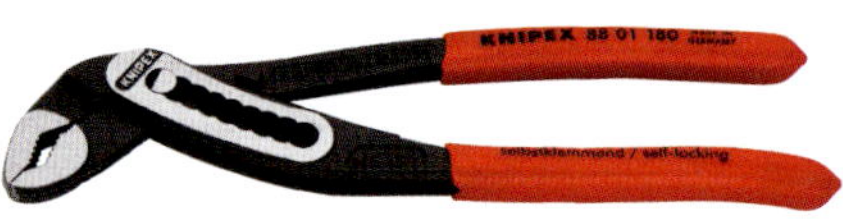

die **Wasserpumpenzange**
die **Rohrzange**
la pince multiprise
żabka *f*
трубный ключ *m*

6.3.5 Handhobel - Les rabots à main - Strugi ręczne - Ручные рубанки

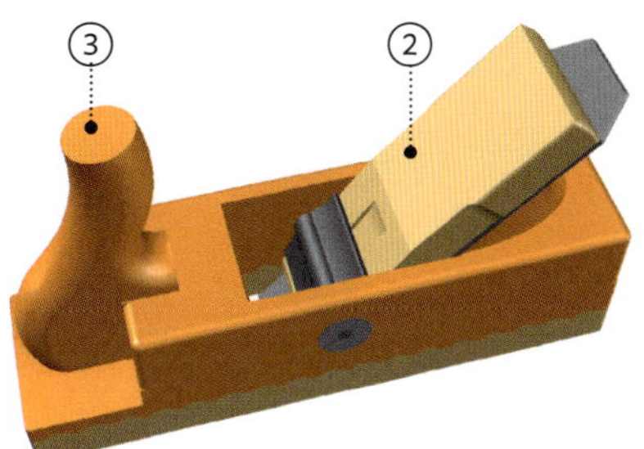

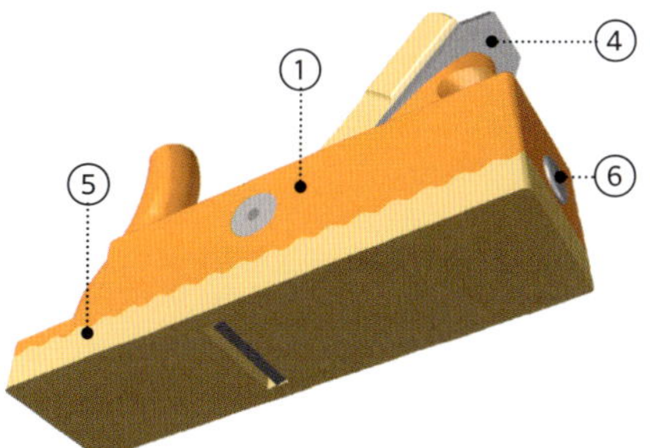

① der **Hobelkasten**
le fût
strug *m*
рубанок *m*

② der **Keil**
le coin
klin *m*
клин *m*

③ die **Nase**
le nez
nos *m*
нос *m*

④ der **Hobelstahl**
le fer
ostrze *n*
резец *m*

⑤ die **Hobelsohle**
la semelle
podeszwa *f*
подошва *f*

⑥ der **Schlagknopf**
le talon
odbój *m*
колодка *f*

der **Reformputzhobel**
le rabot à retoucher
strug gładzik *m*
шлифтик *m*

der **Grathobel**
le bouvet
płetwiak *m*
пазник *m*, шпунтубель *m*

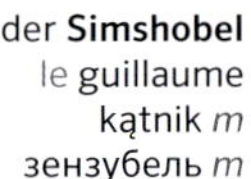

der **Simshobel**
le guillaume
kątnik *m*
зензубель *m*

die **Raubank**
la varlope
spustnik *m*
фуганок *m*

6.3.6 Messwerkzeuge - L'instrumentation - Narzędzia miernicze - Измерительные инструменты

das **Maßband**
le mètre à ruban
metrówka *f*
рулетка *f*

das **Lineal**
la règle
linijka *f*
линейка *f*

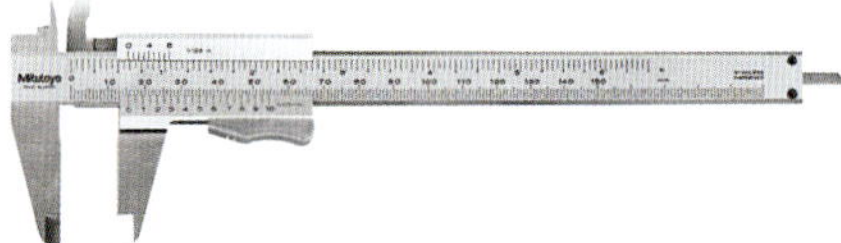

der **Messschieber**
umg die **Schieblehre**
le pied à coulisse
suwmiarka *f*
штангенинструмент *m*

das **Streichmaß**
le trusquin
znacznik stolarski *m*
рейсмус *m*

das **Winkelmesszeug**
umg der **Winkelmesser**
le rapporteur d'angle
kątomierz nastawny *m*
универсальный угломер *m*

die **Schmiege**
la fausse équerre
kątownik nastawny *m*
складной угольник *m*

6.3.7 Anreißwerkzeuge - Les outils de tracage - Narzędzia traserskie - Разметочные инструменты

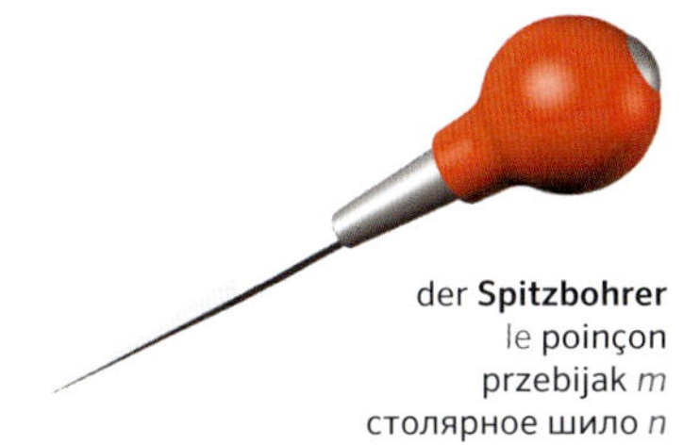

der **Spitzbohrer**
le poinçon
przebijak *m*
столярное шило *n*

der **Körner**
la pointe
punktak *m*
кернер *m*

6.3.8 Schleifwerkzeuge ▸ 5.2.3 - Les outils de ponçage - Narzędzia szlifierskie - Абразивные инструменты

das **Schleifpapier**
le papier ponce
papier ścierny *m*
наждачная бумага *f*

der **Schleifklotz**
le bloc de ponçage
klocek szlifierski *m*
блок для ручного
шлифования *m*

der **Abziehstein**
la pierre à affuter
osełka *f*
оселок *m*

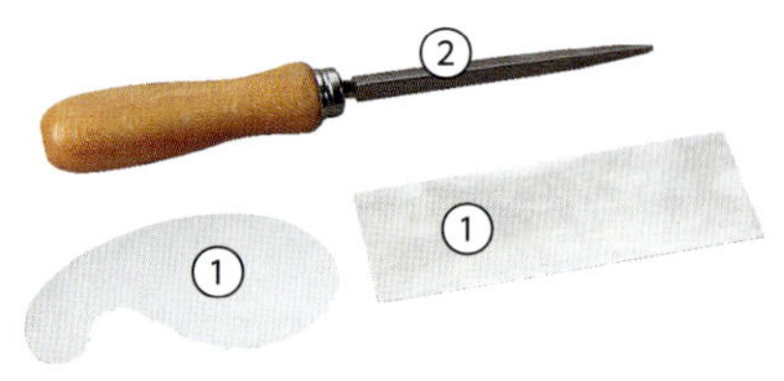

① die **Ziehklinge**
le racloir
cyklina *f*
цикля *f*

② der **Ziehklingenstahl**
l'affiloir
gładzik *m*
круглая точилка из высокопрочной износостойкой стали *f*

6.3.9 Handwerkzeuge zur Furnierbearbeitung - Les outils de placage - Narzędzia do ręcznej obróbki okleiny - Ручные инструменты для обработки шпона

die **Furniersäge**
la scie à placage
piła do forniru *f*
двухсторонняя фанеровочная пила *f*

die **Rakel**
der **Spachtel**
la raclette (en plastique)
rakla *f*
ракля *f*

die **Leimauftragsrolle**
le rouleau applicateur de colle
wałek do nakładania kleju *m*
валик для нанесения клея *m*

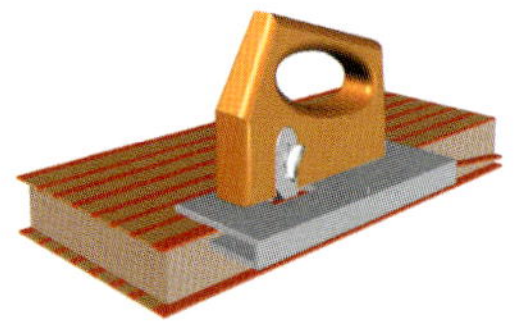

der **Furnierkantenschneider**
le coupe-bordure pour contreplaqué
obcinak do forniru *m*
обрезатель шпона *m*

das **Fugenpapier**
la bande de joint pour contreplaqué
taśma do forniru *f*
клейкая лента для шпона *f*

6.3.10 Spannwerkzeuge und Gewindeschneiden - Serrage et filetage - Zaciskanie i gwintowanie - Инструменты зажимные и для нарезки резьбы

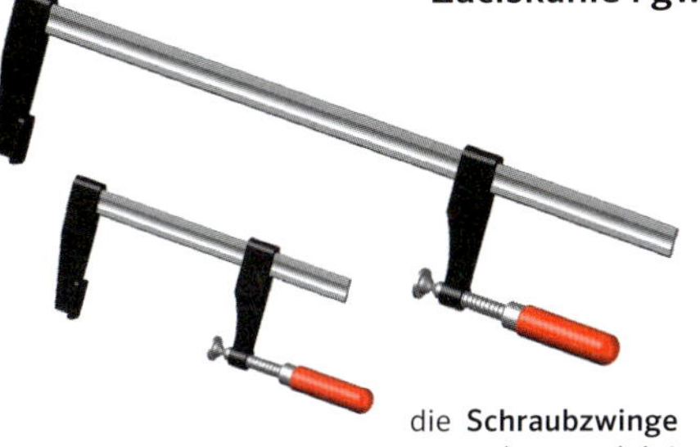

die **Schraubzwinge**
le serre-joint
śrubowa zwornica stolarska *f*
F-образный зажим *m*,

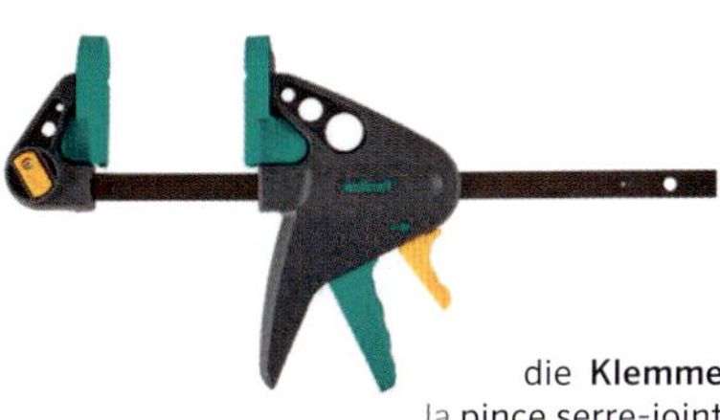

die **Klemme**
la pince serre-joint
ścisk *m*
быстрозажимная струбцина *f*

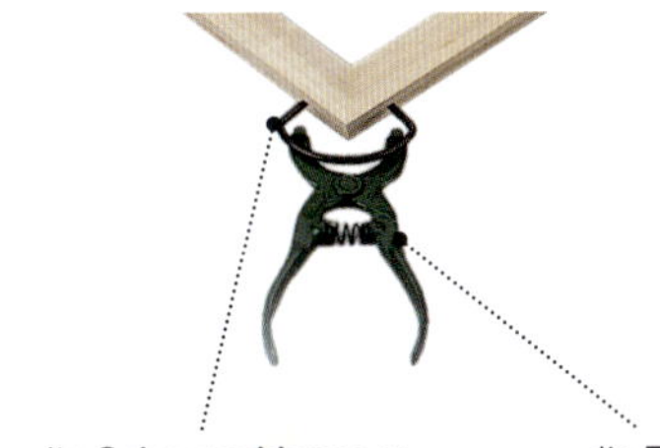

die **Gehrungsklammer**
la pince de guidage
uchwyt zaciskowy *m*
пружинная струбцина *f*

die **Zange**
la pince à border
obcęgi *pl*
клещи *pl*

der **Spanngurt**
la sangle de serrage pour ébéniste
pas mocujący *m*
ленточный зажим *m*

der **Gewindeschneider**
le porte taraud et filière
gwintownica *f*
плашка *f*

der **Gewindebohrer**
umg die **Bohrwinde**
le taraud
gwintownik *m*
метчик *m*

6.4 WERKBANK/HOBELBANK - L'ÉTABLI - STÓŁ ROBOCZY - СТОЛЯРНЫЙ ВЕРСТАК

① die **Vorderzange**
la presse rapide
imadło przednie *n*
передние тиски *pl*

② die **Hinterzange**
la presse parisienne
imadło tylne *n*
задние тиски *pl*

③ die **Werkzeuglade**
le coffre à outils
szuflada na narzędzia *f*
выдвижной ящик для инструментов *m*

④ der **Bankhaken**
le valet de serrage rapide
imak *m*
гребёнка *f*

⑤ der **Bankknecht**
le chevalet auxiliaire
pachołek stolarski *m*
войма *f*

6.5 HANDMASCHINEN - L'OUTILLAGE ÉLECTRIQUE - ELEKTRO-NARZĘDZIA - ЭЛЕКТРОИНСТРУМЕНТЫ

6.5.1 Arten von Handmaschinen ▸ 4.3.2 - Les catégories d'outils électriques - Rodzaje elektronarzędzi ręcznych - Виды ручных электроинструментов

die **Stichsäge**
la scie sauteuse
wyrzynarka *f*
электрический лобзик *m*

der **Multischneider**
la scie multi-usage
narzędzie wielofunkcyjne multi cutter *n*
универсальный резак *m*, мульти резак *m*

die **Formfederfräse**
umg die **Lamellofräse**
la rainureuse
frezarka do łączników płaskich *f*
ламельный фрезер *m*

die **Handhobelmaschine**
la raboteuse électrique
strugarka ręczna *f*
электрический рубанок *m*, электрорубанок *m*

die **Dübelfräse**
umg die **Dominofräse**
la dégauchisseuse
frezarka do kołków *f*
дюбельный фрезер *m*

der **Staubsauger**
l'aspirateur
odkurzacz *m*
пылесос *m*

6.5.2 Handsägemaschinen und Handfräsmaschinen ▸ 2.3.3 - Scies et rabots électriques manuels - Pilarki i frezarki ręczne - Ручные электропилы и фрезерные станки

die **Handoberfräse**
umg die **Oberfräse**
la défonceuse portative
frezarka do łuków *f*
электрический ручной триммер *m*

die **Kantenfräse**
la fraiseuse de chant
frezarka kątowa *f*
кромочный фрезер *m*

die **Tauchkreissäge**
la scie circulaire portable
zagłębiarka *f*
циркулярная пила *f*

die **Führungsschiene**
le guide de sciage
prowadnica *f*
направляющая *f*

der **Parallelanschlag**
la butée parallèle
prowadnica równoległa *f*
параллельная направляющая *f*

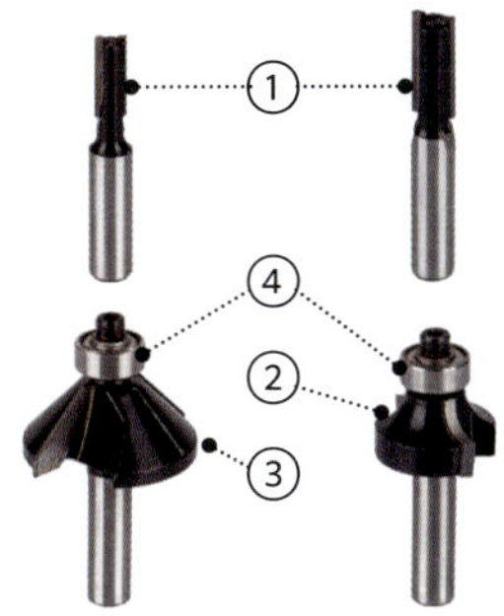

① der **Schaftfräser**
la fraise à défoncer
frez trzpieniowy *m*
хвостовая фреза *f*

② der **Rundungsfräser**
la fraise à arrondir
frez zaokrąglający *m*
закругляющая фреза *f*

③ der **Fasenfräser**
la fraise à chanfrein
frez fazujący *m*
фреза для снятия фаски *f*

④ der **Anlaufring**
la bague de guidage
pierścień rozruchowy *m*
дистанционное кольцо *n*

6.5.3 Handschleifmaschinen - Ponceuse électrique manuelle - Szlifierki ręczne - Шлифовальные машинки

die **Handbandschleifmaschine**
umg der **Bandschleifer**
la ponceuse à bande
ręczna szlifierka taśmowa *f*
ленточная шлифмашина *f*

die **Rotationsschleifmaschine, Exzenterschleifmaschine**
umg der **Exzenterschleifer**
la ponceuse orbitale aléatoire
szlifierka mimośrodowa *f*
эксцентриковая шлифмашина *f*

die **Schwingschleifmaschine**
umg der **Schwingschleifer**
la ponceuse de finition
szlifierka oscylacyjna *f*
вибрационная шлифмашина *f*

das **Schleifband**
la bande de ponçage
pas ścierny *m*
шлифовальная лента *f*

das **Schleifpapier-Pad**
umg das **Schleifpad**
le disque de ponçage
tarcza ścierna *f*
шлифовальный диск *m*

6.5.4 Handbohrmaschinen - Perceuse électrique manuelle - Wiertarki ręczne - Ручные электродрели

der **Akku-Bohrschrauber**
umg der **Akkuschrauber**
la perceuse-visseuse sans fil
wiertarko-wkrętarka akumulatorowa *f*
аккумуляторная дрель-шуруповёрт *f*

① die **Schraubklinge**
umg der **Bit**
l'embout de tournevis
końcówka, bit *f/m*
отверточная насадка, бит *f/m*

② der **Akku**
la batterie rechargeable
akumulator *m*
аккумулятор *m*

③ das **Steckfutter**
le mandrin
uchwyt na wiertło *m*
патрон для сверла *m*

die **Schlagbohrmaschine**
umg der **Schlagbohrer**
la perceuse à percussion
wiertarka udarowa *f*
электродрель с ударом *f*

① das **Schnellspannfutter**
le mandrin sans clé
uchwyt wiertarski szybkomocujący *m*
быстродействующий зажимной патрон *m*

die **Handbohrmaschine**
la perceuse électrique
wiertarka ręczna *f*
электродрель *f*

der **Bithalter**
le porte-mèches
uchwyt do wiertła *m*
адаптер для биты *m*

der **Steinbohrer**
le foret à pierre
wiertło z węglików spiekanych *n*
твёрдосплавное сверло *n*

der **Spiralbohrer**
le foret hélicoïdal
wiertło kręte *n*
спиральное сверло *n*

der **Forstnerbohrer, Zylinderkopfbohrer**
la mèche Forstner
wiertło Forstner *n*
сверло Форстнера *n*

der **Zentrierspitzenbohrer**
le foret à pointe
wiertło centrujące *n*
центрирующие сверло *n*

die **Lochsäge**
la scie à trou
otwornica *f*
кольцевая пила *f*

der **Versenker**
la fraise conique
nawiertak *m*
зенковка *f*

6.6 STATIONÄRE MASCHINEN - LES MACHINES-OUTILS - MASZYNY STACJONARNE - СТАЦИОНАРНЫЕ ЭЛЕКТРОИНСТРУМЕНТЫ

6.6.1 Sägemaschinen - Scie électrique - Pilarki - Пильные станки

Tischkreissägemaschine - Le banc de scie - Stołowa pilarka tarczowa - Настольная циркулярная пила

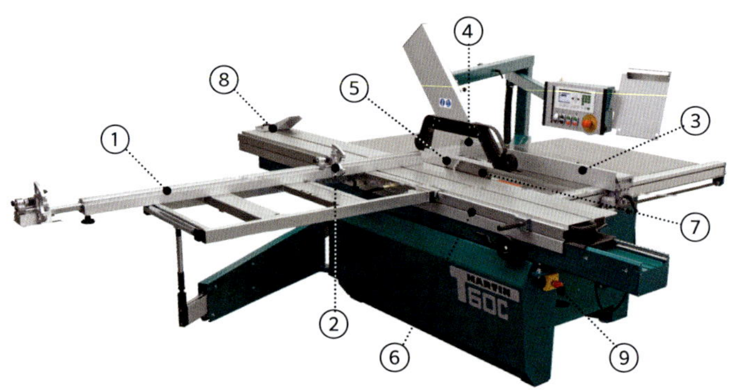

① der **Queranschlag**
le guide transversal
ogranicznik poprzeczny *m*
поперечный упор *m*

② der **Längenanschlag**
le guide longitudinale
ogranicznik wzdłużny *m*
направляющая линейка *f*

③ der **Parallelanschlag**
le guide de refend
ogranicznik równoległy *m*
параллельная линейка *f*

④ die **Schutzhaube**
la coiffe de protection (de lame)
osłona *f*
защитный кожух *m*

⑤ der **Spaltkeil**
le couteau diviseur
klin rozdzielnik *m*
разделитель *m*

⑥ der **Schiebetisch**
le chariot (de déplacement)
stół przesuwny *m*
передвижной стол *m*

⑦ das **Sägeblatt**
la lame (de scie)
brzeszczot *m*
полотно пилы *n*

⑧ der **Besäumschuh**
le sabot de butée
stopka krawędziująca *f*
упорный башмак *m*

⑨ der **Not-Ausschalter**
le bouton d'arrêt d'urgence
wyłącznik awaryjny *m*
аварийный выключатель *m*

Sägeblätter - Les lames de scie - Brzeszczoty - Пильные лезвия

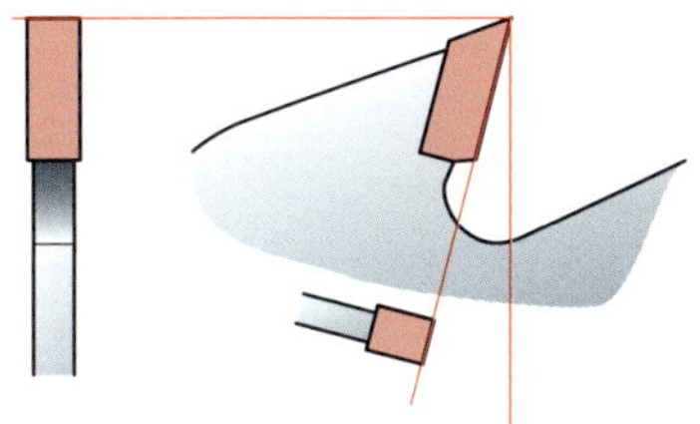

der **Flachzahn**
la denture plate
ząb płaski *m*
плоский зуб *m*

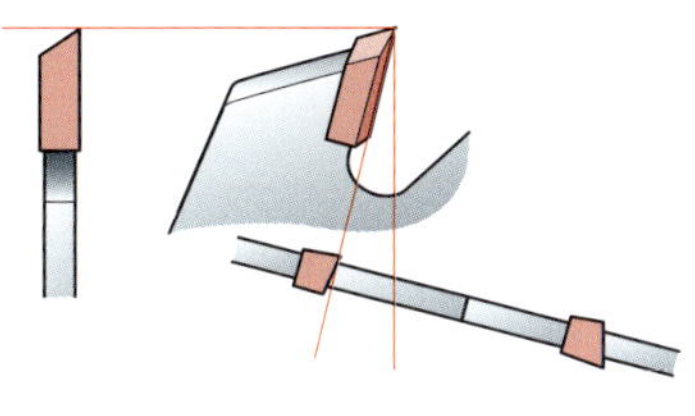

der **Wechselzahn**
la denture haute en biseau alterné
ząb przemienny *m*
переменный зуб *m*

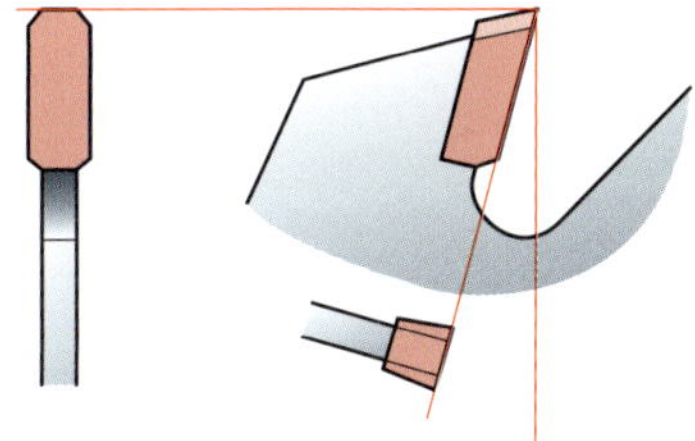

der **Trapezzahn**
la denture trapézoïdale
ząb trapezowy *m*
трапецеидальный зуб *m*

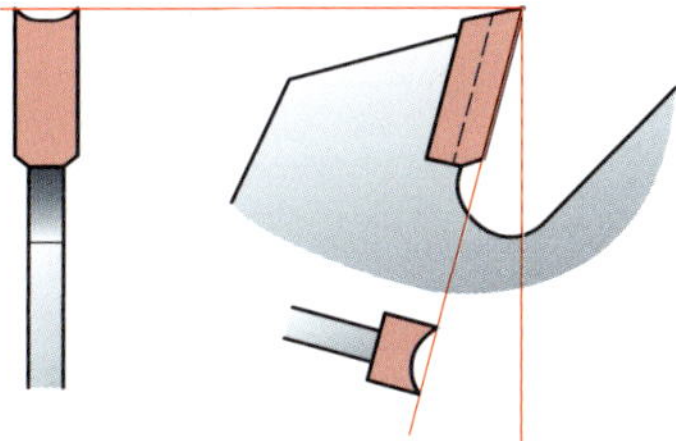

der **Hohlzahn**
la denture creuse
ząb wklęsły *m*
вогнутый зуб *m*

die **Vorritzsäge**
umg der **Vorritzer**
la scie à chantourner
podcinak *m*
подрезная пила *f*

Bandsäge - La scie à ruban - Piła taśmowa - Ленточная пила

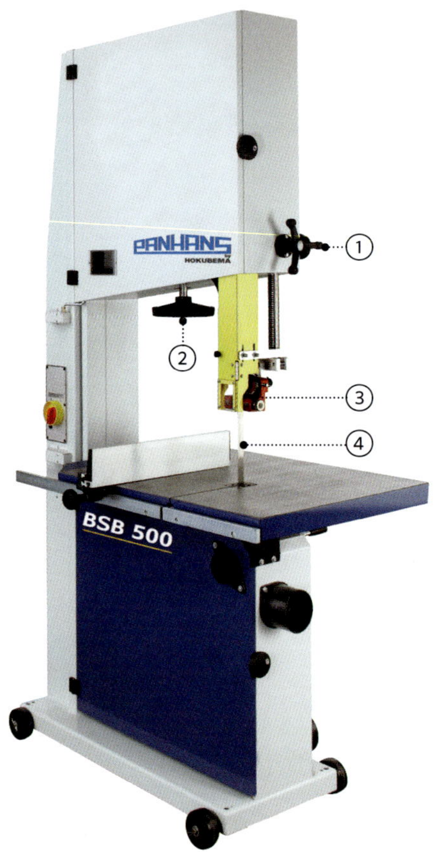

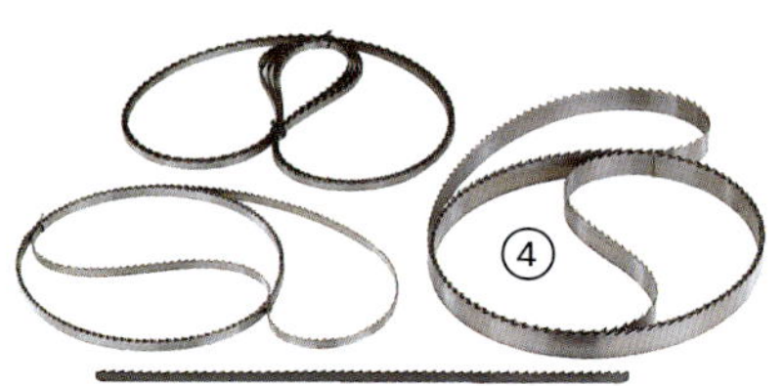

das **Stellrad**
la roue d'ajustement
koło nastawne *n*
маховичок *m*

① **für die Schnitthöhe**
la hauteur de coupe
do pozycjonowania wysokości
для позиционирования высоты

② **für die Sägeblattspannung**
la tension de la lame
do regulacji naciągu
для регулировки натяжения

③ die **Sägeblattführung**
le guide supérieur
prowadnica brzeszczotu *f*
направляющая ленточной пилы *f*

④ das **Endlossägeblatt**
la scie sans fin
brzeszczot z ciągłą krawędzią tnącą *m*
ленточное полотно *n*

Weitere Sägemaschinen - Autres scies électriques - Pozostałe pilarki - Остальные моторные пилы

die **Plattenaufteilkreissägemaschine**
umg die **stehende/vertikale Plattensäge**
la scie à panneaux
pilarka panelowa *f*
панельная пила *f*

stehend, vertikal
vertical
pionowa
вертикальная

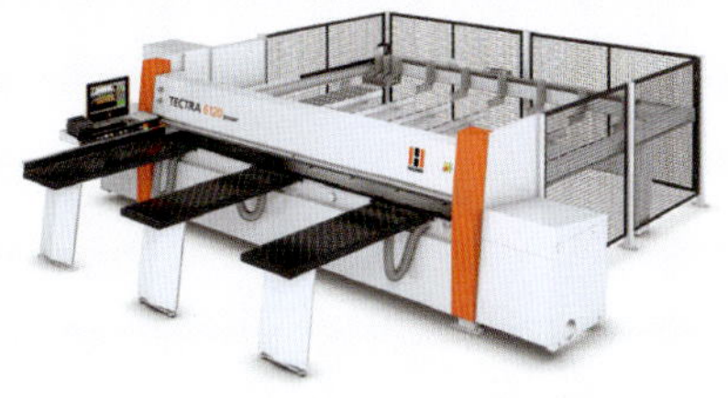

die **Plattenaufteilkreissägemaschine**
umg die **liegende/horizontale Plattensäge**
la scie à panneaux
pilarka panelowa *f*
панельная пила *f*

liegend, horizontal
horizontal
pozioma
горизонтальная

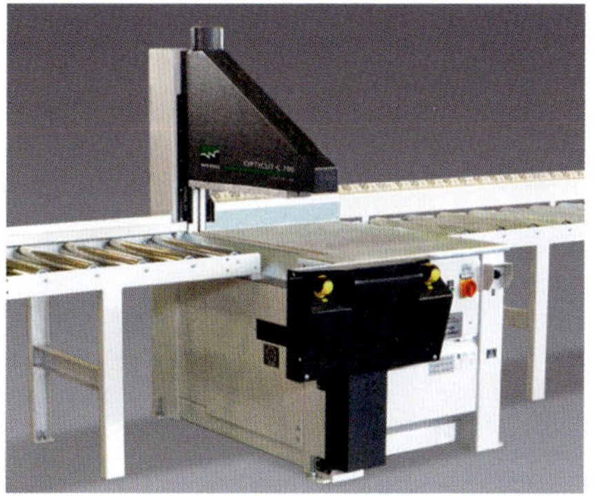

die **Unterkappsägemaschine**
la scie de tronçonnage
pilarka poprzeczna *f*
подрезная электропила *f*

die **Kappkreissäge**
umg die **Kappsäge**
la scie circulaire à onglet
pilarka tarczowa *f*
торцовочная пила *f*

6.6.2 Hobelmaschinen - Machine à raboter - Strugarki - Строгальные станки

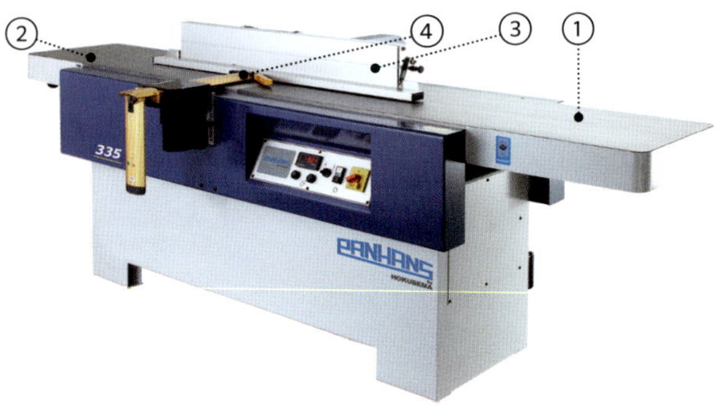

die **Abrichthobelmaschine**
umg die **Abrichte**
la raboteuse-dégauchisseuse
strugarka *f*
строгальный станок *m*

① der **Aufgabetisch**
la table d'entrée
stół podawczy *m*
стол подачи *m*

② der **Abnahmetisch**
la table de sortie
stół odbiorczy *m*
приёмный стол *m*

③ der **Fügeanschlag**
le guide
przykładnica *f*
направляющая рейка *f*

④ die **Messerwellenverdeckung**
le capot de protection du couteau
osłona wału nożowego *f*
кожух режущей головки *m*

abrichten
le dégauchissage
wyrównywać
выравнивать

fügen
le jointage
łączyć
соединять

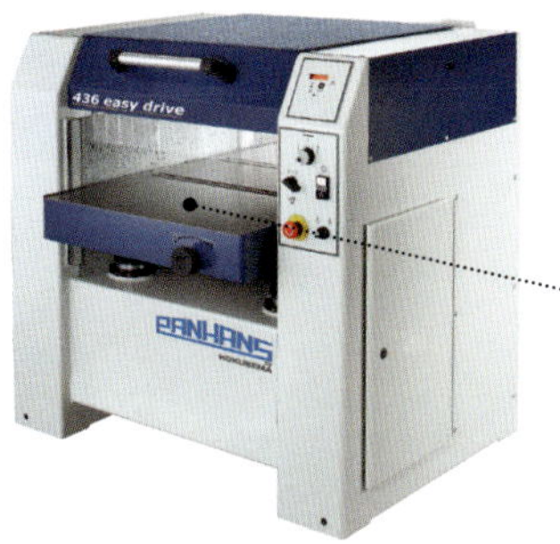

Dickenhobelmaschine - La raboteuse - Strugarka grubościowa - Рейсмусовый станок

der **Maschinentisch**
le plateau de la machine
stół maszyny *m*
стол станка *m*

6.6.3 Fräsmaschinen - Fraiseuses - Frezarki - Фрезерные станки

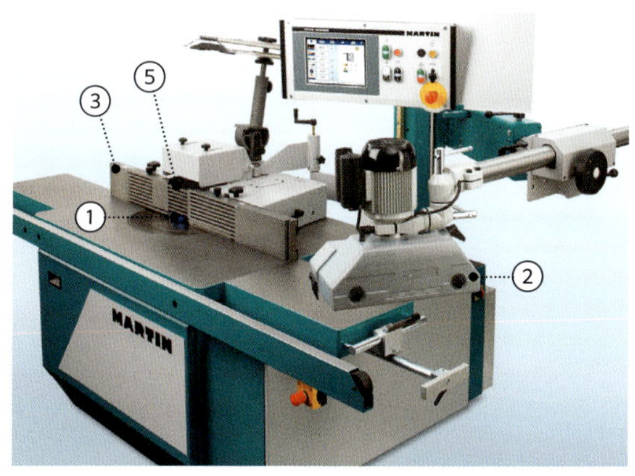

die **Tischfräsmaschine**
umg die **Tischfräse**
la façonneuse à bois
frezarka stołowa *f*
фрезерный станок *m*

① die **Frässpindel**
la broche de fraisage
wrzeciono frezarki *n*
шпиндель фрезерного станка *m*

② der **Vorschubapparat**
l'entraîneur amovible
mechanizm posuwowy *m*
механизм подачи *m*

③ der **Fräsanschlag**
la butée de fraisage
ogranicznik freza *m*
стопор для упора *m*

④ der **Spindelring**
les anneaux d'espacement
pierścień dystansowy *m*
разделительное кольцо *n*

⑤ die **Anschlagbrücke**
le pont-butée
pomost *m*
блокировка *f*

⑥ der **Reduzierring**
la réduction
pierścień redukcyjny *m*
переходной фланец *m*

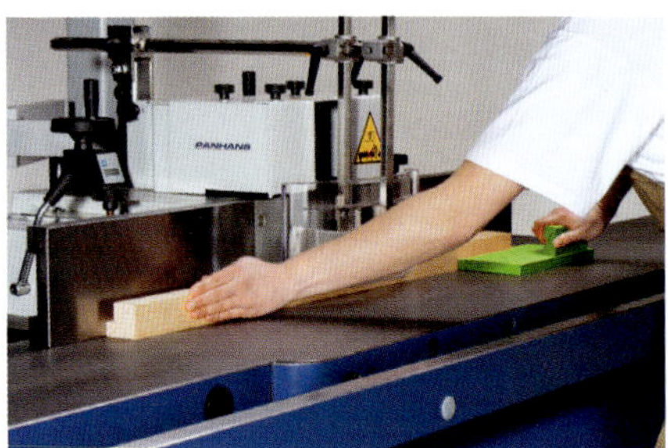

fälzen
le fraisage des feuillures
falcować
фальцевание

profilfräsen
le fraisage des profils
frezować profilowo
фасонно фрезеровать

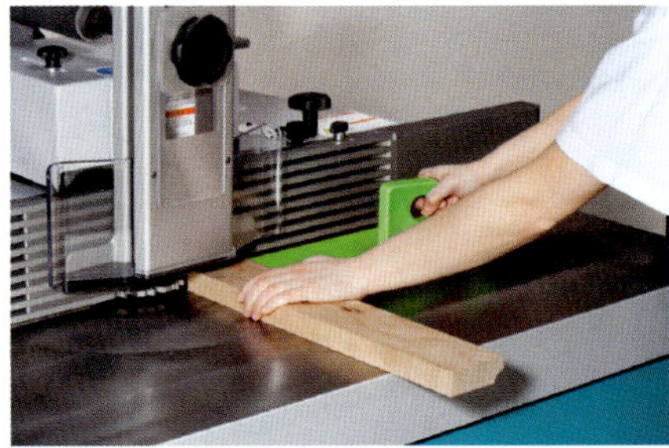

nuten
le fraisage des mortaises
wpustować
шпунтование

einsetzfräsen
le fraisage d'insert
frezować precyzyjnie
точно фрезеровать

6.6.4 Schleifmaschinen - Ponceuses électriques - Szlifierki - Шлифовальные станки

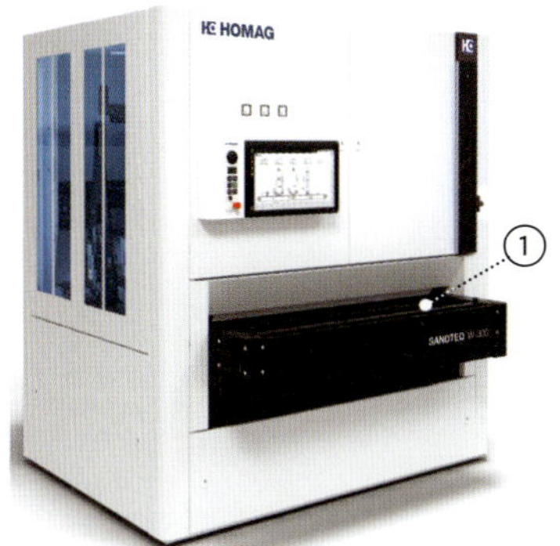

die **Breitbandschleifmaschine**
la ponceuse à bande large
szlifierka szerokotaśmowa *f*
широкополосный шлифовальный станок *m*

① das **Transportband**
le convoyeur à bande
przenośnik taśmowy *m*
ленточный конвейер *m*

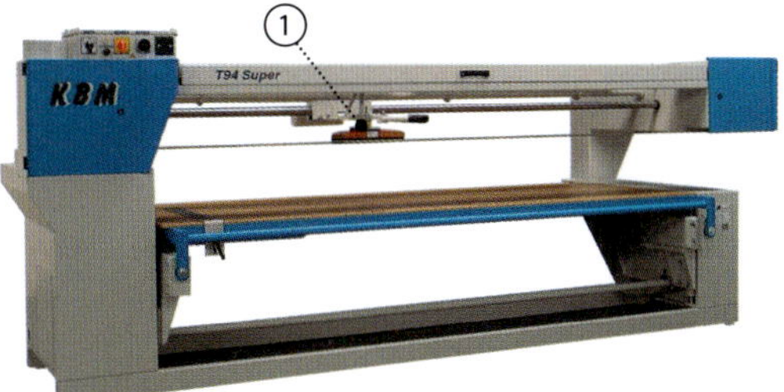

die **Langbandschleifmaschine**
la ponceuse à bande longue
szlifierka długotaśmowa *f*
ленточный шлифовальный станок *m*

① der **Schleifschuh**
le patin de ponçage
tarcza szlifierska *f*
шлифовальный круг *m*

das **Schleifband**
la courroie abrasive
taśma szlifierska *f*
шлифовальная лента *f*

die **Kantenschleifmaschine**
la ponceuse de chants
szlifierka krawędziowa *f*
станок для шлифования кромок *m*

6.6.5 Furniermaschinen, Maschinen zur Furnierbearbeitung - Machines à placage - Okleiniarki -Станки для обработки шпона

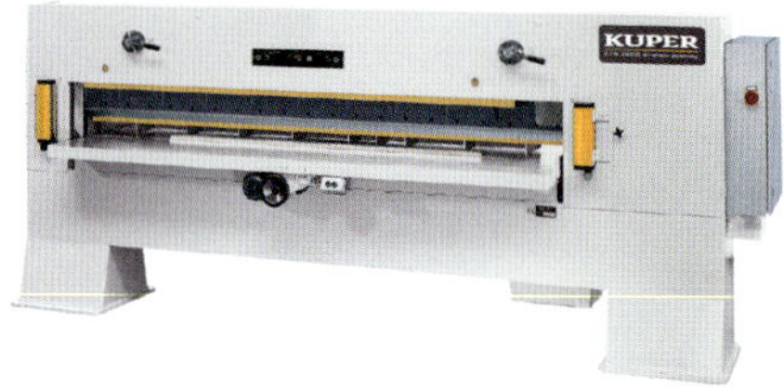

die **Furnierschere**
le massicot à placage
nożyce do forniru *pl*
гильотинные ножницы для шпона *pl*

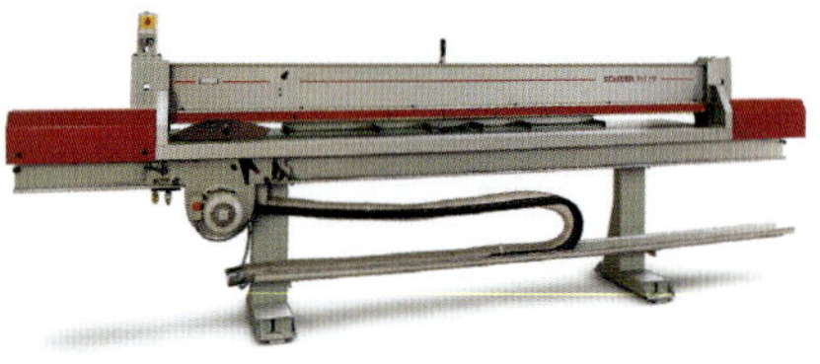

die **Furniersäge-Fügemaschine**
la scie à placage
pilarko-spajarka do forniru *f*
фурнирная пила для шпона *f*

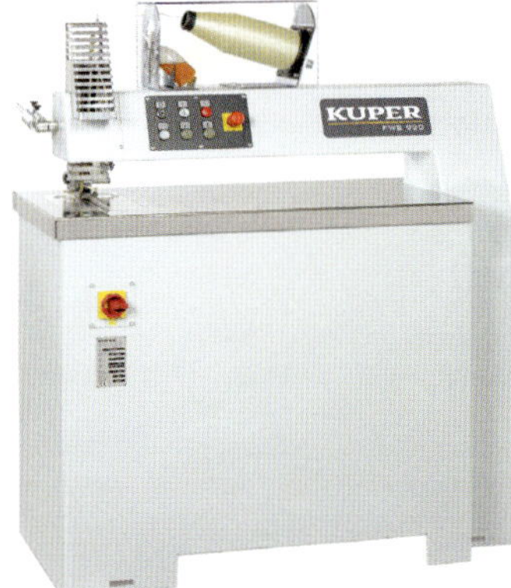

die **Furnierzusammensetzmaschine mit Schmelzfade**
umg die **Furniernähmaschine**
la jointeuse à placage avec filet de colle
spajarka do forniru z nitką klejową *f*
ребросклеивающий станок *m*

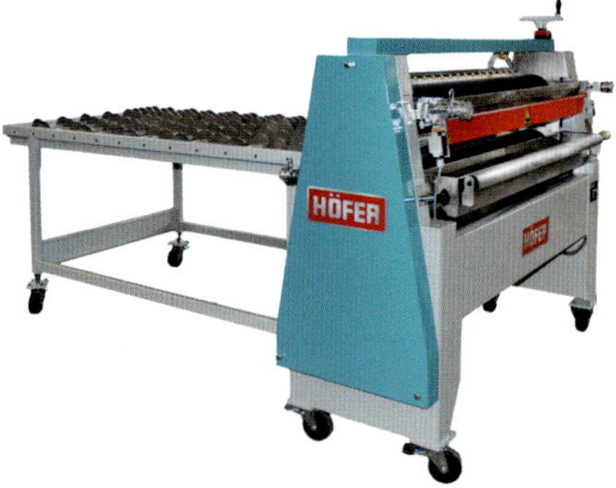

die **Leimauftragsmaschine**
la colleuse
nakładarka kleju *f*
машина для нанесения клея *f*

6.6.6 Bohrmaschinen und Pressmaschinen - Perceuses et presses - Wiertarki i prasy - Сверлильные станки и прессы

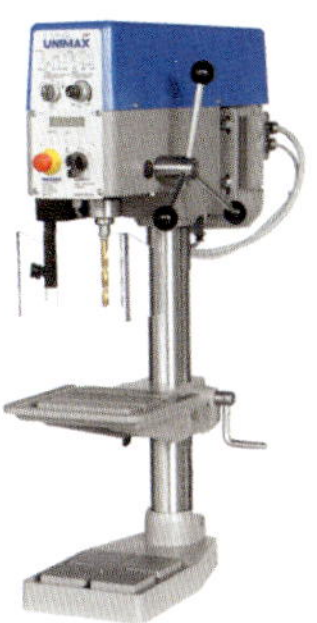

die **Ständerbohrmaschine**
la perceuse à colonne
wiertarka stojakowa *f*
колонный сверлильный станок *m*

die **Langlochbohrmaschine**
la mortaiseuse
wiertarka pod długie otwory *f*
станок для сверления глубоких отверстий *m*

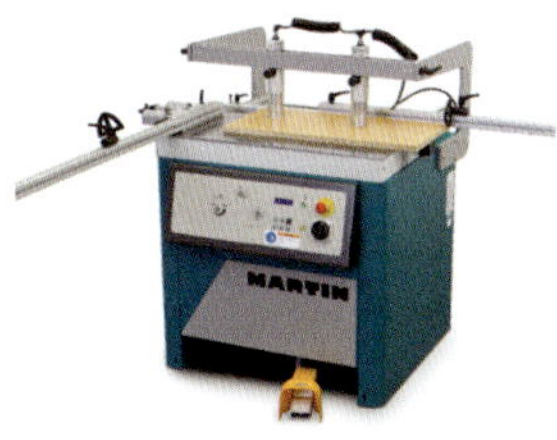

die **Dübel- und Lochreihenbohrmaschine**
l'aléseuse
wiertarka wielowrzecionowa *f*
многошпиндельный сверлильный станок *m*

die **Rahmenpresse**
la presse à cadre
prasa ramowa *f*
рамный пресс *m*

die **Korpuspresse**
la presse à carcasse
prasa korpusowa *f*
корпусный пресс *m*

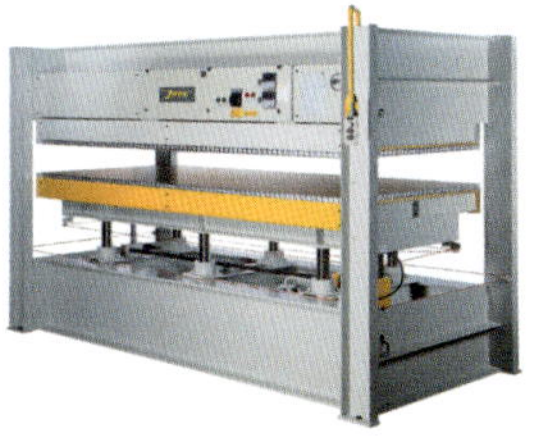

die **hydraulische Furnierpresse**
la presse à placage hydraulique
hydrauliczna prasa do forniru *f*
гидравлический пресс для шпона *m*

6.6.7 Weitere Maschinen - Autres machines - Inne maszyny - Другие станки

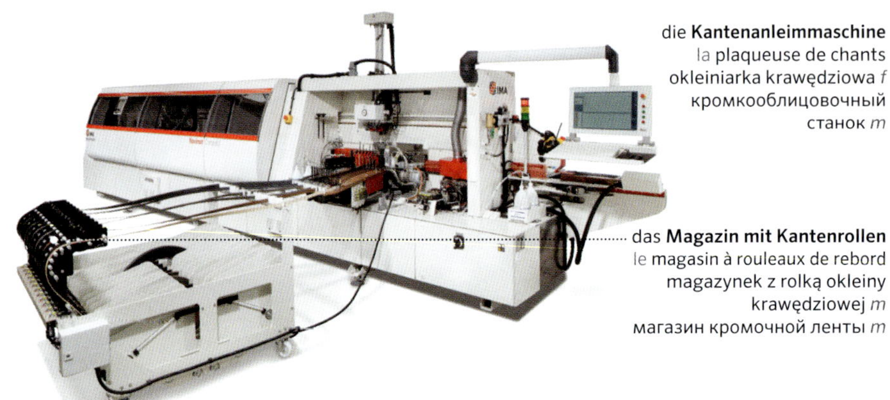

die **Kantenanleimmaschine**
la plaqueuse de chants
okleiniarka krawędziowa *f*
кромкооблицовочный станок *m*

das **Magazin mit Kantenrollen**
le magasin à rouleaux de rebord
magazynek z rolką okleiny krawędziowej *m*
магазин кромочной ленты *m*

die **CNC-Fräsmaschine**
das **CNC-Bearbeitungszentrum**
le centre d'usinage à bois CNC
frezarka CNC *f*
фрезерный станок с чпу *m*

das **Portal**
le portique
portal *m*
портал *m*

das **Saugspannelement**
l'élément de serrage par aspiration
element ssący *m*
система всасывания *f*

6.7 BAUTEILE UND KONSTRUKTIONEN - LES COMPOSANTS ET LES STRUCTURES - ELEMENTY I KONSTRUKCJE - КОМПОНЕНТЫ И КОНСТРУКЦИИ

6.7.1 Beschläge - Quincaillerie - Okucia - Скобяные изделия

Griffe, Bänder und Scharniere - Les poignées et charnières - Uchwyty i zawiasy - Держатели и петли

der **Möbelknopf**
le bouton de meubles
gałka do mebli *f*
мебельная ручка *f*

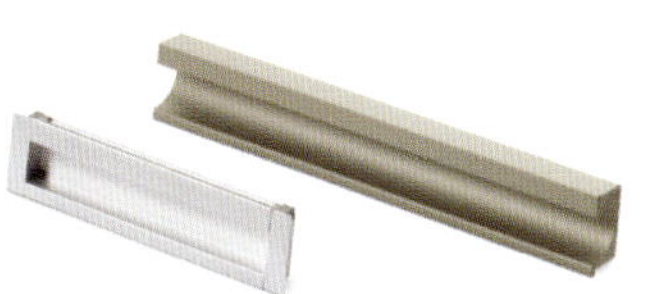

der **Muldengriff**
umg der **Muschelgriff**
la poignée encastrée
uchwyt korytkowy *m*
утопленная ручка *f*

der **Bügelgriff**
la poignée longue
uchwyt pałąkowy *m*
ручка-дуга *f*

das **Klavierband, Stangenscharnier**
la charnière piano
zawias fortepianowy *m*
непрерывная петля *f*

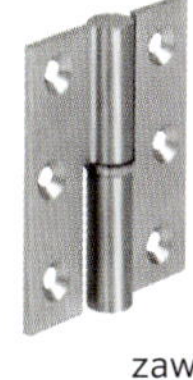

das **Zylinderband**
la paumelle stylo
zawias cylindryczny *m*
навесная петля *f*

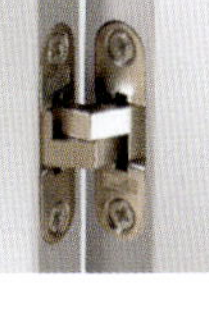

das **Einbohrband, Scharnierband**
la paumelle à canon
zawias czopowy *m*
ввертная петля *f*

das **Zapfenband**
la charnière pivot
zawias piwotowy *m*
пивотная петля *f*

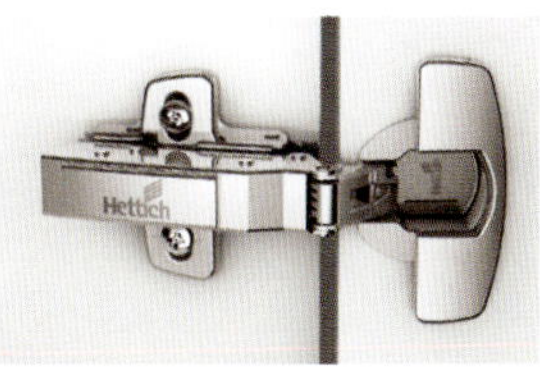

das **Topfscharnier**
la charnière à boîtier
zawias nakładany *m*
накладная петля *f*

Schlösser und Verschlüsse - Les serrures et verrous - Zamki - Замки

das **Einsteckschloss**
la serrure à mortaiser
zamek wpuszczany *m*
врезной замок *m*

① das **Dornmaß**
la distance au canon
dormas *m*
дорнмасс *m*

② der **Stulp**
la gâche
blacha czołowa *f*
лицевая планка *f*

③ der **Kasten**
le coffre
obudowa *f*
корпус *m*

④ der **Riegel**
le pêne
rygiel *m*
головка ригеля *f*

⑤ das **Schließblech**
la têtière
blacha zaczepowa *f*
ответная планка *f*

das **Zylinderschloss**
la serrure à canon
zamek cylindryczny *m*
цилиндровый замок *m*

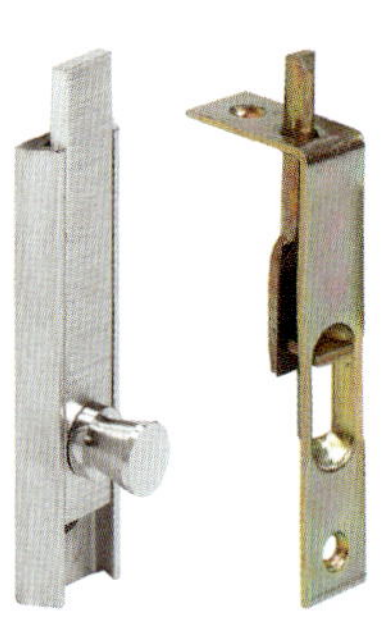

der **Schubkantenriegel**
la targette
kantrygiel *m*
кантригель *m*

der **Magnetverschluss**
la fermeture magnétique
zamknięcie magnetyczne *n*
магнитный улов *m*

der **Kugelschnäpper**
le verrou à bille
zatrzask kulkowy *m*
шариковый фиксатор *m*

Sonstige Beschläge - Autres articles de quincaillerie - Pozostałe okucia - Остальные скобяные изделия

der **Bettbeschlag**
la ferrure de lit
okucie do łóżka *n*
скоба для дивана *f*

die **Schubkastenführungsschiene**
la glissière de tiroir
prowadnica do szuflad *f*
направляющая для ящиков *f*

der **Fachbodenträger**
le taquet d'étagère
podpórka do półek *f*
держатель полок *m*

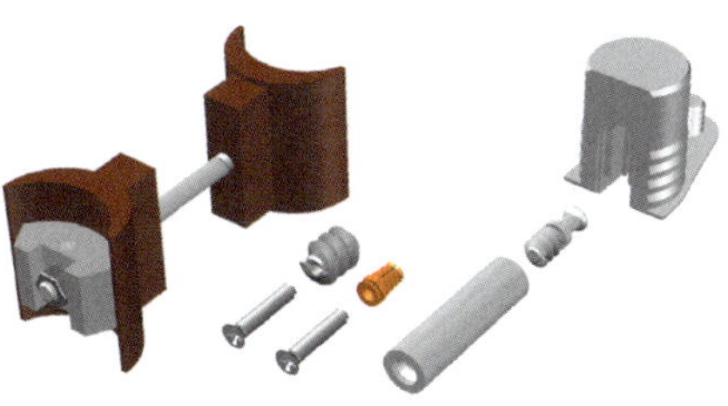

die **Verbindungsbeschläge**
le matériel de fixation
okucia połączeniowe *pl*
соединительная фурнитура *f*

6.7.2 Möbel - Les meubles - Meble - Мебель

Möbelteile - Les éléments du meuble - Elementy mebli - Элементы мебели

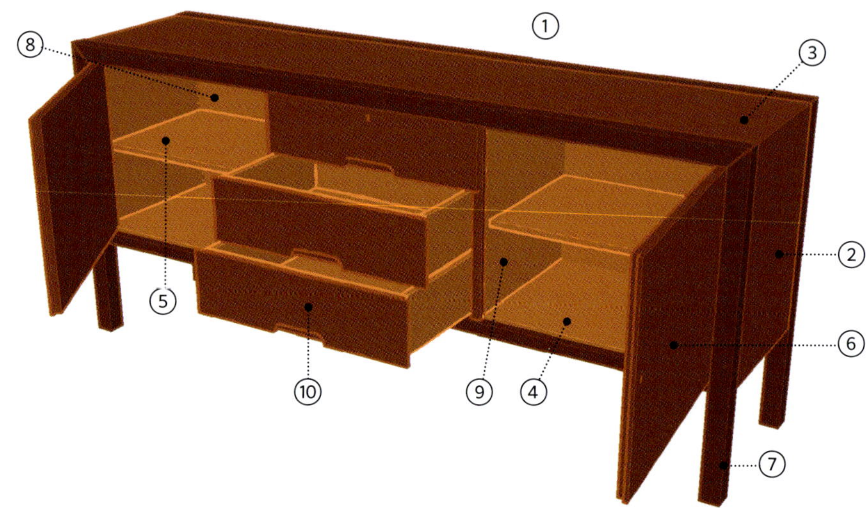

① der **Korpus**
le bâti
korpus *m*
корпус *m*

② die **Korpusseite**
le panneau latéral
bok korpusu *m*
боковая часть корпуса *f*

③ der **Oberboden**
le panneau du haut
płyta górna *f*
верхняя панель *f*

④ der **Unterboden**
le panneau du fond
płyta dolna *f*
нижняя панель *f*

⑤ der **Fachboden, Einlegeboden**
l'étagère
półka *f*
полка *f*

⑥ die **Drehtüre**
la porte latérale pivotante
drzwiczki obrotowe *pl*
вращающаяся дверца *f*

⑦ der **Sockel**
la base
noga *m*
нога *f*

⑧ die **Rückwand**
le panneau arrière
ściana tylna *f*
задняя стенка *f*

⑨ die **Zwischenwand**
la cloison verticale
przegroda *f*
перегородка *f*

⑩ der **Schubkasten**
le tiroir
szuflada *f*
выдвижной ящик *m*

die **Schiebetüre**
la porte coulissante
drzwi przesuwne *pl*
раздвижные двери *pl*

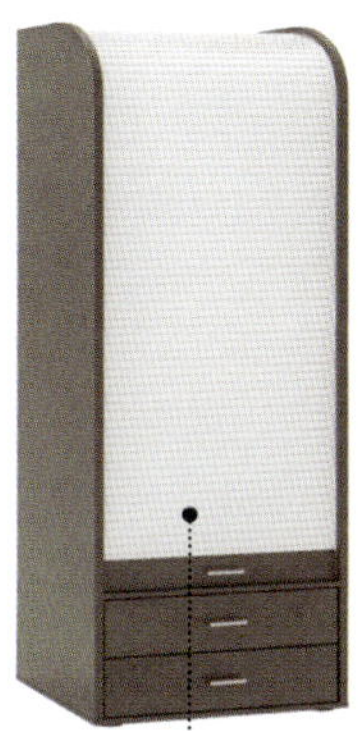

der **Möbelrollladen**
la fermeture à rideau (meuble)
żaluzja meblowa *f*
мебельные рольставни *pl*

die **Möbelklappe**
la porte rabattable
klapa meblowa *f*
горизонтальная дверца *m*

6.7.3 Korpuseckverbindungen - Les connecteurs pour meubles - Złącza kątowe do korpusów - Угловые соединения

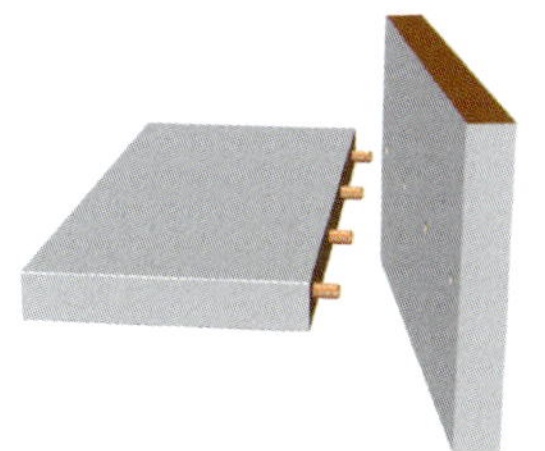

die **stumpfe Verbindung**
l'assemblage par tourillons
połączenie na styk *n*
шкантовое соединение *n*

die **gegratete Kasteneckverbindung**
l'assemblage à rainure et languette
połączenie typu jaskółczy ogon *n*
соединение ласточкин хвост *n*

auf Gehrung
à onglet
na cios
шкантовое соединение на ус *n*

die **Fingerzinkenverbindung**
umg die **Fingerzinken**
l'assemblage à queue droite
połączenie na wczepy klinowe *n*
шиповое соединение *n*

die **Schwalbenschwanzzinken**
l'assemblage à queue d'aronde
połączenie na jaskółczy ogon *n*
ласточкин хвост с плоскими шипами *m*

die **halbverdeckte Schwalbenschwanzzinkung**
l'assemblage à queue d'aronde couverte
półślepe połączenie na jaskółczy ogon *m*
соединение ласточкин хвост с закрытыми шипами *n*

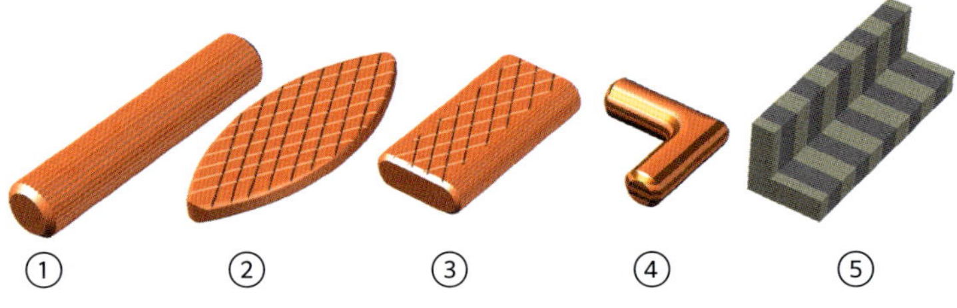

① der **Dübel**
le goujon
kołek *m*
шкант *m*

② die **Formfeder**
umg der **Lamello**
la lamelle
lamelka *f*
ламель *f*, лодочка *f*

③ der **Flachdübel**
umg der **Domino**
la languette
kołek płaski *m*
плоский шкант Domino *m*

④ der **Winkeldübel**
la cheville coudée
kołek kątowy *m*
металлический угловой шкант *m*

⑤ die **Winkelfeder**
la languette rapportée
kątownik *m*
угольник *m*

6.7.4 Rahmeneckverbindungen und Breitenverbindungen ▶ 4.3.5 - Les assemblages perpendiculaires et droits - Złącza kątowe do ram i łączenie na szerokość - Угловые соединения рам и соединения по ширине

die **Längsüberblattung**
l'assemblage à mi-bois d'aboutage
połączenie na nakładkę wzdłużne *n*
соединение вполдерева *n*

die **Ecküberblattung**
l'assemblage à mi-bois en L
połączenie na nakładkę kątowe *n*
угловое соединение вполдерева *n*

die **Schlitz-und-Zapfenverbindung**
umg der **Schlitz und Zapfen**
l'assemblage à enfourchement
połączenie na zwidłowanie *n*
угловое соединение на шип сквозной одинарный *n*

die **Kronenfuge**
l'assemblage à entures multiples
połączenie na miniwczepy *n*
соединение на мини-шип *n*

überfälzt
à recouvrement
na przylgę
в четверть

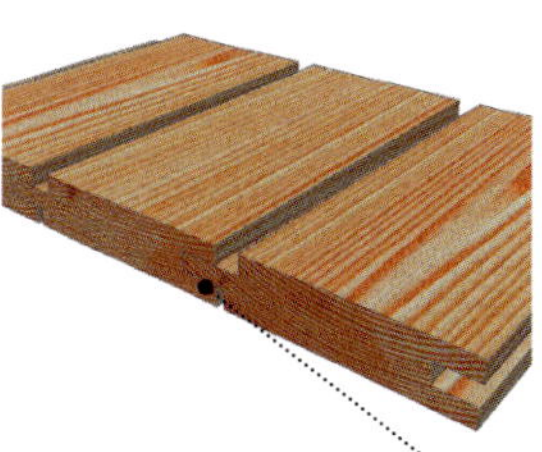

gespundet
à rainure et languette
pióro-wpust
в паз и гребень

6.7.5 Schrauben ▸ 4.3.6 - Les vis - Śruby - Болты

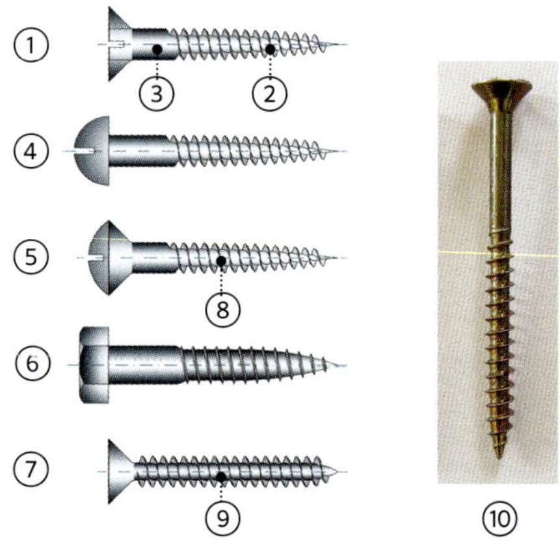

① die **Holzschraube**
la vis à bois
śruba do drewna *f*
винт для древесины *m*

② das **Gewinde**
le filetage
gwint *m*
резьба *f*

③ der **Schaft**
le fût
trzpień *m*
стержень *m*

④ der **Halbrundkopf**
la tête ronde
łeb półokrągły *m*
круглая головка *f*

⑤ der **Linsenkopf**
la tête fraisée / bombée
łeb soczewkowy *m*
полупотайная головка *f*

⑥ der **Sechskantkopf**
la tête hexagonale
łeb sześciokątny *m*
шестигранная головка *f*

⑦ der **Senkkopf**
la tête plate fraisée
łeb wpuszczany *m*
потайная головка *f*

⑧ das **Teilgewinde**
le filetage partiel
gwint częściowy *m*
частичная резьба *f*

⑨ das **Vollgewinde**
le filetage complet
gwint pełny *m*
полная резьба *f*

⑩ die **Spanplattenschraube**
umg die **Spax**
la vis pour aggloméré
śruba do płyt wiórowych *f*
винт для ДСП *m*

der **Schraubenkopf**
la tête (de vis)
łeb śruby *m*
головка винта *f*

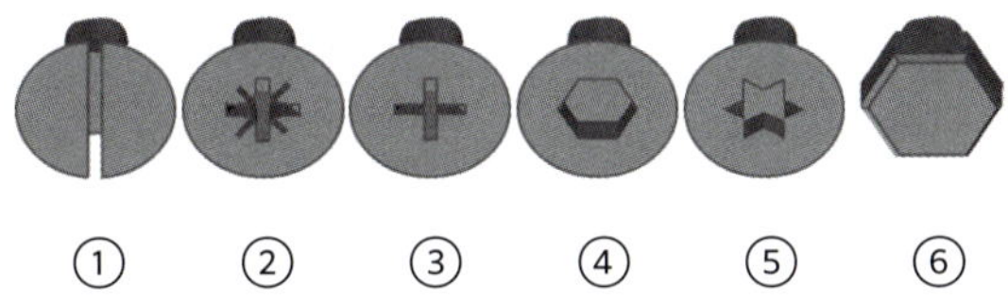

① der **Längsschlitz**
la fente
rowek podłużny *m*
прямой шлиц *m*

② der **Kreuzschlitz-Pozidriv**
le tournevis pozidriv
rowek krzyżowy Pozidriv *m*
крестообразный шлиц Posidriv *m*

③ der **Kreuzschlitz-Phillips**
le tournevis cruciforme
rowek krzyżowy Phillips *m*
крестообразный шлиц Филлипс *m*

④ der **Innensechskant**
umg der **Inbus**
le tournevis allen
gniazdo sześciokątne *n*
шестигранный шлиц *m*

⑤ der **Sechsrund**
umg der **Torx**
le tournevis torx
Torx *m*
шлиц типа Torx *m*

⑥ der **Sechskant**
le tournevis hexagonal
sześciokąt *m*
шестигранная головка *f*

6.8 ARBEITSSICHERHEIT UND UNFALLVERHÜTUNGSVORSCHRIFTEN (UVV) - SST ET RÈGLES DE SÉCURITÉ - BEZPIECZEŃSTWO I PRZEPISY BHP - ОХРАНА ТРУДА И ТЕХНИКА БЕЗОПАСНОСТИ

6.8.1 Arbeitsschutz an stationären Maschinen ▸ 1.1 - La sécurité du travail sur les machines-outils - Bezpieczeństwo pracy przy maszynach stacjonarnych - Безопасность работы со стационарными машинами

① die **Zuführlade**
le poussoir (à deux mains)
popychacz stolarski *m*
столярный толкатель *m*

② der **Anlagewinkel**
le poussoir (vertical)
pionowy popychacz stolarski *m*
вертикальный толкающий блок *m*

③ der **Schiebestock**
la tige de poussée
kij do popychania *m*
толкатель *m*

④ das **Schiebeholz**
la poignée de poussée
blok do popychania *m*
толкающий блок *m*

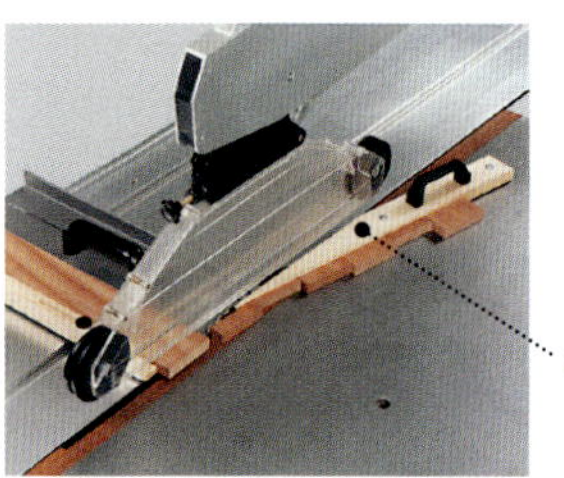

die **Abweisleiste**
le déflecteur
listwa do popychania *f*
толкатель *m*

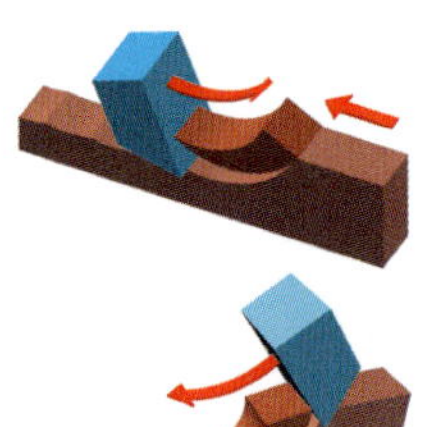

der **Gegenlauf**
le fraisage en opposition
ruch przeciwbieżny *m*
движение под зуб *n*

der **Gleichlauf**
le fraisage en avalant
ruch współbieżny *m*
движение на зуб *n*

die **Schutzbrücke**
la protection fixe
osłona stała *f*
фиксированная защита *f*

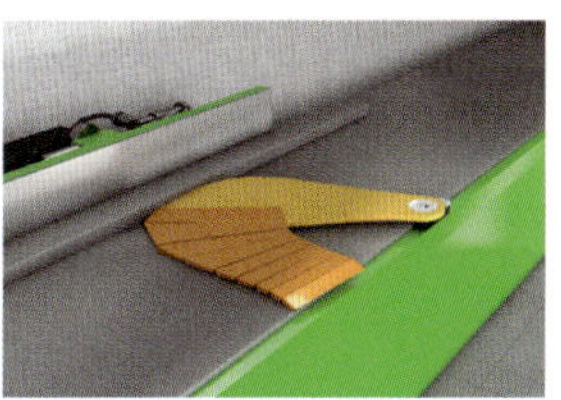

der **Gliederschwingschutz**
la protection à réglage automatique
osłona samoregulująca *f*
саморегулирующаяся защита *f*

der **Klappenschutz**
la protection réglable
osłona regulowana *f*
регулируемая защита *f*

6.9 UMWELTSCHUTZ UND ENTSORGUNG - PROTECTION DE L'ENVIRONNEMENT ET ÉLIMINATION DES DÉCHETS - OCHRONA ŚRODOWISKA I UTYLIZACJA - ОХРАНА ОКРУЖАЮЩЕЙ СРЕДЫ И УТИЛИЗАЦИЯ

der **Hacker**
la déchiqueteuse
rozdrabniacz *m*
измельчитель *m*

die **Brikettierpresse**
le granulateur
peletyzator *m*
окомкователь *m*

INDEX DEUTSCH

INDEX FRANÇAIS

INDEKS POLSKI

РУССКИЙ ИНДЕКС

Index Deutsch
Index allemand
Indeks niemiecki
Немецкий индекс

A

B

C

D

E

F

G

L

Index Französisch
Index français
Indeks francuski
Французский индекс

A

B

C

N

Q

R

S

U

V

Z

Index Polnisch
Index polonais
Indeks polski
Польский индекс

A

B

C

D

L

S

Ś

T

U

W

Ż

Index Russisch
Index russe
Indeks rosyjski
Русский индекс

В

Г

Д

И

К

О

С

Т

У

Ф

Х

Ц

Ч

Ш

Щ

Э

Я

BILDQUELLENVERZEICHNIS

Autoren und Verlag danken den genannten Firmen, Institutionen und Personen für die Überlassung von Vorlagen bzw. Abdruckgenehmigungen folgender Abbildungen:

123RF GmbH, Nidderau: S. 226.2©Yuliya Ermakova; 227.1©photodee – **3M Deutschland GmbH**, Neuss: S. 23.5 3M™ Schutzanzug 4500; 24.1 3M™ Schutzbrille 2730, PC – klar; 24.2 3M™ Aura™ 9332+, mit 3M™ Cool Flow™ Ausatemventil; 24.3 3M™ Halbmaske Serie 6500; 24.4 3M™ E-A-RSOFT™ Gehörschutzstöpsel Neons; 24.5 3M™ E-A-R™ Reflex™ Bügelgehörschützer; 24.6 3M™ Peltor™ OPTIME™ III; 208.4©Scotch-Brite™ Hand Pads – © **ABUS August Bremicker Söhne KG**, Wetter: S. 32.2 – **ABC Klinkergruppe**, Recke: S. 119.6 – **Abraxas Stone Experts GmbH**, Giesen: S. 76.1 – **Adolf Würth GmbH & Co.KG**, Künzelsau: S. 50.2; 51.3, 4, 6; 299.4 – **Albert ROLLER GmbH & Co. KG**, Waiblingen: S. 108.2-4 – **Alfred Clouth Lackfabrik GmbH & Co. KG**, Offenbach: S. 272.4, 5 – **Altrad Lescha GmbH**, Burgau: S. 157.8 – **AMF, Andreas Maier GmbH & Co. KG**, Fellbach: S. 106.5 – **ANDREAS STIHL AG & Co. KG**, Waiblingen: S. 177.2 – **Dipl.-Ing. Manfred Appel, A&I-Planungsgruppe**, Lübeck: S. 105.2; 107.1; 217.1-4; 268.2, 4, 6; 271.1 – **aquatherm GmbH**, Attendorn: S. 107.2, 3 – **A.S. Création Tapeten AG**, Gummersbach: S. 232.2 – **as-illustration**, Rimpar: S. 206.2, 4, 6, 8; 207.2, 4; 211.1; 213.3; 215.1; 220.1, 2; 221.2; 226.3, 4; 226.; 228.1, 2, 3, 4, 6; 228.2; 229.1, 3; 230.1; 231.1; 235.1-12; 236.2; 237.1-4 – ©**Assiciated Weavers** – www.carpetyourlife.com: S. 233.4 – **Atelier für ArchitekturDesign AAD**, Albershausen: S. 240.1-5 – **ATIKA GmbH**, Burgau: S. 54.3 – **balta group**, B-Sint-Baafs-Vijve: S. 233.1 – **Balder Batran**, Affalterbach: S. U2.1, 3, 4, 8; 33.1; 181.1-9; 184.2 – **BAUER GmbH**, Südlohn: S. 51.1 – **Baumit GmbH**, Bad Hindelang: S. 61.3 – **BERDING BETON GmbH**, Steinfeld: S. 127.1 – **Bernhard Glück Kies-Sand-Hartsteinsplitt GmbH**, Gräfelfing: S. 110.1, 2, 4 – **Martin Bietenbeck**, Osnabrück: S. 158.7 – **Böcker Maschinenwerke GmbH**, Werne: S. 57.4; 191.5-7 – **BOMAG GmbH**, Boppard: S. 114.1, 5 – **Bonum Werkzeuge GmbH**, Traunstein: S. 205.4, 6 – **Braas GmbH**, Oberursel: S. 192.7-9; 193.1-9; 194.4-6 – **Matthias Bräunlich**, Hamburg, www.kristallin.de: S. 76.8 – **Bremer AG**, Paderborn: S. 88.2 – **Brillux GmbH & Co. KG**, Münster: S. 204.1; 205.1, 3; 209.1-6; 210.2; 211.2, 3; 212.1-4, 9; 213.1, 2; 214.2, 3; 222.3-6; 223.1-6; 224.1-8; 225.1-3, 5, 7; 239.1 – **Brockhaus HEUER GmbH**, Plettenberg: S. 104.6 -**Bühnen GmbH & Co. KG**, Bremen: S. 268.3; 271.2 – **Bürkle Betonfertigteile GmbH &Co.KG**, Fellbach: S. 63.2 – **Bundesverband der Deutschen Ziegelindustrie e.V.**, Berlin: S. 194.1-3 – **Bundesverband Kalksandsteinindustrie e.V.**, Hannover: S. 78.3 – **C. & E. Fein GmbH**, Schwäbisch Gmünd-Bargau: S. 106.8 – **C. Kreul GmbH & Co. KG**, Hallerndorf: S. 222.1 – **Collomix GmbH**, Gaimersheim: S. 168.1 – **Colorus GmbH**,

Amtzell, www.1a-malerwerkzeuge.com: S. 214.4, 5 - **Conmetall Meister GmbH**, Wuppertal: S. 99.1 - **Crain Cutter Co., Inc.**, Milpitas, CA: S. 225.4 - **Creaton AG**, Wertingen: S. 195.3 - **Daimler AG**, Stuttgart: S. 109.1, 4-6; 110.3 - **DGUV Information 204-001 „Erste Hilfe Plakat“ der Deutschen Gesetzlichen Unfallversicherung e.V. (DGUV)**, Berlin, www.dguv.de: S. 34.1 - **DICTUM GmbH**, Plattling, www.dictum.com: S. 205.5 - **dpa-Picture-Alliance GmbH**, Frankfurt a. M.: S. 101.1©Horst Ossinger - **DS-Messwerkzeuge**, Elz: S. 100.1 - **DWT GmbH**, Bottrop: S. 108.1 -**Dyckerhoff GmbH**, Wiesbaden: S. 59.1 - **Dynapac GmbH**, Wardenburg: S. 120.1 - **E.C. Emmerich Werkzeugfabrik GmbH + Co. KG**, Remscheid: S. 279.2 - **Edelried GmbH&Co. KG**, Isny im Allgäu: S. 23.6 - **Einhell Germany AG**, Landau: S. 210.9 - **EMCO GmbH**, A-Hallein-Taxach: S. 32.1 - **EMIL LUX GmbH & Co. KG**, Wermelskirchen: S. U2.2; 104.2, 4, 5, 7; 210.3-8; 269.3; 279.4, 6 - **EPS Poland**, www.epspoland.pl: S. 266.2 - **Erfurt & Sohn KG**, Wuppertal: S. 232.3 - **F. Kögel Naturstein und Chemie**, Dettelbach: S. 76.4 - **F1online digitale Bildagentur GmbH**, Frankfurt a. M.: S. 23.1©Albrecht Wei_er RM imageBROKER - **Fachvereinigung Deutscher Betonfertigteilbau e.V.,(FDB)**, Bonn: S. 88.2 - **Fahr GmbH Erdbau-Rammarbeiten**, Berlin: S. 133.2 - **Falch GmbH**, Blaubeuren-Seissen: S. 204.3 - **Festool GmbH**, Wendlingen: S. 204.2; 207.1; 283.1, 4-6; 284.1-3, 5; 285.2-4; 286.1, 2 - **FLEX-Elektrowerkzeuge GmbH**, Steinheim: S. 157.2, 4; 168.5 - **Franz Schneider Brakel GmbH + Co KG**, (FSB), Brakel: S. 269.1 - **FRIEDRICH DUSS Maschinenfabrik GmbH & Co. KG**, Neubulach: S. 157.3 - **FRIEDRICH VORWERK KG (GmbH & Co.)**, Tostedt: S. 98.3; 117.3, 4 - **Prof. Klaus Friesch**, Dusslingen: S. 239.4; 241.1; 242.1 - **Friess-Techno-Profi GmbH**, Essen-Kettwig: S. 205.2 - **FunderMax GmbH St. Veit/Glan**, A-St. Veit/Glan: S. 267.1 - **G & L Bau R. Brachtendorf GmbH**, Kottenheim: S. 98.4 - **GEBOL Handelsgesellschaft m.b.H.**, A-Enns: S. 206.1 - **Gebr. Ostendorf Kunststoffe GmbH**, Vechta: S. 127.5 - **GEDORE GmbH**, Remscheid: S. 176.4-7; 273.1, 2 - **geo-Fennel GmbH**, Baunatal: S. 46.2 - **GEO-Laser GmbH**, Mühlheim an der Ruhr: S. 103.1 - **Georg Aigner Sicherheitstechnik**, Reisbach: S. 308.2 - **Georg Roth Container Express GmbH**, Fürth: S. 109.2 - **Gesamtverband Deutscher Holzhandel e.V.**, Berlin: S. 259.1 - **GIEMA GmbH**, Müllheim: S. 168.4 - **GLORIA GmbH**, Wadersloh: S. 32.5, 6 - **GLUNZ Technik GmbH**, Recklinghausen, www.glunz-technik.de: S. 101.3 - **Gottfried Joos Maschinenfabrik GmbH & Co. KG**, Pfalzgrafenweiler: S. 297.6 - **Grafische Produktion Neumann**, Rimpar: S. 37.3-5 - **GS-Gerätebau Schwarzer + Co.**, CH-Worb: S. 248.2-4 - **Gütegemeinschaft Tapete e.V.**, Düsseldorf: S. 232.5 - **H.Zwei.S Werbeagentur GmbH, Hannover - BG BAU - Berufsgenossenschaft der Bauwirtschaft**, Berlin: S. 17.1; 309.1-3 - **Häfele GmbH & Co KG**, Nagold: S. 299.5, 7a+b; 300.3a+b; 301.3a-c; 303.3 - **HAMBURG WASSER**, Hamburg: S. 118.3 - **HAMM AG**, Tirschenreuth: S. 114.2, 4 - **Hans Hundegger Maschinenbau AG**, Hawangen: S. 178.1 - **Hans Koch GmbH**, Bad Laer: S. 296.2 - **HASIT**

Trockenmörtel GmbH, Freising: S. 173.2, 3, 5-7 – **HAZET-WERK Hermann Zerver GmbH & Co. KG**, Remscheid: S. 104.1; 106.6 – **Hedue GmbH**, Mönchengladbach: S. 176.2, 3 – **HeidelbergCement AG**/ Steffen Fuchs: S. 59.4; 62.1, 3 – **Erich Heidsieck**, Hamburg: S. 258.1; 262.1-3; 273.5-7; 275.3; 277.1; 279.3; 280.1, 5, 6; 281.1, 2; 301.5, 6; 302.1; 303.4-6; 304.1-4; 305.1-6; 306.1; 307.1; 308.3 – **Heinrich KUPER GmbH & Co. KG**, Rietberg: S. 296.1, 3 – **Henkel AG & Co. KGaA**, Düsseldorf: S. 120.4-6; 272.1 – **Hermes Schleifmittel GmbH**, Hamburg: S. 295.3 – **HERMES Technologie GmbH & Co KG**, Schwerte: S. 128.9 – **Hettich Furn Tech GmbH & Co. KG**, Vlotho: S. 299.1, 2a+b, 3a+b, 6a, 8; 301.1, 2, 4 – **Hilti Deutschland AG**, Kaufring: S. U3.9 – **HITACHI POWER TOOLS EUROPE GMBH**, Willich: S. 177.5, 6 – **Höfer Maschinen GmbH**, A-Aurolzmünster: S. 296.4 – **HÖFER Presstechnik GmbH**, A-Taiskirchen: S. 297.5 – **Hokubema Maschinenbau GmbH, Panhans**, Sigmaringen: S. 290.1, 2; 292.1; 293.1; 297.2 – **Holcim (Süddeutschland) GmbH**, Dotternhausen: S. 63.5 – **HOLZHER GmbH**, Nürtingen: S. 291.1, 2 – **Holzkurier.com**: S. 272.3 – **HOMAG Bohrsysteme GmbH**, Herzebrock-Clarholz: S. 295.1 – **HOPF KUNSTSTOFFTECHNIK GMBH**, Besigheim-Ottmarsheim: S. 248.1 – **Hyundai Construction Equipment Europe**, B-Tessenderlo: S. 111.1 – **Igel GmbH**, Ratingen: S. 100.5 – **IMA Klessmann GmbH Holzbearbeitungssysteme**, Lübbecke: S. 298.1 – **Informationsverein Holz e.V.**, Düsseldorf: S. 187.1 – **Institut für Stahlbetonbewehrung e.V.**, Düsseldorf: S. 64.3 – **IPC – Internationales Parkett Centrum Reinhard Krause e.K.**, Versmold: S. 234.3, 6 – **iStockphoto**, Berlin: S. 227. 3©assalve – **J. König GmbH & Co**, Karlsruhe-Durlach: S. 15.1; 44.5; 47.7, 8; 99.5; 152.1-7; 153.1, 2, 4; 154.1-9; 155.1-6; 156.1; 2; 4-9; 157.1, 5-7 – **J. Wagner GmbH a Member of WAGNER GROUP**, Markdorf: S. 221.1 – **J.J. Gerstendörfer GmbH & Co. KG** Blattgoldfabrik, Gustenfelden: S. 212.5-8; 222.2, 7 – **Jacobi Tonwerke GmbH**, Bilshausen: S. 192.2, 3, 6 – **Bernd Jänicke**, Besigheim: S. 158.3 – **Janser GmbH**, Ehningen: S. 191.4 – **Jul. Niederdrenk GmbH & Co. KG**, Tönisheide: S. 300.1a+b, 2 – **Michael Kässer**, Ostfildern: S. 196.1, 2, 4, 5 – **Wolfgang Kaiser**, Schleswig: S. 104.3 – **Wilhelm Kaufmann**, Norderstedt: S. U3.1; 3.6; 250.1; 263.6; 270.3, 5; 272.6, 7; 274.2; 275.1, 2; 276.1, 2; 277.3, 4; 278.1-3, 6; 280.2, 3; 281.3, 4; 287.6 – **K B M GmbH**, Allendorf: S. 295.2, 4 – **K N I P E X – Werk C. Gustav Putsch KG**, Wuppertal: S. 276.3-6 – **Karl Müller GmbH & Co.KG**, Fahrzeugwerk, Baiersbronn-Mitteltal: S. 110.5 – **Karl Schöngen KG Kunststoff-Rohrsysteme**, Salzgitter: S. 118.4 – **Karlheinz Krämer GmbH**, Bastheim: S. 173.1 – **KINSHOFER GMBH**, Waakirchen: S. 112.4 – **KLEIBERIT**, Weingarten: S. 272.2 – **KLEMM Bohrtechnik GmbH**, Drolshagen: S. 111.6 – **Knauf Gips KG**, Iphofen: S. 59.3; 166.1-10; 167.1-10; 168.2 – **Dr. Klaus Köhler**, Allmersbach i. T.: S. 124.1 – **Kontny, Ingenieurteam**, Hamburg: S. 69.8-10 – **Korbach Werkzeug Co. GmbH & Co. KG Pajarito-Werkzeugfabrik**, Mettmann: S. 280.4 – **KRAUSE-Werk**, www.krause-systems.com: S. 37.1 – **Hans-Hermann Kropf**, Syrgenstein: S. 139.1-3 – **Krumpholz-Werkzeuge e.K.**, Grafengehaig: S. 102.5, 6; 176.8 – **Robert Kussauer Öffentlich bestellter und vereidigter Sachverständiger**, Leutkirch: S. 227.4 – **Lamello AG Verbindungstechnik**, CH- Bubendorf: S. 283.3 – **Leica Geosystems GmbH**, München: S. 99.2 – **Liebherr Mischtechnik GmbH**, Bad Schussenried: S. 54.4; 55.2, 3 – **Liebherr-France SAS**, FR-Colmar: S. 111.3; 112.3 – **Liebherr-Werk Bischofshofen GmbH**, AT-Bischofshofen: S. 113.6 – **Liebherr-Werk Nenzing GmbH**, A-Nenzing: S. 111.5; 112.6 – **LIGNA systems**, B-St. Vith: S. 187.3 – **LISSMAC Maschinenbau GmbH**, Bad Wurzach: S. 57.2 – **Ludwig Weiss Holzschindelwerk**, Hohentengen: S. 195.6 – **Harald Macht**, Schwendi: S. 269.2, 5, 8 – **MAFELL AG**, Oberndorf a. N.: S. 177.1, 3, 4 – **Malerbetrieb Dirk Borsch**, Alfter: S. 249.4 – **Malerbetrieb Utsch, Ralf Utsch e.K**, Siegen: S. 221.4 – **Manfred Huck GmbH**, Asslar-Berghausen: S. 32.4 – **Marmor-Heinrich GmbH**, Steinbach: S. 76.7 – **Matador BV**, NL-AS Helvoirt: S. 51.2 – **Matthäi Wasserbau GmbH & Co. KG**, Verden/Aller: S. 111.4 – **MAXION Jänsch & Ortlepp GmbH**, Pößneck-Thüringen: S. 297.1 – **mefro Metallwarenfabrik Fischbacher GmbH**, Rohrdorf: S. 102.9 – **Mentner Krane**, Meißen: S. 117.1 – **Menzi Muck AG**, CH-Kriessern: S. 111.2 – **Metabowerke GmbH**, Nürtingen: S. U3.7; 58.1-4; 106.7; 177.7; 207.3 – **MioTools GmbH**, Leipzig: S. 285.6 – **Mitutoyo Deutschland GmbH**, Neuss: S. 278.5 – **Erol Morali**, Stuttgart: S. 158.6 – **Noggerath Betontechnik GmbH**, Bückeburg: S. 51.7, 8 – **©Norton Clipper**, 2018: S. 57.1 – **OPITZ Holzbau GmbH & Co. KG**, Neuruppin: S. 187.4 – **Otto GmbH & Co KG**, Hamburg: S. 303.2 – **Otto Martin Maschinenbau GmbH & Co. KG**, Ottobeuren: S. 288.1; 289.5; 293.2, 3; 297.3 – **P. F. FREUND & CIE. GmbH**, Wuppertal: S. 3.2; 40.1; 47.2, 5; 190.1-9; 191.1-3 – **P. Hermann Jung GmbH & Co. KG**, Wuppertal, www.jung-henkelmann.de: S. 47.3, 4; 156.3 – **PCI Augsburg GmbH**, Augsburg: S. 15.2; 77.2; 158.4, 8; 159.1, 3-6; 163.1-4 – **PERI GmbH**, Weissenhorn: S. 63.4, 6; 65.1 – **Picard GmbH**, Wuppertal: S. 47.1; 102.1-3 – **PRÄMETA GmbH & Co. KG**, Troisdorf: S. 299.6b – **Probst GmbH**, Erdmannhausen: S. 116.4, 5 – **Protektorwerk Florenz Maisch GmbH & Co. KG**, Gaggenau: S. 172.1-8 – **PROXXON S.A.**, L-Wecker: S. 106.1-3 – **Peter Pusch**, Hamburg: S. 306.2 – **Putzmeister Concrete Pumps GmbH**, Aichtal: S. 55.1; 168.3 – **quick-mix Gruppe GmbH & Co. KG**, Osnabrück: S. 61.4 – **Rädlinger Maschinen- und Anlagenbau GmbH**, Cham: S. 112.1, 5 – **RAL Deutsches Institut für Gütesicherung und Kennzeichnung e. V.**, Bonn: S. 232.5 – **RAL gGmbH**, Bonn. © RAL gGmbH, 2018: S. 239.3 – **Rathscheck Schiefer und Dach-Systeme ZN der Wilh. Werhahn KG Neuss**, Mayen-Katzenberg: S. 195.2, 4 – **RECA NORM GmbH**, Kupferzell: S. 50.1, 3 – **Reinhold Beck Maschinenbau GmbH**, Krauchenwies: S. 297.4 – **Remmers / Georg Lukas**, Essen: S. 238.5 – **REMS GmbH & Co KG**, Waiblingen: S. 104.8 – **RETOL GmbH**, Leipzig: S. 285.5 – **Robert Bosch Power Tools GmbH**, Leinfelden-Echterdingen: S. U3.8; 46.4, 5;

104.9; 153.3; 206.3, 5, 7; 279.1; 283.2; 286.3; 287.5; 289.1-4; 291.4 – **Lutz Röder**, Riesa: S. 60.2, 5, 6; 98.1, 5, 6; 112.2; 113.1, 3-5; 114.3, 6; 115.2; 116.1, 3; 117.2, 5, 6; 119.1-5; 121.1-6; 122.1-6; 123.1-4, 6; 124.2, 3; 125.1, 2; 127.2-4, 7, 8; 128.8; 133.1, 4; 135.3; 138.1-6; 145.3; 146.2; 147.1 – **Ralf Roletschek**, A-Wien, www.roletschek.at: S. 232.1 – **Roll GmbH**, Sonnenbühl: S. 225.6 – **Ralf Rosin**, HFM, München: S. 259.3a – **ROTWEISS Produkte Josef Zürn**, Wasserburg: S. 208.5 – **Saint-Gobain Rigips GmbH**, Düsseldorf: S. 175.1-4 – **Saint-Gobain Weber GmbH**, Düsseldorf: S. 54.1; 120.3; 171.4; 173.4, 8 – **SATA Augsburg GmbH & Co. KG**, Kornwestheim: S. 216.1 – **Eckard Schmidt**, Kappeln: S. 63.3 – **Scholz & Partner**, Wolfsburg: S. 48.1-6; 49.1-6 – **Michael Schwab**, Hamburg: S. 234.1; 254.1, 2; 259.5, 6; 260.1, 2; 261.1, 2; 263.1-5; 264.1-4; 265.1-3; 266.1; 267.2-4; 268.1, 5; 269.9; 278.4; 280.7; 284.4; 287.2-4; 292.2, 3; 294.1-4; 308.1 – **Schwarzmüller Gruppe**, A-Freinberg: S. 110.6 – **Schweinert TRANSPORTE GMBH**, Ronnenberg: S. 109.3 – **SCHWENK Spezialbaustoffe GmbH & Co. KG** Fotograf: Conné van d'Grachten: S. 133.3 – ©selber machen: S. 218.1, 2 – **Shutterstock Images LLC**, New York, USA: S. 3.4©Santi S; 63.1©Afonkin_Y ; 76.3©suchai.guai; 76.5©weerachai supap; 78.2©Alexander Egizarov; 99.3©daizuoxin; 105.1©donatas1205 ; 148.1©Santi S; 187.2©Igor Sokolov (breeze); 203.2©Nikolai Tsvetkov ; 203.4©Dmitry Kalinovsky; 210.1©Vasca; 226.1©Matteo Galimberti; 227.2©Ratcha1; 227.6©chinasong; 229.2©Iiliya Vantsura; 234.4©Titus and Co; 234.5©smereka; 238.4©Dagmara_K; 249.3©Vasca; 249.5©Quang Ho; 274.1©donatas1205; 279.5©Jiang Zhongyan; 298.2©Dmitry Kalinovsky; 303.1©Dima Moroz – **SOLA-Messwerkzeuge GmbH**, A-6840 Götzis: S. 100.3, 4 – **STABILA Messgeräte Gustav Ullrich GmbH**, Annweiler am Trifels: S. 44.3; 45.2; 101.5 – **Stadtbetrieb Abwasserbeseitigung Lünen AöR (SAL)**, Lünen: S. 134.1 – **Stanley Black&Decker Deutschland GmbH**, Idstein: S. 57.3 – **STEINEL Vertrieb GmbH**, Herzebrock-Clarholz: S. 14.1; 205.8 – **Steinzeug-Keramo GmbH**, Frechen: S. 98.2 – **Sto SE & Co. KGaA**, Stühlingen: S. 232.4 – **stock.adobe.com**: S. U2.6©Olaf Wandruschka, U2.7©rohmdesign; U3.2©Thomas Hecker, U3.3©Jürgen Fälchle, U3.4©maho, U3.5©parallel_dream, U3.6©donatas1205, 3.5©PASQ; 23.2©Wellnhofer Designs; 23.4©Wellnhofer Designs; 36.5©Hero; 37.2©pics; 44.4©Alexandr Steblovskiy; 55.4©Daniel Ernst; 61.1©benjaminnolte; 64.1©WestPic; 99.6©blende11.photo; 100.6©Chris; 115.1©Fotolia RAW; 176.1©ehrenberg-bilder; 176.9©yabanci; 195.1©minik; 195.5b©Klaus The.; 200.1©PASQ; 203.1©auremar; 203.3©Kzenon; 205.7©auremar; 214.1©PASQ; 227.5©focus finder; 233.2© Andrey Popov; 233.3©creativesunday; 233.6©Ingo Bartussek; 236.1©Peter Hermes Furian; 239.2©Momentum; 244. 1©pics721; 246.1©pics721; 247.1©pics721; 269.7©Stihl024; 270.2©fotomek – **SWISS KRONO Tec AG**, CH-Lucerne: S. 234.2 – **SYSTEM STANDEX A/S**, DK-Odense: S. 32.3 – **tapo-fix GmbH & Co. KG**, Wolfsburg: S. 224.8 – **Tatoli Naturstein GmbH**, Kalenborn:

S. 76.2, 6 – **THEIS FEINWERKTECHNIK GMBH**, Breidenbach: S. 101.4 – **Theo Förch GmbH & Co. KG**, Neuenstadt: S. 102.4, 7, 8 – **Thünen-Institut für Holzforschung**, Hamburg: S. 255.1-6; 256.1-4; 257.1-5; 259.2, 4 – **ThyssenKrupp Infrastructure GmbH**, Essen: S. 132.1-4 – **TRACTO-TECHNIK GmbH & Co. KG**, Lennestadt, www.tracto-technik.de: S. 118.2, 5 – **TRIUSO Qualitätswerkzeuge GmbH**, Buchbach: S. 51.5 – **Uba – Umweltbundesamt**, Dessau: S. 249.1, 2 – **ULMIA GmbH**, Langenenslingen: S. 282.1 – **Valsabbia Deutschland GmbH**, Aichach: S. 64.2 – **VARO**, B-Lier: S. 285.1 – **vdd Industrieverband Bitumen- Dach- und Dichtungsbahnen e.V.**, derdichtebau.de, Frankfurt am Main: S. 77.1; 197.1-4 – **VELUX Deutschland GmbH**, www.velux.de, Hamburg: S. 196.6 – **Verein zur Berufsförderung der Bauindustrie in Sachsen-Anhalt e.V. ABZ Bau Holleben**, Teutschenthal: S. 124.4 – **Verlag Bau+Technik GmbH, Robert Weber: Guter Beton. 24. Auflage.** Erkrath 2014: S. 62.2, 4 – **Vermessungsbüro Dipl.-Ing. Andreas Kluß**, Euskirchen: S. 45.1; 269.6 – **Vermessungsbüro Dr. Sefkow**, Dresden: S. 101.2 – **Vertriebs-Agentur Rolf Westermann**, Soltau: S. 128.7 – **visaplan GmbH**, „Computergrafik“, Bochum: S. 134.1 – **Volmer Vermessungsgeräte- und Akku-Service Markus Volmer e.K.**, Recklinghausen: S. 99.4 – **Wacker Neuson Produktion GmbH & Co.KG**, München: S. 44.2; 50.4-6; 56.1-4 – **Josef Wagner**, Salzweg: S. 106.4; 127.6 – **Walther Dachziegel GmbH**, Langenzenn: S. 192.1, 4, 5 – **Wedo Werner Dorsch GmbH**, Dieburg: S. 204.4 – **Wehrhahn GmbH**, Delmenhorst: S. 78.4 – **WEIMA Maschinenbau GmbH**, Ilsfeld: S. 309.4, 5 – **WEINIG DIMTER GMBH & CO. KG**, Illertissen: S. 291.3 – **Ole Welzel**, Rostock: S. 256.5, 6; 257.6 – **Wienerberger GmbH/ Jens Krüger**, Hannover: S. 71.2-5 – **Wienerberger GmbH**, Hannover: S. 44.1; 47.6; 54.2; 61.2; 78.1; 158.5 – © **Alice Wiegand** / CC-BY-SA 3.0 https://commons.wikimedia.org/wiki/File:Linoleum_Querschnitt.jpg: S. 233.5 – **Wilh. Schmitt & Comp. GmbH & Co. KG**, Remscheid, www.kirschen.de: S. 273.3, 4 – **WILHELM KELLER GmbH & Co. KG**, Nehren: S. 221.3 – **Wilhelm Layher GmbH & Co KG**., Güglingen-Eibensbach: S. 37.6 – **WIMAG GmbH**, Oberndorf: S. 3.3; 94.1; 103.2-4 – **Wirtgen GmbH**, Windhagen: S. 116.2 – **witec GmbH Werkzeug- und Industrietechnik**, Rödermark/Ober-Rodem: S. 287.1 – **Witte GmbH & Co.KG Technik für Bodenleger**, Beckum: S. 225.4 – **w o l f c r a f t GmbH**, Kempenich: S. 281.2; 286.4 – **WSI Westdeutsche Straßenerhaltungs- und Instandsetzungs GmbH & Co. KG**, Duisburg, www.wsi-strassen.de: S. 120.2 – **Xella Deutschland GmbH**: S. 75.2-4 – **Zehntner GmbH Testing Instruments**, CH-Sissach: S. 228.5 – **ZinCo GmbH**, Nürtingen: S. 269.4 – **Dr. Joachim Zwanzig**, Halle: S. 113.2; 123.5

Alle hier nicht spezifizierten Grafiken und Bilder sind Eigentum des Verlages.